Statistik – Wahrscheinlichkeitstheorie und Schätzverfahren

Bachelorstudium Psychologie

Statistik – Wahrscheinlichkeitstheorie und Schätzverfahren

von Prof. Dr. Heinz Holling und PD Dr. Günther Gediga

Statistik – Wahrscheinlichkeitstheorie und Schätzverfahren

von

Heinz Holling

und Günther Gediga

HOGREFE

GÖTTINGEN · BERN · WIEN · PARIS · OXFORD
PRAG · TORONTO · BOSTON · AMSTERDAM
KOPENHAGEN · STOCKHOLM · FLORENZ

Prof. Dr. Heinz Holling, geb. 1950. 1969–1976 Studium der Mathematik, Psychologie und Soziologie in Würzburg und Berlin. 1974–1987 Wissenschaftlicher Mitarbeiter an der FU Berlin und der Universität Osnabrück. Promotion 1980 (Dr. phil.) und 1987 (Dr. rer. nat.). 1987 Habilitation. 1987–1993 Vertretungsprofessor an den Universitäten Oldenburg, Münster und Mannheim. Seit 1993 Professor für Statistik und Quantitative Methoden am Psychologischen Institut der Universität Münster.

PD Dr. Günther Gediga, geb. 1953. 1971–1979 Studium der Informatik und Mathematik in Dortmund und Osnabrück. 1986 Promotion in Psychologie. 1994 Habilitation. 1979–2000 wissenschaftlicher Mitarbeiter im Fachgebiet Methodenlehre an der Universität Osnabrück. Seit 2001 außerplanmäßiger Professor am Department of Computer Science an der Brock University in St. Catherines, Kanada, und freiberufliche Tätigkeit als Statistical Consultant. Seit 2008 akademischer Rat an der Universität Münster im Institut für Statistik und Methoden.

Informationen und Zusatzmaterialien zu diesem Buch finden Sie unter www.hogrefe.de/buecher/lehrbuecher/psychlehrbuchplus

Bibliografische Information der Deutschen Nationalbibliothek

Die Deutsche Nationalbibliothek verzeichnet diese Publikation in der Deutschen Nationalbibliografie; detaillierte bibliografische Daten sind im Internet über http://dnb.dnb.de abrufbar.

Göttingen · Bern · Wien · Paris · Oxford · Prag · Toronto · Boston
Amsterdam · Kopenhagen · Stockholm · Florenz

http://www.hogrefe.de

Aktuelle Informationen · Weitere Titel zum Thema · Ergänzende Materialien

---

Umschlagabbildung: © Fitzer – istockphoto.com
Druck: AZ Druck und Datentechnik GmbH, Kempten
Printed in Germany
Auf säurefreiem Papier gedruckt
ISBN 978-3-8017-2135-0

Inhaltsverzeichnis

Kapitel 1
Über dieses Buch

Inhaltsübersicht

1.1 Zum Inhalt dieses Buches

Der vorliegende Band ist der zweite Teil eines insgesamt dreibändigen Lehrbuchs der Statistik. Der gesamte Stoff ist gegliedert in die deskriptive (beschreibende) Statistik (Band 1), Wahrscheinlichkeitstheorie und Schätzverfahren (Band 2) und statistische Testverfahren (Band 3). Jedoch setzt dieser Band nicht unbedingt die Lektüre des ersten Bandes voraus. Leserinnen und Leser[1] können diesen Band unabhängig vom ersten Band rezipieren, wenn sie über elementare Kenntnisse der deskriptiven Statistik verfügen, wie sie in den gängigen Statistiklehrbüchern vermittelt werden.

Grundlegendes Ziel dieses Bandes, wie auch der beiden übrigen Bände, ist es, die Statistik umfassend und verständlich darzustellen. Es wird sehr viel Wert darauf gelegt, den Sinn der hier behandelten wahrscheinlichkeitstheoretischen und statistischen Konzepte aufzuzeigen und ihren Nutzen für die Gewinnung neuer Erkenntnisse darzulegen. Dazu werden die einzelnen Themen anschaulich und fundiert vermittelt, stets wird der Bezug zu inhaltlichen Problemen hergestellt.

Da Studierende der Psychologie eine wesentliche Zielgruppe dieses Buches bilden, sind viele Beispiele aus dem Bereich der Psychologie entnommen. Nichtsdestoweniger ist dieser Band ebenso für Studierende anderer Studiengänge aus den Natur-, Sozial- und Erziehungswissenschaften als grundlegende Einführung geeignet.

In diesem Band erfolgt zunächst eine ausführliche Darstellung der Wahrscheinlichkeitsrechnung. Sie bildet nicht nur die Voraussetzung für die dann abgehandelten Verfahren zur Schätzung von Parametern, sondern stellt selbst eine wichtige Grundlage für viele inhaltliche Themen dar, wie z. B. zur Entscheidungsforschung. Daher erfolgt eine umfassende Einführung in wesentliche Konzepte der Wahrscheinlichkeitstheorie.

Ebenso gründlich werden Zufallsvariablen hergeleitet, die einen grundlegenden Bestandteil der gesamten Statistik bilden. Bei der Darstellung der einzelnen Wahrscheinlichkeitsverteilungen wird sogleich viel Wert darauf gelegt, ihren Beitrag bzw. Stellenwert für die Lösung statistischer Probleme herauszustellen.

[1] Wir werden jedoch im Folgenden immer dann, wenn beide Geschlechter gemeint sind, lediglich die männliche Form benutzen. Damit wird u. E. die Darstellung sehr vereinfacht. Wenn wir explizit die weibliche Form nutzen, sind nur Personen weiblichen Geschlechts gemeint.

In diesem Band werden die Verfahren zur Parameterschätzung ausführlicher behandelt als in vielen anderen Textbüchern zur Statistik. Diese Verfahren stellen auch in anderen Disziplinen, wie z. B. der psychologischen Testtheorie, eine wesentliche Grundlage dar. So wird das Maximum-Likelihood-Schätzverfahren recht umfassend dargestellt. Zudem werden aber auch die in jüngster Zeit immer populärer werdenden Bayes'schen Verfahren zur Parameterschätzung in diesem Band abgehandelt.

Ein Lehrbuch der Statistik ist einfacher zu lesen, wenn es einheitlich und übersichtlich strukturiert ist. Dazu haben wir völlig analog zum ersten Band dieser Lehrbuchreihe die folgenden Gestaltungsrichtlinien angewendet.

Um die Darstellung der statistischen Konzepte nicht zu überfrachten, wird auf die Darstellung mathematischer Ableitungen und Beweise, die für das grundlegende Verständnis nicht unbedingt erforderlich sind, verzichtet. Für besonders interessierte Leserinnen und Leser werden diese Beweise auf der folgenden Website zur Verfügung gestellt:

http://www.hogrefe.de/buecher/lehrbuecher/psychlehrbuchplus

Im Text wird jeweils auf diese Website hingewiesen, zusätzlich werden die entsprechenden Stellen durch das „Internetsymbol" am Seitenrand gekennzeichnet.

Um die Inhalte dieses Lehrbuchs übersichtlich darzustellen, verwenden wir im Text verschiedene Arten von Kästen. Diese jeweils unterschiedlich gekennzeichneten Kästen enthalten:

- Beispiele,
- Anwendungen von Software (SPSS und R),
- Zusammenfassungen.

Wichtige Formeln werden ebenfalls durch eine farbige Hinterlegung hervorgehoben, damit sie unmittelbar als solche zu erkennen sind. Bei der Einführung neuer Begriffe werden diese Begriffe im Text kursiv hervorgehoben und zudem am Seitenrand aufgeführt. Am Seitenrand befindet sich des Weiteren das bereits erwähnte Internetsymbol.

Die Vermittlung von Statistik ist heutzutage ohne die Verwendung von EDV-Programmen undenkbar und es gibt mittlerweile eine Vielzahl sehr leistungsfähiger Statistikprogrammpakete. Im vorliegenden Lehrbuch nutzen wir die Softwarepakete SPSS und R.

Das Programmpaket IBM SPSS Statistics, kurz SPSS genannt, ist eine seit jeher sehr weit verbreitete Statistiksoftware. In vielen Organisationen, in denen Natur-, Sozial- und Erziehungswissenschaftler beschäftigt sind, wird dieses Programmpaket verwendet. SPSS hat allerdings den Nachteil, dass es kostenpflichtig ist.

Das Open-Source-Programm R ist ebenfalls weit verbreitet, hingegen kostenlos verfügbar. R ist allerdings nicht ganz so benutzerfreundlich wie SPSS. Jedoch bietet auch R eine Menüsteuerung mittels des sogenannten R-Commanders an, der für Anfänger eine einfache Benutzung der wesentlichen Funktionen dieses Programms erlaubt. Ein großer Vorteil von R besteht darin, neueste statistische Verfahren aus zuverlässigen Quellen einzubinden. Ebenso ist es mit R im Vergleich zu vielen anderen Statistikprogrammen relativ einfach möglich, eigene statistische Programme zu entwickeln.

Im vorliegenden Buch behandeln wir am Ende der Kapitel jeweils die notwendigen Schritte zur Datenanalyse mittels SPSS und R. Für SPSS sowie für R stellen wir die jeweiligen Menübefehle dar. Da der Funktionsumfang des R-Commanders begrenzt ist, werden zusätzlich die wesentlichen Befehle der R-Syntax aufgeführt. Studierende, die diese Programmsysteme nicht kennen, finden auf der oben genannten Website Hinweise auf eine Einführung in R sowie Anleitungen zur Benutzung von R. Für die Einführung in die Arbeit mit SPSS möchten wir auf das Buch von Leonhart (2010) verweisen.

Auf der Website befinden sich neben den oben bereits angesprochenen Inhalten viele weitere Ressourcen zu diesem Lehrbuch. Dabei handelt es sich um die in diesem Buch benutzten Datensätze und die entsprechenden Kommandos für die Programme SPSS und R. Somit können die in diesem Buch dargestellten statistischen Analysen eigenständig nachvollzogen werden. Des Weiteren enthält die Website ergänzende Inhalte und Literaturhinweise.

1.2 Danksagung

Zur Entstehung dieses Buches haben nicht nur die Autoren, sondern zahlreiche weitere Personen beigetragen. Viele wertvolle Kommentare und Überarbeitungshinweise erhielten wir nach dem Studium einer vorläufigen Endversion von Herrn Paul-Christian Bürkner, Herrn Dr. Philipp Doebler, Herrn Dipl.-Psych. Boris Forthmann, Frau Ruth Helmich, Frau Lea Johannsen, Frau Inken Kirschbaum, Herrn Dr. Jörg-Tobias Kuhn, Frau Miriam Miesen, Frau Jana Scharfen und Herrn Philipp Schäpers. Dafür möchten wir ihnen an dieser Stelle unseren großen Dank aussprechen. Ein ganz besonderer Dank gebührt Frau Dr. Anna Doebler. Ihre sorgfältige Überprüfung des gesamten Textes in formaler und inhaltlicher Hinsicht war sehr hilfreich.

Bedanken möchten wir uns auch bei Frau Kathrin Gediga (MSc Eval) und Frau Dipl.-Jur. Stefanie Holling. Sie haben viele Grafiken, die in diesem Buch enthalten sind, entworfen und erstellt. Weiterhin gaben uns Herr Prof. Dr. Hans-Werner Bierhoff und Herr Prof. Dr. Franz Petermann wertvolle Hinweise für die Erstellung dieses Buches. Dafür sei ihnen hier ganz herzlich gedankt. Schließlich gilt unser Dank Frau Dipl.-Psych. Susanne Weidinger, Herrn Dr. Michael Vogtmeier und Herrn Stefan Reins M. A. vom Hogrefe Verlag. Sie haben uns wie gewohnt sehr kompetent betreut.

Kapitel 2 Wahrscheinlichkeitsrechnung

Inhaltsübersicht

2.1 Wozu wird die Wahrscheinlichkeitstheorie benötigt?

2.1.1 Das Konzept der Wahrscheinlichkeit im Alltag und in der Wissenschaft

Wahrscheinlichkeiten spielen eine sehr bedeutende Rolle in der Wissenschaft wie im Alltag. Der Grund dafür ist, dass sich die Ausgänge empirischer Vorgänge nur mit einem gewissen Grad an Sicherheit bzw. Unsicherheit vorhersagen lassen. So kann die Augenzahl bei dem Wurf eines Würfels ebenso wenig mit 100%iger Sicherheit vorhergesagt werden wie das Wetter am nächsten Tag oder die Stimmenanteile bei einer Wahl.

Wahrscheinlichkeiten dienen dazu, den Grad der Unsicherheit des Eintretens von Ereignissen zu quantifizieren. So ordnet man beiden Seiten einer Münze jeweils eine Wahrscheinlichkeit von 50 % zu, nach einem Wurf oben zu liegen. Einer Partei wird z. B. eine Wahrscheinlichkeit von 40 % zugeordnet, gewählt zu werden. Weiterhin mag ein Student, der sich kaum auf eine Klausur vorbereitet hat, mit 90%iger Wahrscheinlichkeit davon ausgehen, die Klausur nicht zu bestehen.

Den obigen Beispielen liegt jeweils ein unterschiedliches Vorgehen bei der Bestimmung der Wahrscheinlichkeiten zugrunde. Die Zuordnung einer Wahrscheinlichkeit von 50 % zu einer Seite einer „normalen" Münze erfolgt, ohne dass man die Münze z. B. 100-mal wirft und überprüft, ob beide Seiten etwa gleich häufig oben liegen. Offensichtlich spricht logisch gesehen nichts gegen eine solche Zuordnung von Wahrscheinlichkeiten zu den beiden Seiten der Münze. Damit liegt hier der sogenannte logische Wahrscheinlichkeitsbegriff vor. Analog zum Münzwurf allen Parteien dieselbe Wahrscheinlichkeit zuzuordnen, erscheint wenig sinnvoll zu sein. Häufig verwendet man die relativen Häufigkeiten bzw. Stimmenanteile der Parteien aus repräsentativen Wahlumfragen als Wahrscheinlichkeiten. Dann spricht man von einem frequentistischen Wahrscheinlichkeitsbegriff. Die Zuordnung von Wahrscheinlichkeiten zu Ereignissen aufgrund subjektiver Überzeugungen – wie im Fall der 90%igen Wahrscheinlichkeit, die Klausur nicht bestanden zu haben – wird auch als subjektive Wahrscheinlichkeit bezeichnet.

In der Vergangenheit gab es zahlreiche Diskussionen, welcher dieser Wahrscheinlichkeitsbegriffe denn der „richtige" sei. Solche Auseinandersetzungen sind dank des russischen Mathematikers Kolmogorov (1903–1987) jedoch überflüssig. Der von Kolmogorov entwickelte, axiomatisch abgeleitete Wahrscheinlichkeitsbegriff, der heutzutage den allgemein akzeptierten Ansatz zur Wahrscheinlichkeitstheorie darstellt, erlaubt unterschiedliche inhaltliche Interpretationen dieses Begriffs und kann damit für die obigen Beispiele herangezogen werden. Im nächsten Absatz werden wir ausführlich auf den von Kolmogorov entwickelten Ansatz eingehen.

Auch im Rahmen der Statistik werden unterschiedliche Wahrscheinlichkeitsbegriffe verwendet. Hier wird die Wahrscheinlichkeitstheorie dazu benötigt, die an Stichproben erzielten Ergebnisse auf die zugrunde liegende Population zu generalisieren. Ausgehend von den Ergebnissen, die an Stichproben erzielt wurden, werden mittels der Wahrscheinlichkeitstheorie Erkenntnisse über die zugrunde liegende Population abgeleitet.

Eine wichtige Aufgabe der Statistik ist die Schätzung von bestimmten Kennwerten, sogenannten Parametern der Population. So möchte man anhand von Umfragen an einer Stichprobe den Stimmenanteil einer Partei beim Endergebnis vorhersagen. Dieser Stimmenanteil stellt hier einen sogenannten Parameter, d. h. Kennwert der Population, dar. Die Wahrscheinlichkeitsrechnung ist dabei eine unverzichtbare Voraussetzung für drei wichtige Aufgaben:

- Punktschätzung von Parametern (z. B. Endergebnis einer Wahl),
- Intervallschätzung von Parametern,
- Überprüfung von Annahmen bzw. Hypothesen zu Parametern.

Im Rahmen der Punktschätzung wird anhand von wahrscheinlichkeitstheoretischen Erkenntnissen ein konkreter Wert für den endgültigen Stimmenanteil einer Partei bestimmt.

Bei der Intervallschätzung werden Bereiche bzw. Intervalle – sogenannte Konfidenzintervalle – berechnet, die mit einer bestimmten, vorher festgelegten Wahrscheinlichkeit das endgültige Ergebnis enthalten. So kann das Intervall von 2 bis 4 den endgültigen prozentualen Stimmenanteil einer Partei mit einer Wahrscheinlichkeit von z. B. 99 % enthalten. Dann ist es sehr unwahrscheinlich, dass diese Partei die 5%-Hürde überspringt.

Die Hypothesentestung ist eng mit der Intervallschätzung verknüpft. Bei der Hypothesentestung geht es um die Überprüfung von Hypothesen, z. B., dass eine Partei die 5%-Hürde erreicht. Als Grundlage für die Annahme oder Ablehnung einer Hypothese bestimmt man für die Stichprobenergebnisse Intervalle, die eng mit Konfidenzintervallen korrespondieren. Diese Intervalle sind so festgelegt, dass man sich nur mit einer vorher festgelegten Wahrscheinlichkeit irrt, wenn man sich für eine bestimmte Hypothese entscheidet.

In der Statistik werden die Wahrscheinlichkeiten für die Merkmalsausprägungen in der Population in der Regel anhand von Stichprobendaten mithilfe der Wahrscheinlichkeitsrechnung bestimmt. In bestimmten Fällen, wie dem Würfel- oder Münzwurf, ist die Verwendung des logischen Wahrscheinlichkeitsbegriffes adäquat und man kann – wie oben dargelegt – Ereignissen von vornherein Wahrscheinlichkeiten zuordnen. Für die Einführung der Wahrscheinlichkeitsrechnung ist es am einfachsten, wenn man von bekannten Wahrscheinlichkeiten ausgehen kann. Das ist der Grund dafür, weshalb wir als Beispiele in den folgenden Kapiteln vorwiegend Münz- oder Würfelwürfe verwenden, die ansonsten in der Statistik eine eher untergeordnete Rolle spielen.

2.1.2 Zufall, Ergebnisse und Ereignisse: Ein einführendes Beispiel

In diesem Kapitel möchten wir vorab einen kurzen Überblick über die in den nächsten Kapiteln erfolgende Darstellung der Wahrscheinlichkeitsräume und Zufallsvariablen geben. Dazu erläutern wir kurz die grundlegenden Konzepte

- Ergebnisraum,
- Ereignisraum,
- Wahrscheinlichkeitsraum,
- Zufallsvariable.

Damit soll vorab der „Sinn" der Wahrscheinlichkeitsrechnung innerhalb der Statistik erläutert werden. Wir gehen dazu von dem einfachen Beispiel des Würfelwurfs aus.

Ausgangspunkt ist der beobachtbare Vorgang des Wurfs eines Würfels. Da das Ergebnis dieses Vorgangs nicht sicher vorherzusagen ist, nennen wir ihn auch Zufallsvorgang. Zunächst gilt es, den Ergebnisraum dieses Zufallsvorgangs, d. h. die Menge aller möglichen Ergebnisse, festzulegen. Der Ergebnisraum dieses Beispiels besteht aus den sechs möglichen Ergebnissen, d. h. den sechs unterschiedlichen Seiten des Würfels, die nach dem Wurf oben liegen können. Jede dieser Seiten besitzt eine unterschiedliche Augenzahl zwischen 1 und 6. Ein solches beobachtbares Ergebnis, z. B. „eine Seite des Würfels mit vier Augen liegt oben", bezeichnen wir mit der entsprechenden Augenzahl, hier mit „vier Augen".

In bestimmten Situationen, z. B. bei Spielen wie „Mensch ärgere Dich nicht" oder anderen Würfelspielen, interessieren nicht die einzelnen Augenzahlen, sondern Kombinationen bzw. Teilmengen von Augenzahlen. Um beim Spiel „Mensch ärgere Dich nicht" starten zu können, muss man eine Sechs würfeln, daher unterscheidet man die übrigen Ergebnisse „ein Auge", „zwei Augen",..., „fünf Augen" nicht. Somit sind nicht die einzelnen Ergebnisse von Interesse, sondern eine Teilmenge von Ergebnissen. Weitere Beispiele für solche Teilmengen sind, eine Augenzahl größer als 4 zu würfeln oder beim Einsatz von zwei Würfeln gleiche Augenzahlen zu erhalten.

Daher bildet man in einem zweiten Schritt nach der Festlegung des Ergebnisraums alle (interessierenden) Teilmengen von Ergebnissen, die Ereignisse genannt werden. Die Menge aller Ereignisse, der Ereignisraum, stellt damit eine Menge von Teilmengen der Ergebnisse dar. Zur Menge der Teilmengen können z. B. die Teilmenge der geraden Augenzahlen, die Teilmenge „sechs Augen" oder die Teilmenge „Augenzahl kleiner als 6" zählen.

Um die Menge der Ereignisse festzulegen, kann man die Menge aller möglichen Teilmengen, die sogenannte Potenzmenge, als grundlegende Ereignismenge benutzen. Da eine Potenzmenge aus sehr vielen Elementen besteht – bei n Ergebnissen hat die Potenzmenge 2^n Elemente, wie wir im Internetsupplement zeigen –, wählt man oft eine kleinere Menge von Teilmengen. Damit ein Ereignisraum sinnvolle Aussagen erlaubt, sind bei seiner Konstruktion dieser Menge gewisse Regeln zu beachten, die wir später darlegen.

Hat man eine Ereignismenge bestimmt, gilt es, die zugehörige Wahrscheinlichkeitsverteilung zu erstellen, d. h. allen Ereignissen des Ereignisraums Wahrscheinlichkeiten zuzuordnen. So kann man den Ereignissen „ein Auge", „zwei Augen",..., „sechs Augen" jeweils eine Wahrscheinlichkeit von $1/6$ bzw. 16.67 % zuordnen. Daraus resultieren die Wahrscheinlichkeiten für andere Ereignisse, so z. B. die Wahrscheinlichkeit von 1/2 für das Ereignis „gerade Augenzahl". Eine solche Wahrscheinlichkeitszuordnung, bei der alle Augenzahlen die gleiche Wahrscheinlichkeit erhalten, wird dementsprechend auch Gleichverteilung genannt. Diese Zuordnung erscheint intuitiv „vernünftig" zu sein. Aber es sind, wie wir sehen werden, prinzipiell auch andere Wahrscheinlichkeitszuordnungen möglich. Für die Zuordnung von Wahrscheinlichkeiten zu den Ereignissen sind bestimmte Regeln bzw. Axiome zu beachten. Offenbar dürfte es keinen Sinn machen, den einzelnen Augenzahlen 1 bis 6 jeweils eine Wahrscheinlichkeit von 2.5 zuzuordnen.

Durch die Festlegung des Ergebnisraums (Menge aller Ergebnisse), des Ereignisraums (Menge aller potenziell interessierenden Teilmengen von Ergebnissen) und die Bestimmung der Wahrscheinlichkeitsverteilung (Zuordnung von Wahrscheinlichkeiten zu den Ereignissen) ist ein sogenannter Wahrscheinlichkeitsraum festgelegt. Durch einen solchen Wahrscheinlichkeitsraum wird ein Zufallsvorgang vollständig beschrieben.

Durch Zufallsvariablen entstehen Wahrscheinlichkeitsräume, die sich zumeist durch eine einfache Struktur auszeichnen. Ein Wahrscheinlichkeitsraum, der einen Würfelwurf beschreibt, kann wie oben dargestellt, aus den einzelnen Augenzahlen (Ergebnisraum mit sechs Elementen), der Potenzmenge als Ereignisraum (mit $2^6 = 64$ Ereignissen) und einer Gleichverteilung als Wahrscheinlichkeitsverteilung bestehen. Sind aber für bestimmte Fragestellungen von vornherein nur bestimmte Ergebnisse von Interesse, z. B. eine Sechs vs. keine Sechs zu würfeln, kann man die Ergebnisse einer Augenzahl zwischen 1 und 5 auf die reelle Zahl 0 abbilden und die Augenzahl 6 auf die reelle Zahl 1. Dann entsteht ein vereinfachter Ergebnisraum mit nur zwei Elementen, der auch zu einem vereinfachten Ereignisraum (mit nur $2^2 = 4$ Ereignissen) und zu einer einfacheren Wahrscheinlichkeitsverteilung führt. Oft wird als Ergebnisraum von Zufallsvariablen eine Teilmenge der reellen Zahlen gewählt. Auf diese Weise kann eine gewisse Einheitlichkeit bei der Beschreibung von Zufallsvariablen erzeugt werden.

In der gleichen Weise kann auch die Antwort auf eine Multiple-Choice-Aufgabe mit einer richtigen und fünf falschen Antwortmöglichkeiten vereinfacht werden, wenn die richtige Antwort auf die reelle Zahl 1 und alle falschen Antworten auf die Zahl 0 abgebildet werden. Kann eine Person diese Aufgabe nicht beantworten und rät die Lösung, so entspricht diese Situation dem Würfelbeispiel. Der Ergebnisraum ($\{0,1\}$) und der Ereignisraum sind identisch mit denen des Würfelbeispiels, und – da wir annehmen, dass die Lösung geraten wird – ist auch die Wahrscheinlichkeitsverteilung identisch mit derjenigen aus dem Würfelbeispiel. Damit sind die beiden, aus inhaltlicher Sicht völlig unterschiedlichen Situationen in formaler Hinsicht identisch, d. h. sie werden durch Zufallsvariablen beschrieben, deren Funktionswerte, hier 0 und 1, und Wahrscheinlichkeitsverteilungen identisch sind. Wie wir in den folgenden Kapiteln sehen werden, gibt es wichtige Familien solcher Zufallsvariablen, die zur Beschreibung völlig unterschiedlicher Zufallsvorgänge herangezogen werden können.

2.2 Beschreibung von Zufallsvorgängen

2.2.1 Ergebnisräume

Ein *Zufallsvorgang (random process)* ist ein Vorgang, dessen mögliche Resultate im Voraus festliegen, wobei jedoch ungewiss ist, welches Resultat bei der Durchführung im Einzelnen eintreten wird. Zufallsvorgang

Beispiele für Vorgänge, die man als Zufallsvorgang beschreiben kann:

- einmaliger Münzwurf
- einmaliger Wurf eines Würfels
- zweimaliger Wurf eines Würfels
- Anzahl der Autounfälle in einem bestimmten Land innerhalb eines Jahres
- Messung der Körpergröße einer zufällig ausgewählten Person
- Messung der Intelligenz von 50 zufällig ausgewählten Personen

Ergebnis eines Zufallsprozesses

Ergebnisraum

Stichprobenraum

Das *Ergebnis eines Zufallsprozesses* kann beobachtet werden, wenn der Zufallsprozess beendet ist. Wenn die Würfel gefallen sind, weiß man, welche Seite oben liegt. Die Menge aller möglichen Ergebnisse eines Zufallsvorgangs wird *Ergebnisraum* oder auch *Stichprobenraum (sample space)* genannt. Traditionell wird der Ergebnisraum in der Wahrscheinlichkeitstheorie mit Ω (sprich: Omega) bezeichnet, ein Element von Ω – ein einzelnes Ergebnis – wird durch den zugehörigen Kleinbuchstaben ω (sprich: Omega) gekennzeichnet.

Als Ergebnis des einmaligen Wurfs einer Münze gilt die Seite der Münze, die oben liegt. Damit kommen die beiden Seiten der Münze in Frage, die durch unterschiedliche Symbole gekennzeichnet sind, z. B. Kopf und Zahl. Damit gilt für den Ergebnisraum $\Omega = \{Kopf, Zahl\}$. Der Ergebnisraum wird hier als Menge beschrieben. Eine kurze Einführung in die Mengendarstellung findet sich im Internetsupplement.

Der Ergebnisraum für den einmaligen Wurf eines Würfels besteht aus den sechs unterschiedlichen Seiten des Würfels. Der Einfachheit halber drücken wir das entsprechende Ergebnis durch die entsprechende Augenzahl aus. Damit resultiert als Ergebnisraum $\Omega = \{1,2,3,4,5,6\}$. Etwas komplexer ist der Ergebnisraum beim zweimaligen Wurf eines Würfels. Hier können beim ersten wie beim zweiten Wurf die Augenzahlen von 1 bis 6 auftreten. Wir beschreiben ein mögliches Ergebnis, z. B. eine Augenzahl von 3 beim ersten Wurf und eine Augenzahl von 1 beim zweiten Wurf, als ein geordnetes Paar von zwei Elementen (3,1). Damit resultiert der Ergebnisraum (vgl. Abb. 2.1)

$$\Omega = \{(1,1),(1,2),(1,3),(1,4),(1,5),(1,6),(2,1),(2,2),...,(6,6)\}.$$

Würfelt man mehr als zweimal, werden die geordneten Paare entsprechend länger. Treten z. B. bei vier Würfen hintereinander die Augenzahlen $5,3,4$ und 6 auf, resultiert $(5,3,4,6)$ als Element des Ergebnisraums.

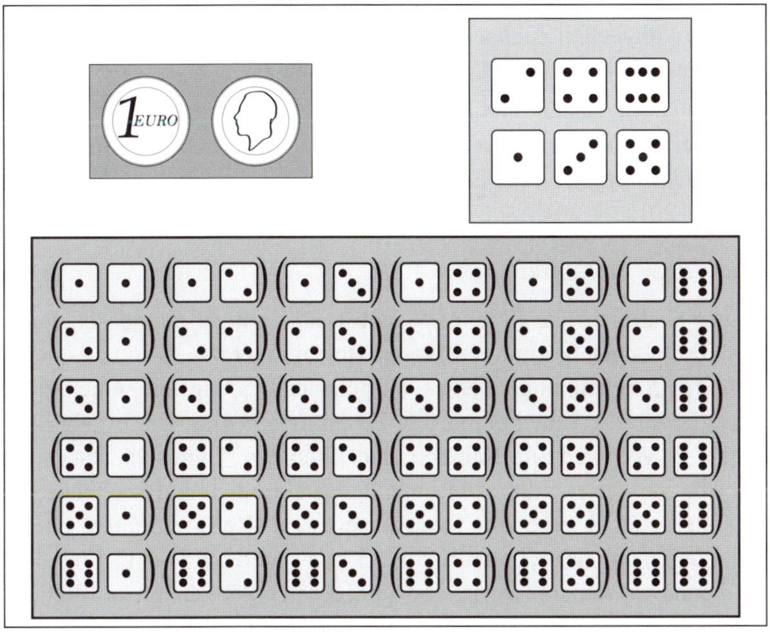

Abbildung 2.1: Drei unterschiedliche Ergebnisräume: Wurf einer Münze (oben links); Wurf eines Würfels (oben rechts); Wurf zweier Würfel (unten)

Als Ergebnisraum für die Anzahl der Autounfälle in einem bestimmten Land während eines Jahres ist die Anzahl der Autos in dem Land zu berücksichtigen. So mag in einem kleinen Land die Anzahl von 100 000 Unfällen niemals überschritten worden sein, sodass die natürlichen Zahlen von 1 bis 100 000 als Elemente für den Ergebnisraum in Frage kommen. Aber dennoch könnte irgendwann einmal eine höhere Anzahl an Unfällen auftreten. Daher ist es hier am einfachsten, die natürlichen Zahlen $\mathbb{N}$ als Ergebnismenge zu wählen.

Für die Messung der Körpergröße könnte man ebenso die Menge der natürlichen Zahlen als Ergebnismenge heranziehen, wenn man lediglich auf einen Zentimeter genau misst. In unterschiedlichen Studien mögen aber unterschiedlich genaue Messungen vorgenommen werden, sodass die Ergebnisräume von Studie zu Studie unterschiedlich ausfielen. Daher erscheint es sinnvoll zu sein, von vornherein die reellen Zahlen $\mathbb{R}$ als Ergebnisraum zu wählen. Damit ist der theoretisch höchstmögliche Auflösungsgrad gegeben. Wie für die Messung der Körpergröße ist es ebenso für die Messung der Intelligenz, Extraversion oder Depressivität am günstigsten, die reellen Zahlen als Ergebnisraum heranzuziehen. Für zwei derartige Messungen, z. B. der Intelligenz, kann dementsprechend ein Paar von reellen Zahlen als Darstellung des Ergebnisses genutzt werden, wie z. B. $(100.34, 134.43)$ oder $(86.7, 93.01)$.

In vielen empirischen Studien sind die Ergebnisräume komplexer, wenn z. B. mehrere Messungen an mehreren Variablen erhoben werden. Dann bilden Datenmatrizen die Elemente des Ergebnisraums (vgl. Holling & Gediga, 2011, S. 30).

2.2.2 Ereignisräume

Häufig sind nicht die Ergebnisse selbst, sondern Zusammensetzungen bzw. Teilmengen bestimmter Ergebnisse von Interesse. So mag es in bestimmten Spielsituationen eines Würfelspiels wichtig sein, eine gerade Zahl zu würfeln. Eine komplexere Zusammensetzung von Ergebnissen liegt z. B. vor, wenn im Rahmen einer Studie zu Unterschieden in der Informationsverarbeitung zwischen durchschnittlich und hochbegabten Personen eine Gruppe von Versuchspersonen (Vpn) mit einem Intelligenzquotienten (IQ) oberhalb von 85 und unterhalb von 115 benötigt wird und eine weitere Gruppe von Vpn, deren IQ oberhalb von 130 liegt. In beiden Fällen wird durch das jeweilige Auswahlkriterium eine Teilmenge des Ergebnisraums festgelegt. Solche Zusammenfassungen von Ergebnissen eines Zufallsvorgangs werden *Ereignisse (events)* genannt.

Ereignis

Einige Ereignisse haben spezielle Namen:

unmögliches Ereignis

- Die leere Menge $\{\}$ (auch mit $\emptyset$ bezeichnet) heißt das *unmögliche Ereignis*. Ein Beispiel für ein unmögliches Ereignis beim Würfelwurf ist das Ereignis, zugleich eine gerade und ungerade Zahl zu würfeln.

sicheres Ereignis

- Der Ergebnisraum Ω wird als das *sichere Ereignis* bezeichnet.

Elementarereignis

- Teilmengen $\{\omega\}$ mit nur einem Element heißen *Elementarereignisse*.

Ereignismenge
Ereignisraum

Ereignisse werden in der Regel mit Großbuchstaben bezeichnet, z. B. A, B, C etc. Die Menge aller Ereignisse ist eine *Ereignismenge*, die auch als *Ereignisraum* bezeichnet wird. Es sei hier nochmals betont, dass Ereignisse aus Ergebnissen bestehen und grundsätzlich Teilmengen bzw. Mengen darstellen, während Ergebnisse Elemente des Ergebnisraums darstellen. So repräsentiert beim Würfeln die Augenzahl 6, kurz als 6 bezeichnet, ein Ergebnis, während die Menge $\{6\}$ das entsprechende Elementarereignis beschreibt.

Die Beschreibung von Teilmengen durch Aufzählung ihrer Elemente kann insbesondere für komplexere Fälle aufwändig sein. Dazu wird dann die Mengenlehre benötigt, in der die Bestimmung von Teilmengen anhand bestimmter Mengenoperationen erfolgt.

2.3 Mengenoperationen

Ereignisse werden oft durch sprachliche Aussagen (Sätze) über die Ergebnisse definiert. Solche Aussagen können recht komplex sein, wenn z. B. einfache Aussagen durch „und“ bzw. „oder“ zusammengesetzt werden. In der Mengenlehre lassen sich solche sprachlichen Aussagen durch bestimmte *Mengenoperationen* einfacher und präziser darstellen. Den sprachlichen Ausdrücken „und“ bzw. „oder“ sowie der Verneinung entsprechen die in Tabelle 2.1 dargestellten Mengenoperationen. Mengenoperation

Tabelle 2.1: Mengenoperationen

Mengenoperation	Bedeutung	Symbol
Durchschnitt	und	$A \cap B$
Vereinigung	oder	$A \cup B$
Komplement	Verneinung (nicht)	$\overline{A}$

Beispiel für ein Venn-Diagramm

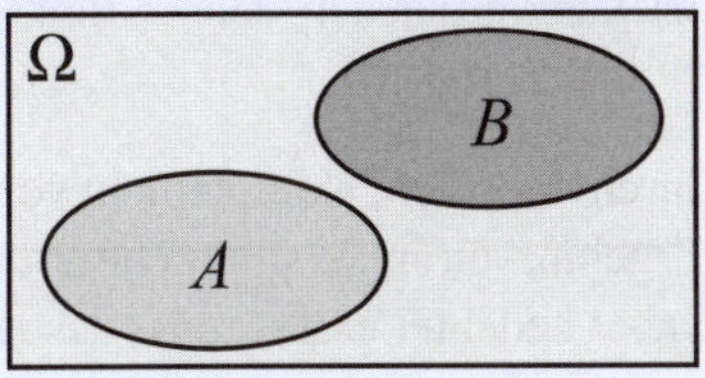

In diesem Venn-Diagramm sind der Ergebnisraum Ω sowie zwei Teilmengen des Ergebnisraums (Ereignisse), die Mengen A und B, dargestellt.

Grafisch kann man Ereignisse mit den Mengenoperationen mithilfe von sogenannten *Venn-Diagrammen* veranschaulichen. Die im obigen Beispiel dargestellten Mengen A und B überschneiden sich nicht. In einem solchen Fall spricht man von *disjunkten Mengen.* Venn-Diagramm disjunkte Mengen

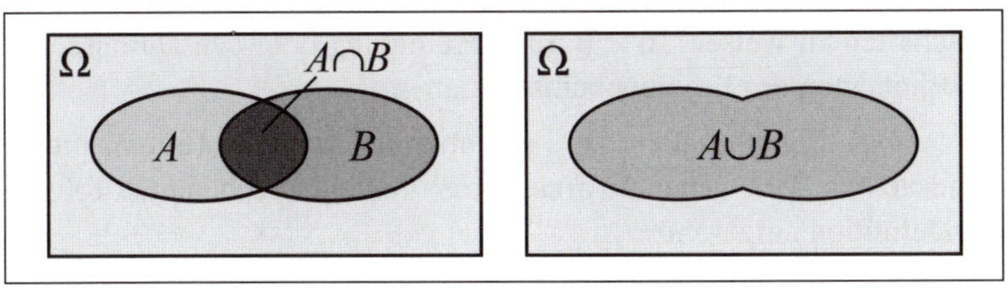

Abbildung 2.2: Venn-Diagramme zur Darstellung des Durchschnitts (links) und der Vereinigung (rechts) von zwei Mengen

Mengen können sich auch überschneiden (vgl. Abb. 2.2 links). Der Durchschnitt von Mengen ($A \cap B$) entspricht der Verwendung der Konjunktion „und“ („A und B“). Die Elemente des Durchschnitts von A und B befinden sich somit sowohl in A als auch in B. Sind die Mengen A und

B disjunkt, stellt der Durchschnitt der beiden Mengen die leere Menge dar.

Die Vereinigung von Mengen $(A \cup B)$ entspricht der Verwendung der Konjunktion „oder" in einem einschließenden Sinn („A oder B oder beide Mengen") (vgl. Abb. 2.2 rechts).

Dem ausschließenden „oder" entspricht die Mengenoperation $(A \cup B) \setminus (A \cap B)$, die die Elemente festlegt, die in A oder B, aber nicht in beiden Mengen liegen. Überschneiden sich die Mengen A und B nicht, d. h. gilt $(A \cap B = \{\})$, stimmen einschließendes und ausschließendes „oder" überein (vgl. Abb. 2.3 links).

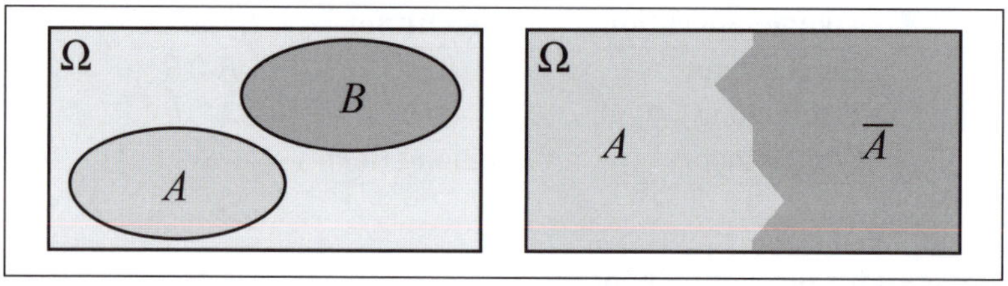

Abbildung 2.3: Venn-Diagramme zur Darstellung disjunkter Mengen (links) und des Komplements einer Menge (rechts)

Das Komplement einer Menge A wird durch $\overline{A}$ (sprich: Komplement von A) symbolisiert und besteht aus allen Ergebnissen in Ω, die nicht zu A gehören, d. h. $\overline{A} = \{\omega \in \Omega : \omega \notin A\}$. (Dabei bedeutet $\omega \notin A$, dass das ω kein Element der Menge A ist.) Das Komplement von A bezeichnet man auch als *Komplementärereignis* (vgl. Abb. 2.3 rechts).

Komplementärereignis

Ein Ereignisraum sollte nicht aus beliebigen Ereignissen, d. h. Teilmengen von Ergebnissen, bestehen, sondern aus Ereignissen, die ausgehend von bestimmten Fragestellungen sinnvoll in Frage kommen. Damit ein Ereignisraum alle sinnvollen Ereignisse beinhaltet, sollte er gewisse Eigenschaften aufweisen, so z. B. die Vereinigung oder den Durchschnitt von Elementen des Ereignisraums enthalten.

Um diese Eigenschaften zu garantieren, werden Ereignisräume grundsätzlich als sogenannte *Sigma-Algebren* entsprechend der folgenden Definition eingeführt:

Sigma-Algebra

Definition: Sigma-Algebra

Ein Mengensystem Σ von Teilmengen aus Ω wird Sigma-Algebra genannt, wenn für Σ folgende Bedingungen erfüllt sind:

- $\Omega \in \Sigma$

  Die Ergebnismenge Ω ist ein Element von Σ.

Definition: Sigma-Algebra (Fortsetzung):

- $A \in \Sigma \rightarrow \overline{A} \in \Sigma$

  Ist eine Menge A ein Element von Σ, dann ist auch das Komplement von A ein Element von Σ.
- Sind A_1, A_2, ... abzählbar viele Elemente von Σ, dann ist auch die Vereinigung all dieser Mengen ein Element von Σ:

$$\bigcup_{n \in N} A_n = A_1 \cup A_2 \cup \ldots \cup A_n \ldots \in \Sigma$$

Beispiel: Sigma-Algebra beim Würfeln

Interessiert uns nur das Ereignis „Der Würfel zeigt die 6“, so ist die kleinste Sigma-Algebra die folgende Ereignismenge:

$$\{\{\},\{6\},\{1,2,3,4,5\},\{1,2,3,4,5,6\}\}$$

Mit dem Ereignis $\{6\}$ muss das Komplement „ist nicht 6“ = $\{1,2,3,4,5\}$ aufgenommen werden. Die gesamte Menge (per Definition) und die leere Menge (als Komplement der gesamten Menge) sind ebenfalls ein Element der Sigma-Algebra.

Die Potenzmenge von Ω stellt eine Sigma-Algebra dar und ist zugleich die größte Sigma-Algebra. Die kleinste Sigma-Algebra für einen Ergebnisraum Ω stellt immer $\{\emptyset,\Omega\}$ dar, die kleinste Sigma-Algebra, die ein bestimmtes Ereignis A enthalten soll, besteht aus $\{\emptyset,A,\overline{A},\Omega\}$ (vgl. Internetsupplement).

Für eine bestimmte Teilmenge eines Mengensystems kann immer eine kleinste Sigma-Algebra konstruiert werden, die diese Teilmenge enthält. Diese Teilmenge erzeugt gewissermaßen die Sigma-Algebra (vgl. Internetsupplement).

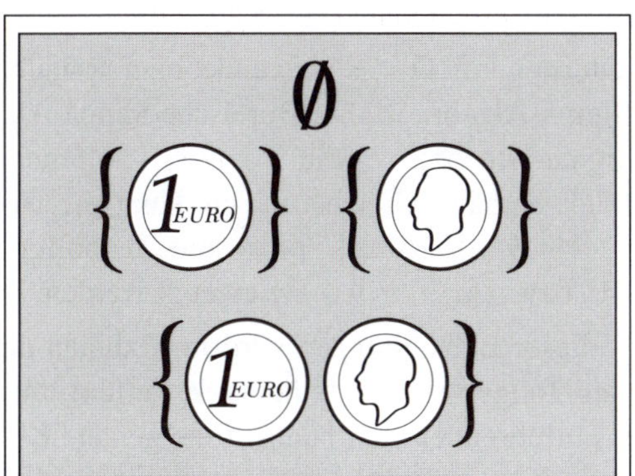

Abbildung 2.4: Potenzmenge als Sigma-Algebra für das Würfelexperiment

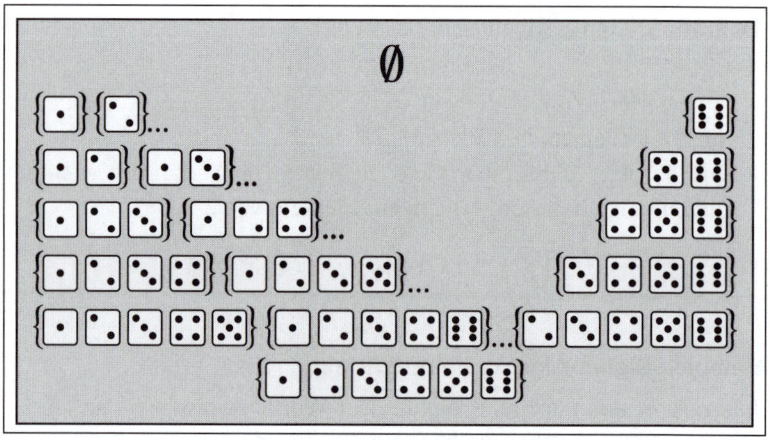

Abbildung 2.5: Potenzmenge als Sigma-Algebra für das Münzwurfexperiment. Explizit angegeben sind die ersten beiden Elementarereignisse und das letzte Elementarereignis sowie die entsprechenden 2-Tupel,..., 6-Tupel

Für endliche Ergebnismengen sind auch die zugehörigen Sigma-Algebren endlich und zumeist einfach anzugeben. Die Abbildungen 2.4 und 2.5 zeigen zwei einfache Sigma-Algebren.

Sind die Ergebnismengen nicht mehr endlich, ist die Konstruktion von Sigma-Algebren in der Regel komplizierter. Im Fall abzählbarer Ergebnismengen, in dem sich also die Ergebnisse anhand der natürlichen Zahlen abzählen lassen, kann noch die Potenzmenge der Ergebnisse als Sigma-Algebra genutzt werden. Bei überabzählbaren Ergebnismengen – z. B. der Menge der reellen Zahlen ($\Omega = \mathbb{R}$) – stellt die Potenzmenge zwar auch eine Sigma-Algebra dar, ist aber kein geeigneter Ereignisraum, da nicht allen Elementen dieser Potenzmenge eine Wahrscheinlichkeit zugeordnet werden kann (vgl. Kap. 2.4).

Für den verbreitetsten Fall $\Omega = \mathbb{R}$ verwendet man deshalb die sogenannte Borelsche Sigma-Algebra $\mathscr{B}$. Die Borelsche Sigma-Algebra $\mathscr{B}$ ist die kleinste Sigma-Algebra, die alle offenen Intervalle $\{(a,b)|a,b \in \mathbb{R}\}$ enthält. Gleichermaßen kann sie auch durch die geschlossenen $\{[a,b]|a,b \in \mathbb{R}\}$ oder die halboffenen Intervalle, $\{(a,b]|a,b \in \mathbb{R}\}$ bzw. $\{[a,b)|a,b \in \mathbb{R}\}$ erzeugt werden.

Der Nachweis dieser Behauptungen wird im Rahmen der Maßtheorie, einem speziellen Teilgebiet der Mathematik, geführt und liegt weit außerhalb dieses einführenden Lehrbuchs. Eine genaue Kenntnis der Borelschen Mengen ist im vorliegenden Kontext auch wenig hilfreich, wichtig ist es zu wissen, dass alle möglichen reellen Zahlen selbst (als einelementige Mengen), alle offenen, geschlossenen und halbgeschlossenen Intervalle sowie deren Vereinigungen, Schnitte und Komplemente in der Borelschen Sigma-Algebra liegen. Damit dürfte es für praktische Zwecke kein Ereignis geben, dass nicht Element der Borelschen Sigma-Algebra ist.

2.4 Wahrscheinlichkeit

Um Zufallsvorgänge formal vollständig zu beschreiben, benötigen wir neben dem Ergebnis- und Ereignisraum als drittes Element die Zuordnung von Wahrscheinlichkeiten zu den Ereignissen. Diese Zuordnung erfolgt über eine sogenannte Maßfunktion P (s. u.). $P(A)$ beschreibt dabei den Grad der Gewissheit bzw. Ungewissheit hinsichtlich des Eintretens eines Ereignisses A und wird als *Wahrscheinlichkeit (probability)* des Ereignisses A bezeichnet. Anhand der Funktion P kann jedem Ereignis A eine reelle Zahl $P(A)$ zwischen 0 und 1 zugewiesen werden. Da diese Funktion ein Maß für die Unsicherheit darstellt, wird sie auch als Wahrscheinlichkeitsmaß bezeichnet. Die Kombination von Ω, Σ und P – geschrieben als Tupel (Ω, Σ, P) – wird *Wahrscheinlichkeitsraum* genannt.

Wahrscheinlichkeit

Wahrscheinlichkeitsraum

Definition: Wahrscheinlichkeitsraum
Das Tupel (Ω, Σ, P) bildet einen Wahrscheinlichkeitsraum, wenn folgende Bedingungen gegeben sind:
- Ω ist ein nicht leerer Ergebnisraum.
- Σ ist eine Sigma-Algebra über Ω.
- P ist ein Wahrscheinlichkeitsmaß auf Ω.

Folgende Bedingungen muss das Wahrscheinlichkeitsmaß P erfüllen:

- Zunächst fordert man, dass Wahrscheinlichkeiten nur Werte, die größer oder gleich 0 sind, annehmen können. Die Annahme von negativen Wahrscheinlichkeiten ist offenbar nicht sinnvoll.
- Ebenso ist ein Wert einer Wahrscheinlichkeit über 1 nicht sinnvoll. Da man sich sicher sein kann, dass irgendein Ergebnis auftritt und sich jedes Ergebnis in Ω befinden muss, muss die Wahrscheinlichkeit für Ω immer 1 betragen. Deshalb fordert man, dass das sichere Ereignis Ω eine Wahrscheinlichkeit von 1 erhält.
- Außerdem soll für ein Wahrscheinlichkeitsmaß gelten, dass die Addition der Wahrscheinlichkeiten disjunkter Ereignissen mit der Wahrscheinlichkeit für die Vereinigung dieser disjunkten Ereignisse übereinstimmt. So soll beim Würfeln die Wahrscheinlichkeit für das Ereignis $\{2,4,6\}$, d. h. eine gerade Augenzahl zu erzielen, $3/6$ sein,

was der Summe der Wahrscheinlichkeiten für die einzelnen Ereignisse $\{2\}$, $\{4\}$ bzw. $\{6\}$ entspricht. Es gilt also $P(\{2,4,6\}) = P(\{2\}) + P(\{4\}) + P(\{6\})$.

Damit fordert man für paarweise disjunkte Ereignisse A_i:

$P(A_1 \cup \ldots \cup A_k \cup \ldots) = P(A_1) + \ldots + P(A_k) + \ldots$

Die Forderung gilt für endliche viele, aber auch für abzählbar unendlich viele Ereignisse. Ein Beispiel für eine abzählbar unendliche Anzahl von Ereignissen resultiert, wenn man von dem folgenden Spiel ausgeht, für das eine gewisse Teilnahmegebühr erhoben wird: Man wirft eine Münze solange, bis zum ersten Mal die Seite mit dem Kopf oben liegt. Dann ist das Spiel beendet. Tritt dieses Ereignis sogleich beim ersten Mal ein, erhält man 2 Euro, tritt es beim zweiten Wurf ein, erhält man 4 Euro. Allgemein gilt: Tritt das Ereignis, dass der Kopf oben liegt, beim k-ten Wurf auf, so erhält man $2 \cdot k$ Euro. Die Wahrscheinlichkeit, dass die Seite mit dem Kopf oben liegt, beträgt bei jedem Wurf 1/2. Da die Würfe unabhängig voneinander sind, beträgt die Wahrscheinlichkeit, dass $(k-1)$-mal Wappen auftritt und dann einmal Kopf $1/2^{k-1} \cdot 1/2 = 1/2^k$.

Bezeichnen wir das Ereignis, dass beim k-ten Mal erstmals die Seite mit dem Kopf oben liegt, mit A_k, so gilt $P(A_k) = 1/2^k$. Insgesamt folgt (vgl. Internetsupplement):

$$\begin{aligned} P(A_1) + P(A_2) + \ldots + P(A_k) + \ldots &= \\ P(1/2) + P(1/4) + \ldots + P(1/2^k) + \ldots &= \sum_k P(1/2^k) = 1 \end{aligned}$$

Kolmogorov-Axiome

Zusammenfassend lässt sich das Wahrscheinlichkeitsmaß P folgendermaßen anhand der sogenannten *Kolmogorov-Axiome* für ein Tupel (Ω, Σ, P) beschreiben:

Definition:
$P : \Sigma \to [0,1]$ ist eine Wahrscheinlichkeit, wenn gilt:

- Nichtnegativität: $P(A) \geq 0$ für alle $A \subset \Omega$.
- Normierung: $P(\Omega) = 1$.
- Additivität: Sind $A_1, \ldots, A_k \ldots$ paarweise disjunkte Mengen aus Σ, so ist

$$P(A_1 \cup A_2 \cup \ldots \cup A_k \cup \ldots) = P(A_1) + P(A_2) + \ldots + P(A_k) + \ldots$$

Aus den Kolmogorov-Axiomen kann ein umfangreiches System von Wahrscheinlichkeitsaussagen abgeleitet werden, die im Kapitel 2.5 dargestellt werden. Zuvor gehen wir auf die empirische Interpretation und damit auch auf die Gewinnung von Wahrscheinlichkeiten ein.

Beispiel: Die Kolmogorov-Axiome für den Münzwurf

Im Münzwurfexperiment wird den Ereignissen {Wappen} bzw. {Zahl} jeweils die Wahrscheinlichkeit .5 zugeordnet. Diese Wahrscheinlichkeit drückt die Erwartung aus, dass beide Ereignisse jeweils gleich häufig zu beobachten sind.

Da der leeren Menge (weder Wappen noch Zahl) die Wahrscheinlichkeit 0 zugeordnet wird, folgt, dass in jedem Fall entweder das Ereignis {Wappen} oder das Ereignis {Zahl} eintritt – dass also niemals die Münze auf dem Rand stehen bleibt.

Da immer entweder Wappen oder Zahl auftritt, liegt stets eines der beiden Ereignisse vor und damit können wir dem Ereignis {Wappen, Zahl} die Wahrscheinlichkeit 1 zuordnen. Durch die Zuordnung einer Wahrscheinlichkeit von .5 zu den Elementarereignissen, der Wahrscheinlichkeit 0 zum unmöglichen Ereignis und 1 zum sicheren Ereignis sind die Axiome zur Nichtnegativität und Normierung erfüllt.

Wie man leicht überprüft, gilt auch das Axiom der Additivität, wenn man alle möglichen Vereinigungen der paarweise disjunkten Ereignisse bildet und die Summe der Wahrscheinlichkeiten für die einzelnen Ereignisse mit der Wahrscheinlichkeit der Vereinigung der Ereignisse vergleicht. So gilt z. B. $P(\{Wappen\}) + P(\{Zahl\}) = P(\{Wappen\} \cup \{Zahl\}) = 1$.

Man sieht, dass auch die Additivität gilt und P somit als Wahrscheinlichkeit interpretiert werden darf.

2.4.1 Wahrscheinlichkeiten und ihre Interpretation

Mit der obigen axiomatischen Definition von Kolmogorov ist eindeutig bestimmt, ob eine bestimmte Funktion ein Wahrscheinlichkeitsmaß darstellt oder nicht. Diese Definition sagt jedoch nichts über die Interpretation des Begriffs Wahrscheinlichkeit aus. Wie wir zu Beginn dieses Kapitels gesehen haben, sind in unterschiedlichen Situationen unterschiedliche Vorgehensweisen zur Festlegung von Wahrscheinlichkeiten indiziert. Während es vernünftig zu sein scheint, den Elementarereignissen beim Wurf eines Würfels oder einer Münze die gleiche Wahrscheinlichkeit zuzuordnen, ist eine solche Maßnahme für viele Zufallsvorgänge, wie z. B. das Bestehen der Führerscheinprüfung, nicht adäquat. Die Interpretation von Wahrscheinlichkeiten ist eine Frage, die nicht nur in der Statistik, sondern auch in der Philosophie oder Wissenschaftstheorie intensiv diskutiert wurde und wird. Wir können hier nur einen ganz knappen Überblick über die wichtigsten Interpretationsansätze zur

Wahrscheinlichkeit geben. Dabei gehen wir auf den klassischen, frequentistischen und den subjektiven Wahrscheinlichkeitsbegriff ein.

Der klassische Wahrscheinlichkeitsbegriff

Der klassische Wahrscheinlichkeitsbegriff geht auf Pierre-Simon de Laplace (1749–1827) zurück, der Wahrscheinlichkeiten vor allem im Rahmen von Glücksspielen untersuchte. Hier wird den Ereignissen wie beim Münzwurf anhand „logischer" bzw. plausibler Erwägungen Wahrscheinlichkeiten zugeordnet. Man nennt diese Art der Wahrscheinlichkeit auch klassische, logische oder Laplace-Wahrscheinlichkeit. Ausgangspunkt ist ein endlicher Wahrscheinlichkeitsraum, bei dem, wie wir es beim Münz- oder Würfelwurf vorgenommen haben, allen Elementarereignissen dieselbe Wahrscheinlichkeit zugeordnet wird. Nun kann man allgemein Ereignissen anhand einer sehr einfachen Regel Wahrscheinlichkeiten zuordnen: Ist A eine Teilmenge eines Ereignisraums, so ist die *Laplace-Wahrscheinlichkeit* von A die Anzahl der unterschiedlichen Ergebnisse von A (definiert als $|A|$) geteilt durch die Anzahl aller möglichen Ergebnisse. Die Ergebnisse von A werden auch als günstige Ergebnisse bezeichnet, eine Bezeichnung, die insbesondere für die z. B. in Glücksspielen angestrebten Ergebnisse angemessen erscheint.

Laplace-Wahrscheinlichkeit

$$P(A) = \frac{|A|}{|\Omega|} = \frac{\text{Anzahl günstiger Ergebnisse}}{\text{Anzahl aller möglichen Ergebnisse}}$$

Beispiele zum Laplaceschen Wahrscheinlichkeitsraum

Beim Münzwurf gibt es zwei mögliche Ergebnisse, „Wappen" und „Zahl", somit sind die Laplace-Wahrscheinlichkeiten $P(\{\text{Wappen}\}) = P(\{\text{Zahl}\}) = .5$.

Beim einmaligen Würfeln gibt es sechs mögliche Augenzahlen, somit sind die Laplace-Wahrscheinlichkeiten $P(\{1\}) = \ldots = P(\{6\}) = \frac{1}{6}$.

Wie groß ist beim einmaligen Werfen eines (fairen) Würfels die Wahrscheinlichkeit für eine Augenzahl kleiner als 3 oder größer als 4?

- Ergebnisraum: $\Omega = \{1,2,3,4,5,6\}$
- Ereignis „Augenzahl kleiner 3": $A = \{1,2\}$, $P(A) = \frac{2}{6} = \frac{1}{3}$
- Ereignis „Augenzahl größer 4": $B = \{5,6\}$, $P(B) = \frac{2}{6} = \frac{1}{3}$

- Ereignis „Augenzahl kleiner 3 oder größer 4“: $A \cup B = \{1,2,5,6\}$

$$P(A \cup B) = P(A) + P(B) = \frac{1}{3} + \frac{1}{3} = \frac{2}{3}$$

Mit welcher Wahrscheinlichkeit erhält man beim zweimaligen Werfen eines fairen Würfels einen Pasch, d. h. gleiche Augenzahlen bei zwei Würfen?

- Ergebnisraum:
  $\Omega = \{(1,1),(1,2),(1,3),(1,4),(1,5),(1,6),\ldots,(5,6),(6,6)\}$
  mit $|\Omega| = 36$
- Ereignis „Pasch“: $A = \{(1,1),(2,2),(3,3),(4,4),(5,5),(6,6)\}$
  mit $|A| = 6$
- Damit ergibt sich als Laplace-Wahrscheinlichkeit: $P(A) = \frac{6}{36} = \frac{1}{6}$

Der frequentistische Wahrscheinlichkeitsbegriff

Die *frequentistische Interpretation von Wahrscheinlichkeiten* basiert auf der relativen Häufigkeit, mit der ein bestimmtes Ereignis bei einer unabhängigen Wiederholung eines Zufallsexperiments auftritt. Zufallsexperimente sind spezielle Zufallsvorgänge, die unter gleichen Bedingungen zumindest im Prinzip unendlich häufig wiederholt werden können. Als Wahrscheinlichkeit wird dann der Grenzwert der relativen Häufigkeiten bei einer zunehmenden Anzahl der Zufallsexperimente herangezogen. Man berechnet also für $1,2,\ldots,n,n+1,n+2,\ldots$ Zufallsexperimente jeweils die relative Häufigkeit des Auftreten eines Ereignisses und bestimmt dann den Grenzwert, gegen den die relativen Häufigkeiten streben. Da der Grenzwert eine Konstante bildet und die relativen Häufigkeiten bei größer werdendem n immer geringer um den Grenzwert schwanken, wird die Konvergenz der relativen Häufigkeiten auch als das *Gesetz der großen Zahlen* bezeichnet.

frequentistische Interpretation von Wahrscheinlichkeiten

Gesetz der großen Zahlen

Die frequentistische Interpretation von Wahrscheinlichkeiten lässt sich gut anhand eines Münzwurfexperiments demonstrieren. Dazu wiederholt man das Münzwurfexperiment sehr oft und bildet jeweils die relativen Häufigkeiten für das Auftreten von z. B. „Wappen“. Abbildung 2.6 zeigt ein Beispiel dafür, wie die relative Häufigkeit für das Auftreten eines Ereignisses bei unabhängigen Wiederholungen eines Zufallsexperiments gegen einen bestimmten Grenzwert, die Wahrscheinlichkeit, strebt. Ist die Münze „fair“, ist zu erwarten, dass die Münze in 50 % aller Fälle auf die Seite „Zahl“ und in 50 % aller Fälle auf die Seite „Wappen“ fällt.

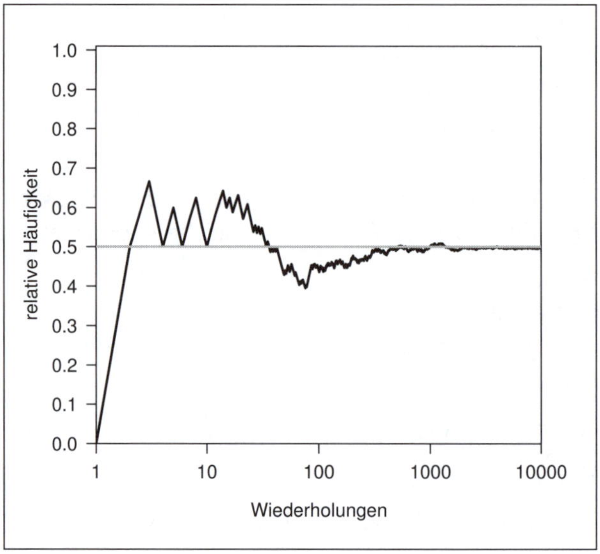

Abbildung 2.6: Beispiel für die relativen Häufigkeiten für „Wappen" bei sehr häufiger Wiederholung des Münzwurfexperiments

Natürlich kann man den Grenzwert bei Zufallsexperimenten nicht direkt beobachten. Daher verwendet man die relativen Häufigkeiten einer hinreichend großen Stichprobe approximativ als Wahrscheinlichkeiten. Liegt kein Zufallsexperiment vor, das die Voraussetzungen für die Laplace-Wahrscheinlichkeit erfüllt, ermöglicht die frequentistische Interpretation der Wahrscheinlichkeit die Bestimmung von Wahrscheinlichkeitsverteilungen. So basieren Wahlprognosen, die aus gut gewählten Zufallsstichproben abgeleitet werden, auf den relativen Häufigkeitsverteilungen der Wählerstimmen für die Parteien. Weiterhin ziehen Versicherungen oder andere Institutionen in der Regel relative Häufigkeitsverteilungen heran, um die Wahrscheinlichkeiten für Unfälle oder Krankheiten abzuschätzen.

Subjektive Wahrscheinlichkeiten

Liegen weder die Voraussetzungen für eine Laplace- noch für eine frequentistische Wahrscheinlichkeitsbestimmung vor, z. B. bei einem einmalig stattfindenden Zufallsvorgang, für den auf keine Ergebnisse aus vorher stattgefundenen Zufallsexperimenten zurückgegriffen werden kann, ist ein anderer Wahrscheinlichkeitszugang zu wählen. Ein Beispiel ist die Bestimmung der Wahrscheinlichkeit eine Klausur zu bestehen. In diesem Fall kann dann der sogenannte subjektive Wahrscheinlichkeitsbegriff herangezogen werden. Dieser ermöglicht es, den Ereignissen „erfolgreich" und „nicht erfolgreich" reelle Zahlen zuzuordnen, die Wahrscheinlichkeiten entsprechen, wenn sie die Axiome von Kolmogorov erfüllen. Eine solche Zuordnung sollte natürlich unter Abwägung aller ins Kalkül zu ziehenden Randbedingungen erfolgen. Dazu können auch Modellrechnungen und Simulationen genutzt werden.

Implizit schätzen wir tagtäglich im Alltagsleben die Unsicherheit bestimmter Ausgänge von Zufallsvorgängen ein, so z. B. wenn wir zu einer bestimmten Uhrzeit aufbrechen, um rechtzeitig einen Termin wahrzunehmen. Dabei wird zumindest grob die Sicherheit abgeschätzt, dass keine widrigen Umstände, wie ein Stau oder ein Defekt am Fahrzeug, eintreten. Im Alltag wird kaum jemand einen Wahrscheinlichkeitsraum für solche Zufallsvorgänge erstellen. Jedoch gibt es zahlreiche Situationen, in denen man solche Wahrscheinlichkeitsräume anhand subjektiver Wahrscheinlichkeiten konstruiert. Dazu gehören insbesondere Situationen, in denen es um wichtige Entscheidungen, wie z. B. über Investitionen, geht. Im Rahmen der Entscheidungstheorie werden deshalb auch Verfahren zur Bestimmung subjektiver Wahrscheinlichkeiten, z. B. über Wetten, behandelt. Gegenstand der (deskriptiven) Entscheidungstheorie sind auch Fehler im Umgang mit Wahrscheinlichkeiten, die relativ häufig im Alltag gemacht werden.

Im Rahmen der Statistik ist die Bestimmung von subjektiven Wahrscheinlichkeiten insbesondere im Rahmen eines bestimmten statistischen Ansatzes, des bayesianischen Ansatzes, gefordert. Wie wir später ausführlicher darstellen werden, werden im Rahmen dieses Ansatzes Werten oder Intervallen von Werten eines zu schätzenden Parameters, wie z. B. dem Stimmenanteil einer Partei, in einem ersten Schritt subjektive Wahrscheinlichkeiten zugeordnet. Diese Wahrscheinlichkeiten werden dann unter Berücksichtigung der erhobenen Daten Ergebnisse revidiert.

2.5 Folgerungen aus den Axiomen von Kolmogorov

Wie oben angemerkt, lassen sich aus den Axiomen von Kolmogorov zahlreiche Folgerungen ableiten, die Regeln für das Rechnen mit Wahrscheinlichkeiten festlegen. Die Wahrscheinlichkeit der Vereinigung disjunkter Ereignisse ist durch die Kolmogorov-Axiome selbst festgelegt. Oftmals treten aber Vereinigungen von nicht disjunkten Ereignissen auf, wie z. B. das Ereignis, eine gerade Augenzahl zu würfeln und zugleich eine Augenzahl, die kleiner als 4 ist.

Nach den Folgerungen aus den Axiomen von Kolmogorov geht es um die Veränderung der Wahrscheinlichkeit von Ereignissen, wenn nicht mehr der gesamte Ergebnisraum, sondern nur eine Teilmenge als neuer Ergebnisraum zugrunde gelegt wird. Dadurch entstehen sogenannte bedingte Wahrscheinlichkeiten, die eine sehr wichtige Rolle in der Statistik spielen. So betrachtet man nicht generell die Wahrscheinlichkeit für eine bestimmte Krankheit, sondern die Wahrscheinlichkeit getrennt für Männer und Frauen oder bezogen auf bestimmte Risikogruppen.

Aus der bedingten Wahrscheinlichkeit wird dann das sehr wichtige Konzept der Abhängigkeit bzw. Unabhängigkeit von Ereignissen hergeleitet. So stellt sich z. B. die Frage, ob das Ereignis „männlich" unabhängig von dem Ereignis „Auftreten einer bestimmten Krankheit" ist. In Frageform ausgedrückt: „Ist die Wahrscheinlichkeit, an einer bestimmten Krankheit zu leiden, für Männer und Frauen unterschiedlich?" Abschließend wird in diesem Kapitel der Satz von Bayes behandelt, der eine sehr hilfreiche Ableitung bedingter Wahrscheinlichkeiten erlaubt.

Einfache Folgerungen aus den Axiomen von Kolmogorov

Einfache Folgerungen aus den Axiomen von Kolmogorov, die im Internetsupplement bewiesen werden, sind:

- Wahrscheinlichkeiten liegen immer zwischen 0 und 1.
- Es gilt $P(\emptyset) = 0$ für die Wahrscheinlichkeit des unmöglichen Ereignisses.
- Für das Komplementärereignis $\overline{A}$ von A gilt:

$$P(\overline{A}) \;=\; 1 - P(A)$$

- Ist ein Ereignis A in einem Ereignis B enthalten ($A \subseteq B$), so ist die Wahrscheinlichkeit von A höchstens so groß wie die von B:

$$A \subseteq B \quad \rightarrow \quad P(A) \leq P(B)$$

Wahrscheinlichkeit für die Vereinigung nicht disjunkter Ereignisse

Aufgrund der Kolmogorov-Axiome für Wahrscheinlichkeiten gilt für *disjunkte (unvereinbare) Ereignisse* A und B:

Additionsregel für die Vereinigung zweier disjunkter Ereignisse

$$P(A \cup B) \;=\; P(A) + P(B)$$

Wie lässt sich die Wahrscheinlichkeit für die Vereinigung nicht disjunkter Ereignisse berechnen, wenn also $A \cap B \neq \varnothing$ gilt?

Die rechte Grafik in Abbildung 2.7 verdeutlicht, dass $P(A \cap B)$ im Fall der nicht disjunkten Ereignisse A und B doppelt in die Summe

$P(A) + P(B)$ eingeht, einmal über das Ereignis A und zum anderen über das Ereignis B.

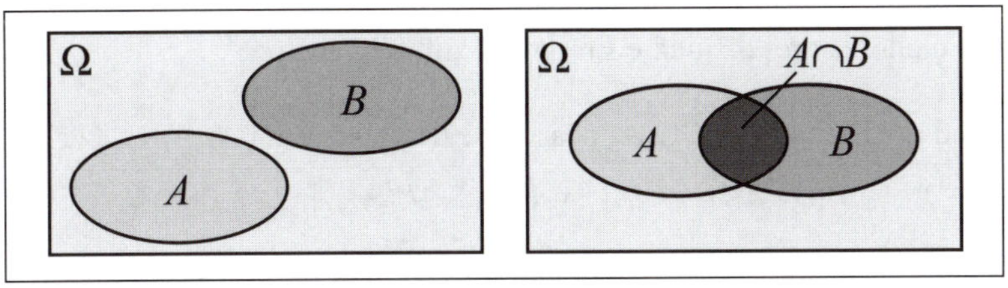

Abbildung 2.7: Disjunkte Mengen und sich überschneidende Mengen

Somit gilt für die Wahrscheinlichkeit von $A \cup B$ *im allgemeinen Fall*, d. h. disjunkter wie nicht disjunkter Ereignisse:

Additionsregel für die Vereinigung zweier Ereignisse

$$P(A \cup B) \;=\; P(A) + P(B) - P(A \cap B)$$

Beispiel zur Anwendung der Additionsregel im allgemeinen Fall

Wie groß ist beim einmaligen Werfen eines fairen Würfels die Wahrscheinlichkeit für eine Zahl, die gerade oder kleiner als 5 ist?

Gegeben ist:

- Ergebnisraum: $\Omega = \{1,2,3,4,5,6\}$
- Ereignis „gerade Zahl" = $A = \{2,4,6\}$, $P(A) = \frac{3}{6} = \frac{1}{2}$
- Ereignis „Zahl kleiner als 5" = $B = \{1,2,3,4\}$, $P(B) = \frac{4}{6} = \frac{2}{3}$
- Ereignis „gerade Zahl und Zahl kleiner als 5":
  $A \cap B = \{2,4\}$, $P(A \cap B) = \frac{2}{6} = \frac{1}{3}$

Damit lässt sich $P(A \cup B)$ berechnen:

$$\begin{aligned} P(A \cup B) &= P(A) + P(B) - P(A \cap B) \\ &= \frac{1}{2} + \frac{2}{3} - \frac{1}{3} = \frac{3+4-2}{6} = \frac{5}{6} \end{aligned}$$

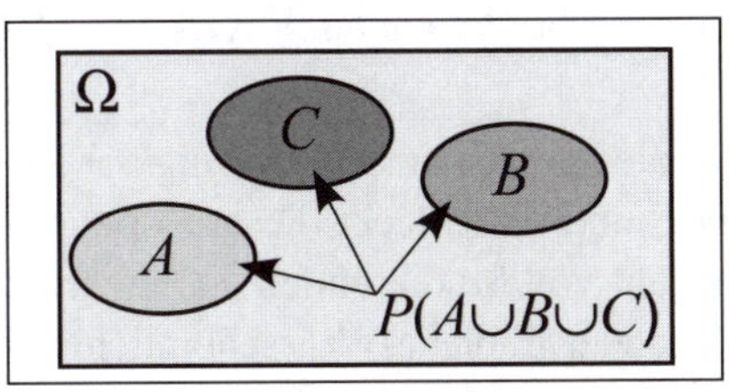

Abbildung 2.8: Drei disjunkte Ereignisse

Für mehr als zwei *disjunkte* Ereignisse gilt eine erweiterte Additionsregel. Die Abbildung 2.8 veranschaulicht die Additionsregel für drei disjunkte Ereignisse.

Sind die Ereignismengen A, B, C paarweise disjunkt, so gilt:

$$P(A \cup B \cup C) = P(A) + P(B) + P(C)$$

Für mehr als drei disjunkte Ereignisse gilt allgemein:

Sind die Mengen $A_1, \ldots, A_k$ paarweise disjunkt, dann ist:

$$P(A_1 \cup A_2 \ldots \cup A_k) = P(A_1) + P(A_2) + \ldots + P(A_k)$$

Sind hingegen die Ereignisse nicht disjunkt, gilt für drei Mengen:

Für beliebige Mengen A_1, A_2, A_3 gilt:

$$\begin{aligned} P(A_1 \cup A_2 \cup A_3) &= P(A_1) + P(A_2) + P(A_3) \\ &\quad - P(A_1 \cap A_2) - P(A_1 \cap A_3) - P(A_2 \cap A_3) \\ &\quad + P(A_1 \cap A_2 \cap A_3) \end{aligned}$$

Sind die Mengen disjunkt, ist nur die erste Zeile zu berücksichtigen, da die Wahrscheinlichkeiten der Schnittmengen immer 0 sind. Die Wahrscheinlichkeit für die Vereinigung von k nicht disjunkten Ereignissen ergibt sich als Verallgemeinerung der Vereinigung von drei nicht disjunkten Ereignissen und wird im Internetsupplement gezeigt.

2.6 Bedingte Wahrscheinlichkeiten

Häufig ist man nicht an der gesamten Menge Ω, z. B. aller Studierenden einer Universität, sondern nur an bestimmten Teilmengen aus Ω als Ergebnisraum, wie z. B. allen Studentinnen eines Faches, interessiert.

Zur Veranschaulichung der bedingten Wahrscheinlichkeit betrachten wir eine (fiktive) Population von Studentinnen und Studenten dreier Fächer: Maschinenbau, Physik und Biologie. Die Ausprägungen des Geschlechts bezeichnen wir kurz mit M für männlich und W für weiblich und die Studienfächer Maschinenbau, Physik bzw. Biologie mit A_1, A_2 bzw. A_3.

Tabelle 2.2 enthält die gemeinsame Verteilung der absoluten Häufigkeiten von Studienfach und Geschlecht dieser Population. Wir betrachten die zufällige Auswahl von Studierenden aus dieser Population als Zufallsvorgang und nutzen Laplace-Wahrscheinlichkeiten für die Festlegung der Wahrscheinlichkeitsverteilung (vgl. Kap. 2.4.1).

Tabelle 2.2: 3 × 2-Tabelle mit den absoluten Häufigkeiten der Variablen Geschlecht und Studienfach

Studienfach	**Geschlecht**		
	männlich (M)	weiblich (W)	Gesamt
Maschinenbau (A_1)	900	100	1 000
Physik (A_2)	400	100	500
Biologie (A_3)	200	300	500
Gesamt	1 500	500	2 000

Die Laplace-Wahrscheinlichkeit, eine weibliche Studierende (W) aus insgesamt 2 000 Studierenden zu ziehen, beträgt bei insgesamt 500 weiblichen Studierenden (W):

$$P(W) = \frac{|W|}{|\Omega|} = \frac{500}{2\,000} = .25$$

Betrachtet man nun lediglich die Grundmenge der Studierenden der Biologie, ist die Wahrscheinlichkeit, eine Studentin aus dieser Grundmenge zu ziehen, neu zu berechnen. Für das Ereignis, eine Studentin aus allen Studierenden der Biologie zu ziehen, schreiben wir $W|\text{Biologie}$ und für die entsprechende Wahrscheinlichkeit $P(W|\text{Biologie})$. Diese Wahrscheinlichkeit bezeichnen wir als die *bedingte Wahrscheinlichkeit* der weiblichen Studierenden W gegeben die Grundmenge der Studierenden des Faches Biologie.

bedingte Wahrscheinlichkeit

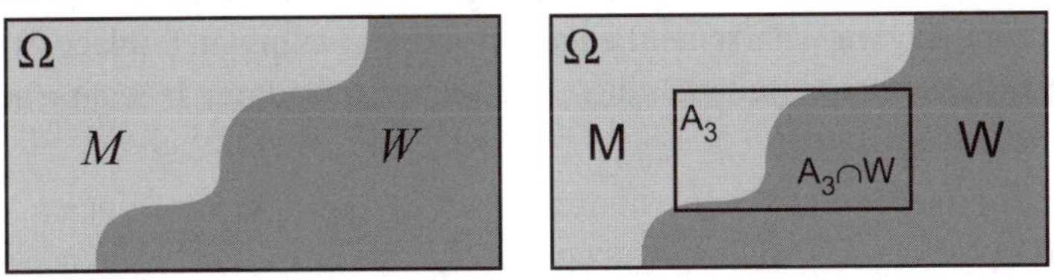

$$P(W|A_3) = \frac{P(W \cap A_3)}{P(A_3)}$$

Abbildung 2.9: Grafische Darstellung bedingter Wahrscheinlichkeiten

Für die Berechnung dieser bedingten Wahrscheinlichkeit betrachten wir die Schnittmenge $W \cap A_3$ (Studentin der Biologie) und errechnen als bedingte Wahrscheinlichkeit (vgl. Abb. 2.9):

$$P(W|\text{Biologie}) = \frac{|W \cap \text{Biologie}|}{|\text{Biologie}|} = \frac{300}{500} = .60$$

Während $P(W)$ auf der Basis des Ergebnisraumes Ω berechnet wird, wird bei der Berechnung der bedingten Wahrscheinlichkeit $P(W|A_3)$ die

Menge A_3 als Ergebnisraum genutzt und die Menge $W \cap A_3$ innerhalb dieses verkleinerten Ergebnisraums betrachtet.

Analog berechnet sich die bedingte Wahrscheinlichkeit, eine weibliche Studierende aus der Grundgesamtheit der Studierenden des Fachs Maschinenbau zu ziehen:

$$P(W|\text{Maschinenbau}) = \frac{|W \cap \text{Maschinenbau}|}{|\text{Maschinenbau}|} = \frac{100}{1\,000} = .10$$

Allgemein lässt sich die bedingte Wahrscheinlichkeit wie folgt definieren:

Definition: Bedingte Wahrscheinlichkeit

Sind A und B Ereignisse mit $P(B) > 0$, so ist die bedingte Wahrscheinlichkeit $P(A|B)$ (in Worten: die Wahrscheinlichkeit von A, gegeben B):

$$P(A|B) = \frac{P(A \cap B)}{P(B)}$$

In den Beispielen in diesem Kapitel entsprechen die Wahrscheinlichkeiten relativen Häufigkeiten für die entsprechenden Teilmengen der Population. Damit lassen sich die bedingten wie unbedingten Laplace-Wahrscheinlichkeiten über Kreuztabellen, z. B. anhand der Programmsysteme wie SPSS oder R, berechnen (vgl. Holling & Gediga, 2011, S. 214ff). Die Randverteilungen der relativen Häufigkeiten entsprechen den unbedingten Wahrscheinlichkeiten und die bedingten Laplace-Wahrscheinlichkeiten lassen sich dann aus diesen unbedingten Wahrscheinlichkeiten berechnen.

Die Wahrscheinlichkeiten, die den relativen Häufigkeiten entsprechen, sind in Tabelle 2.3 wiedergegeben. Die Tabelle enthält neben den Wahrscheinlichkeiten für die Schnittmengen $P(M \cap A_i)$ und $P(W \cap A_i)$ ($i = 1, 2, 3$) auch die Randsummen in der Spalte „Gesamt“ mit $P(A_1)$, $P(A_2)$, $P(A_3)$ und der Zeile „Gesamt“ mit $P(M)$ und $P(W)$.

Tabelle 2.3: 3×2-Tabelle mit den relativen Häufigkeiten (Wahrscheinlichkeiten) der Variablen Geschlecht und Studienfach

Studienfach	**Geschlecht**		
	männlich (M)	weiblich (W)	Gesamt
Maschinenbau (A_1)	.45	.05	.50
Physik (A_2)	.20	.05	.25
Biologie (A_3)	.10	.15	.25
Gesamt	.75	.25	1.0

In der Tabelle 2.4 sind die bedingten Wahrscheinlichkeiten, ein bestimmtes Fach zu studieren, gegeben das Geschlecht, dargestellt. Zusätzlich enthält diese Tabelle die (unbedingten) Wahrscheinlichkeiten für die beiden Ausprägungen des Geschlechts.

Tabelle 2.4: 3×2-Tabelle für die auf das Geschlecht bedingten relativen Häufigkeiten (Wahrscheinlichkeiten) der Variablen Studienfach

Studienfach	**Geschlecht**	
	männlich (M)	weiblich (W)
Maschinenbau (A_1)	.60	.20
Physik (A_2)	.27	.20
Biologie (A_3)	.13	.60
Gesamt	1.0	1.0
unbedingte Wahrscheinlichkeiten	.75	.25

Tabelle 2.5 zeigt die entsprechenden bedingten Wahrscheinlichkeiten, diesmal unter der Bedingung Studienfach.

Tabelle 2.5: 3×2-Tabelle für die auf die Studienfächer bedingten relativen Häufigkeiten (Wahrscheinlichkeiten) der Variablen Geschlecht

Studienfach	**Geschlecht**			unbedingte
	männlich	weiblich	Gesamt	Wahrscheinlichkeiten
Maschinenbau	.90	.10	1.0	.50
Physik	.80	.20	1.0	.25
Biologie	.40	.60	1.0	.25

2.7 Stochastische Unabhängigkeit

Mit dem Begriff der bedingten Wahrscheinlichkeit kann nun die *stochastische Unabhängigkeit von Ereignissen* definiert werden.

stochastische Unabhängigkeit von Ereignissen

Wirkt sich das Eintreten eines Ereignisses B nicht auf die Wahrscheinlichkeit eines Ereignisses A aus, so heißen A und B stochastisch unabhängig. Formal bedeutet diese Eigenschaft:

Definition: Stochastische Unabhängigkeit

Ereignisse A und B heißen stochastisch unabhängig, wenn gilt:

$$P(A|B) = P(A)$$

Inhaltlich bedeutet die stochastische Unabhängigkeit, dass die Wahrscheinlichkeit des Ereignisses A gleich bleibt, unabhängig davon, ob das Ereignis B eintritt oder nicht.

Wegen

$$P(A|B) = \frac{P(A \cap B)}{P(B)}$$

gilt für stochastisch unabhängige Ereignisse A und B

$$P(A \cap B) = P(A|B)P(B) = P(A)P(B)$$

und weiterhin

$$P(B|A) = \frac{P(A \cap B)}{P(A)} = \frac{P(A)P(B)}{P(A)} = P(B)$$

Wie aus den obigen Ausführungen hervorgeht, kann die stochastische Unabhängigkeit der Ereignisse A und B äquivalent über den Zusammenhang

$$P(A \cap B) = P(A)P(B)$$

definiert werden. Diese Definition ist, wie später benötigt, einfacher auf die stochastische Unabhängigkeit von mehr als zwei Ereignissen zu verallgemeinern. Zudem nehmen hier die Ereignisse A und B eine symmetrische Rolle ein.

stochastisch abhängige Ereignisse

Ereignisse, die nicht stochastisch unabhängig sind, heißen *stochastisch abhängige Ereignisse.*

Beispiel zur Anwendung der stochastischen Abhängigkeit

Im Rahmen der psychologischen Testtheorie stellt sich die wichtige Frage, ob die Beantwortung zweier Items eines Tests unabhängig voneinander erfolgt bzw. ob die Antworten stochastisch unabhängig sind. Beginnt man z. B. bei einer Intelligenztestung mit einer leichten Aufgabe, mag man Selbstvertrauen entwickeln und eine dann folgende schwierigere Aufgabe eher lösen, als wenn man zunächst die schwierige Aufgabe und dann die leichte Aufgabe erhält.

$$P(\text{Aufgabe 1 zu lösen}) = .80; \; P(\text{Aufgabe 2 zu lösen}) = .40$$

Falls die Antworten stochastisch unabhängig sind, gilt:

$$P(\text{Aufgabe 1 und 2 zu lösen}) = .80 \cdot .40 = .32$$

Eine andere gemeinsame Lösungswahrscheinlichkeit als .32 bedeutet im vorliegenden Fall, dass die beiden Antworten stochastisch abhängig sind.

Die Wahrscheinlichkeiten für die Aufgabenlösungen kann man anhand der relativen Häufigkeiten der richtigen Antworten schätzen und somit die stochastische Unabhängigkeit überprüfen.

Multiplikationsregel bei stochastischer Unabhängigkeit

Die Formel $P(A \cap B) = P(A)P(B)$ wird auch *Multiplikationsregel bei stochastischer Unabhängigkeit* genannt.

allgemeine Multiplikationsregel

Für beliebige (stochastisch abhängige wie unabhängige) Ereignisse ist oben bereits die *allgemeine Multiplikationsregel* abgeleitet worden:

$$P(A \cap B) \quad = \quad P(A|B)P(B)$$

Sind zwei Ereignisse A und B stochastisch unabhängig, so sind auch A *und* $\overline{B}$, sowie $\overline{A}$ *und* B und auch $\overline{A}$ *und* $\overline{B}$ stochastisch unabhängig (vgl. Internetsupplement).

Zwei disjunkte Ereignisse A und B sind im Allgemeinen nicht stochastisch unabhängig. Z. B. ist unter der Bedingung, dass eine gerade Augenzahl gewürfelt wurde, die Wahrscheinlichkeit für eine ungerade Augenzahl oder für jede beliebige Teilmenge der ungeraden Augenzahlen gleich 0. Es gilt also $P(A|B) = 0$.

Formal lässt sich dieser Zusammenhang wie folgt zeigen: Für disjunkte Ereignisse gilt, da sie einen leeren Schnitt aufweisen, immer $P(A \cap B) = 0$. Damit gilt:

$$P(A|B) = P(A \cap B)/P(B) = 0$$

Damit die bedingte Wahrscheinlichkeit definiert ist, muss $P(B) > 0$ gelten. Immer wenn $P(A)$ größer 0 ist, gilt also

$$P(A|B) \neq P(A)P(B)$$

2.8 Rechnen mit bedingten und unbedingten Wahrscheinlichkeiten

Bisher wurden aus unbedingten Wahrscheinlichkeiten von Ereignissen bedingte Wahrscheinlichkeiten berechnet. Es gibt aber auch Situationen, in denen die unbedingten Wahrscheinlichkeiten nicht bekannt sind und aus bedingten Wahrscheinlichkeiten berechnet werden können. Dazu dient der Satz von der totalen Wahrscheinlichkeit, der zunächst abgeleitet werden soll. Ebenso können bedingte Wahrscheinlichkeiten aus Wahrscheinlichkeiten, die unter einer anderen Bedingung bestimmt wurden, berechnet werden. Diese Bestimmung geschieht anhand des Satzes von Bayes, der anschließend abgeleitet wird. Im Folgenden nutzen wir ein fiktives Beispiel (vgl. Tab. 2.6) der gemeinsamen Verteilung der Variablen *Geschlecht* und *Studienfach.*

Tabelle 2.6: 3×2-Tabelle mit relativen Häufigkeiten (Wahrscheinlichkeiten) der Variablen *Geschlecht* und *Studienfach*

Studienfach	**Geschlecht**		
	männlich (M)	weiblich (W)	Gesamt
Maschinenbau (A_1)	.45	.05	.50
Physik (A_2)	.20	.05	.25
Biologie (A_3)	.10	.15	.25
Gesamt	.75	.25	1.0

2.8.1 Der Satz von der totalen Wahrscheinlichkeit

Das Beispiel (vgl. Tab. 2.6) enthält die Wahrscheinlichkeiten der Schnittmengen von Geschlecht und Studienfach. Ergänzt wurden in der letzten Spalte („Gesamt“) die Addition der Wahrscheinlichkeiten für die Schnittmengen. Analog erhält man die unbedingten Wahrscheinlichkeiten, die in der letzten Zeile „Gesamt“ enthalten sind. Die drei Studienfächer, sowie die beiden Ausprägungen des Geschlechts, führen jeweils zu einer sogenannten disjunkten Zerlegung des Ergebnisraums.

Betrachten wir diese Zerlegung für die drei Studienfächer A_1, A_2 und A_3, so liegen hier drei paarweise disjunkte Teilmengen vor, die vereinigt wiederum den gesamten Ergebnisraum bilden. Damit ist folgende Definition naheliegend:

disjunkte Zerlegung

Definition: Eine *disjunkte Zerlegung* $A_1, \ldots, A_k$ ($A_i \subset \Omega, i = 1, \ldots, k$) des Ergebnisraums Ω liegt vor,

- wenn die Ereignisse $A_1, \ldots, A_k$ sich paarweise nicht schneiden, d. h. $A_i \cap A_j = \varnothing$, für $i \neq j$ und
- wenn die Vereinigung der Ereignisse $A_1, \ldots, A_k$ den gesamten Ergebnisraum ergibt, d. h. $A_1 \cup A_2 \cup A_3 \cup \ldots \cup A_k = \Omega$.

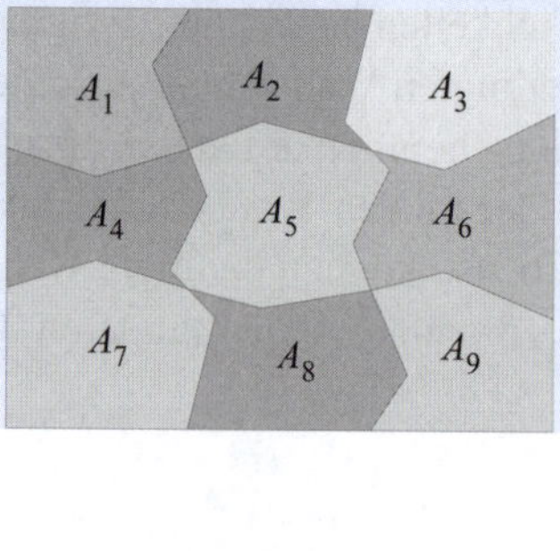

Der in Tabelle 2.6 angegebene Wert $P(M)$ als Summe der Wahrscheinlichkeiten $P(M \cap A_i)$ $(i = 1,2,3)$ kann auch über bedingte Wahrscheinlichkeiten berechnet werden, da gilt:

$$P(M \cap A_i) = P(M|A_i)P(A_i).$$

Somit resultiert:

$$\begin{aligned} P(M) &= P(M \cap A_1) + P(M \cap A_2) + P(M \cap A_3) \\ &= P(M|A_1)P(A_1) + P(M|A_2)P(A_2) + P(M|A_3)P(A_3) \\ &= \sum_{i=1}^{3} P(M|A_i)P(A_i) \end{aligned}$$

Dieser Zusammenhang ist anhand von Tabelle 2.7 nachzuvollziehen. Multipliziert man die unbedingten Wahrscheinlichkeiten in der letzten Spalte mit den bedingen Wahrscheinlichkeiten in der ersten Spalte resultieren die Wahrscheinlichkeiten für die Schnittmengen, die in der ersten Spalte der Tabelle 2.6 dargestellt sind. Ihre Summe ergibt $P(M)$.

Tabelle 2.7: 3×2-Tabelle mit den nach Studienfächern bedingten relativen Häufigkeiten (Wahrscheinlichkeiten) der Variablen Geschlecht

Studienfach	**Geschlecht** männ-lich	weib-lich	Gesamt	unbedingte Wahrschein-lichkeiten
Maschinenbau	.90	.10	1.0	.50
Physik	.80	.20	1.0	.25
Biologie	.40	.60	1.0	.25

Die oben vorgenommenen Berechnungen der Wahrscheinlichkeiten eines Ereignisses basierend auf der disjunkten Zerlegung eines Ereignisraums nennt man auch den *Satz von der totalen Wahrscheinlichkeit (Law of total probability)*.

Satz von der totalen Wahrscheinlichkeit

Allgemein lautet der Satz von der totalen Wahrscheinlichkeit: Ist B ein Ereignis aus Ω und stellen die Mengen $A_1, A_2, \ldots, A_k$ eine disjunkte Zerlegung von Ω dar, dann kann die Wahrscheinlichkeit $P(B)$ wie folgt berechnet werden (vgl. Abb. 2.10).

$$\begin{aligned} P(B) &= P(B|A_1)P(A_1) + \ldots + P(B|A_k)P(A_k) \\ &= \sum_{i=1}^{k} P(B|A_i)P(A_i) \end{aligned}$$

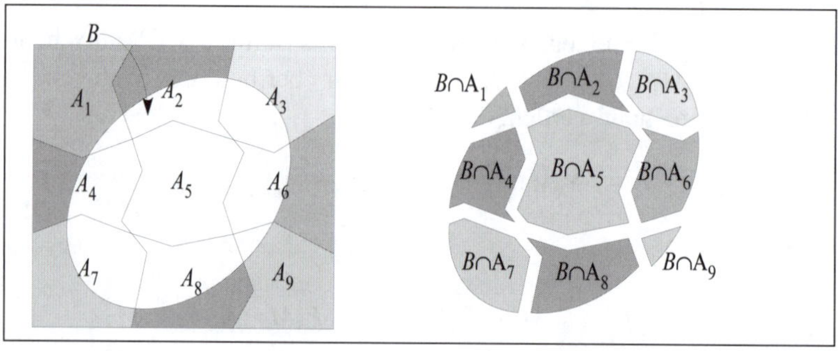

Abbildung 2.10: Illustration zum Satz von der totalen Wahrscheinlichkeit

Angemerkt sei hier noch, dass die Addition der Wahrscheinlichkeiten für die Ereignisse $B \cap A_i$ wegen ihrer paarweisen Disjunktheit gemäß des dritten Axioms von Kolmogorov vorzunehmen ist.

2.8.2 Der Satz von Bayes

Beim Satz von Bayes geht es darum, unterschiedliche bedingte Wahrscheinlichkeiten ineinander zu überführen. Wir stellen der Übersicht halber die entscheidende Tabelle der bedingten Wahrscheinlichkeiten aus unserem Beispiel noch einmal vor.

Tabelle 2.8: 3×2-Tabelle für die nach Studienfächern bedingten relativen Häufigkeiten (Wahrscheinlichkeiten) der Variablen Geschlecht

Studienfach	**Geschlecht**			unbedingte
	männ-lich	weib-lich	Gesamt	Wahrschein-lichkeiten
Maschinenbau	.90	.10	1.0	.50
Physik	.80	.20	1.0	.25
Biologie	.40	.60	1.0	.25

In Tabelle 2.8 sind die drei unbedingten Wahrscheinlichkeiten für das Studienfach $P(A_i)$ enthalten, die drei bedingten Wahrscheinlichkeiten P(männlich|Studienfach) bzw. $P(M|A_i)$ und die drei bedingten Wahrscheinlichkeiten P(weiblich|Studienfach) bzw. $P(W|A_i)$. Unser Ziel ist es aber nun, aus den Angaben aus dieser Tabelle die bedingte Wahrscheinlichkeit P(Maschinenbau|männlich) bzw. $P(A_1|M)$ zu berechnen. $P(A_1|M)$ wurde bereits in Tabelle 2.4 dargestellt und beträgt .60. Es gilt:

$$P(A_1|M) = \frac{P(A_1 \cap M)}{P(M)}$$

Der Zähler $P(A_1 \cap M)$ ergibt sich in Tabelle 2.8 aus der Multiplikation der bedingten Wahrscheinlichkeit $P(M|A_1) = .90$ mit $P(A_1) = .50$, da $P(M|A_1)P(A_1) = P(A_1 \cap M)$ gilt.

Der Nenner $P(M)$ kann – wie oben gezeigt – über den Satz von der totalen Wahrscheinlichkeit bestimmt werden:

$$P(M) = P(M|A_1)P(A_1) + P(M|A_2)P(A_2) + P(M|A_3)P(A_3)$$

Damit resultiert:

$$\begin{aligned} P(A_1|M) &= \frac{.50 \cdot .90}{.50 \cdot .90 + .25 \cdot .80 + .25 \cdot .40} \\ &= \frac{.45}{.75} \\ &= .60 \end{aligned}$$

(Erwähnt sei hier noch, dass für die Berechnung von $P(A_1|M)$ die Angaben in der zweiten Spalte der Tabelle 2.8 nicht benötigt werden.)

Sei allgemein $B \subset \Omega$ ein Ereignis und $A_1, A_2, \ldots, A_k$ eine disjunkte Zerlegung von Ω, dann besagt der Satz von Bayes:

$$P(A_j|B) = \frac{P(B|A_j)P(A_j)}{\sum_{i=1}^{k} P(B|A_i)P(A_i)}$$

Der Zähler kann wie folgt abgeleitet werden. Aus

$$\begin{aligned} P(A_j|B) &= \frac{P(A_j \cap B)}{P(B)} \\ P(A_j \cap B) &= P(B|A_j)P(A_j) \text{ folgt:} \end{aligned}$$

$$P(A_j|B) = \frac{P(B|A_j)P(A_j)}{P(B)}$$

Der Nenner resultiert aus dem Satz von der totalen Wahrscheinlichkeit

$$P(B) = \sum_{i=1}^{k} P(B|A_i)P(A_i)$$

Wenn $P(B)$ bekannt, ist kann der Satz von Bayes für die Ereignisse $A \subset \Omega$ und $B \subset \Omega$ einfacher dargestellt werden:

$$P(A|B) = \frac{P(B|A)P(A)}{P(B)}$$

Der Satz von Bayes kann vielfach angewendet werden, da die Angaben zu den bedingten und unbedingten Wahrscheinlichkeiten, die für die Berechnung der angezielten bedingten Wahrscheinlichkeiten benötigt werden, aus unterschiedlichen Quellen stammen dürfen. Die bedingten und unbedingten Wahrscheinlichkeiten kann man z. B. unterschiedlichen Studien entnehmen. Somit können Informationen aus unterschiedlichen Studien zu neuen Erkenntnissen zusammengefügt werden. Dabei sind die Informationen häufig nicht in einer so übersichtlichen Form, wie sie oben vorgegeben wurde, dargestellt. Oftmals gilt es, die entsprechenden Komponenten erst für die Bayes-Formel zu identifizieren. Das folgende Beispiel erläutert dieses Vorgehen.

Beispiel zu Trefferraten bei der Personalauswahl

Ein Unternehmen führt ein Auswahlverfahren für Führungskräfte durch. Folgende Informationen sind bekannt:

- Ein Bewerber, der zu diesem Auswahlverfahren kommt, ist mit einer Wahrscheinlichkeit von 10 % für die in Frage kommende Stelle geeignet.
- Wenn der Bewerber geeignet ist, so liefert das Auswahlverfahren mit einer Wahrscheinlichkeit von 80 % eine positive Diagnose, d. h. er wird aufgrund des Testverfahren als geeignet angesehen.
- Wenn der Bewerber nicht geeignet ist, so liefert das Verfahren mit einer Wahrscheinlichkeit von 9 % eine positive Diagnose.

Wie groß ist die Wahrscheinlichkeit, dass der Bewerber geeignet ist, wenn das Auswahlverfahren zu einer positiven Diagnose führt?

Dazu kann man nun die Informationen entsprechend des Satzes von Bayes zusammenstellen:

- Der Ergebnisraum Ω besteht aus allen Bewerbern.
- Alle Bewerber sind entweder geeignet oder nicht geeignet, die entsprechenden Ereignisse bezeichnen wir mit A_1 (geeignet) und A_2 (nicht geeignet).
- Die Ereignisse A_1 und A_2 sind disjunkt, d. h. sie schließen sich gegenseitig aus und ihre Vereinigung ergibt Ω.
- Die Wahrscheinlichkeit für das Ereignis A_1 beträgt $P(A_1) = .1$ (bzw. 10 %).
- Da A_2 das Komplement von A_1 ist, folgt $P(A_2) = .9$ (bzw. 90 %).
- Einige Bewerber haben die positive Diagnose „geeignet“ erhalten. Das Ereignis „Diagnose positiv“ bezeichnen wir mit B.

- Unter der *Bedingung*, dass der Bewerber *geeignet* ist, liefert der Test eine Wahrscheinlichkeit von $P(B|A_1) = .80$ (bzw. 80 %) für eine positive Diagnose.
- Unter der *Bedingung*, dass der Bewerber *nicht geeignet* ist, liefert der Test mit einer Wahrscheinlichkeit von $P(B|A_2) = .09$ (bzw. 9 %) eine positive Diagnose.

Anzumerken ist hier noch, dass nichts weiter über die anderen möglichen Ausgänge des Testverfahrens ausgesagt wird.

Nun liegen alle Bestimmungsstücke für den Satz von Bayes vor:

$$P(A_1|B) = \frac{P(B|A_1)P(A_1)}{P(B|A_1)P(A_1) + P(B|A_2)P(A_2)} = \frac{.8 \cdot .1}{.80 \cdot .1 + .09 \cdot .9} = \frac{.08}{.161} = .497$$

Man mag einwenden, dass eine Erfolgsquote von knapp 50 % relativ gering ist. Wenn man dem allerdings gegenüberstellt, dass bei einer sogenannten blinden Auswahl lediglich eine Erfolgsquote von 10 % zu erwarten ist, dürfte sich der Aufwand für die Durchführung dieses Auswahlverfahrens durchaus rechnen.

Die unbedingte Wahrscheinlichkeit $P(A_1)$, im letzten Beispiel die Wahrscheinlichkeit, dass ein Bewerber geeignet ist, wird auch *A-priori-Wahrscheinlichkeit* genannt. Das Attribut „a priori" (lat. *vom Früheren her*) sagt aus, dass diese Wahrscheinlichkeit ohne Kenntnis aktueller Daten genutzt wird. So ist die A-priori-Wahrscheinlichkeit in unserem Beispiel die Wahrscheinlichkeit, per Zufall einen geeigneten Bewerber zu finden. Manchmal findet man auch den Begriff *Inzidenzrate* anstelle des Begriffs A-priori-Wahrscheinlichkeit – in diesem Fall für geeignete Bewerber.

A-priori-Wahrscheinlichkeit

Inzidenzrate

Die bedingten Wahrscheinlichkeiten $P(B|A_i)$ sagen etwas über das Auswahlverfahren aus und werden nun mit den A-priori-Wahrscheinlichkeiten verrechnet, sodass die – entscheidende – bedingte Wahrscheinlichkeit P(Bewerber ist geeignet|positive Diagnose) bestimmt werden kann. Diese Wahrscheinlichkeit wird auch als *A-posteriori-Wahrscheinlichkeit* bezeichnet (a posteriori aus dem Lateinischen: *vom Späteren her* oder *vom Folgenden her*). Dabei wird die Wahrscheinlichkeit für das gewünschte Ereignis (einen geeigneten Bewerber auszuwählen) unter der Bedingung des Eintritts eines weiteren Ereignisses (eine positive Diagnose) bestimmt.

A-posteriori-Wahrscheinlichkeit

Die A-priori-Wahrscheinlichkeit und die bedingten Wahrscheinlichkeiten $P(B|A_i)$ müssen nicht notwendigerweise aus der gleichen Datenquelle stammen. Häufig gibt es aufwändige Untersuchungen, die die A-priori-Wahrscheinlichkeit bestimmen und andere – ebenfalls aufwändige – Untersuchungen, die die Qualität eines Testverfahrens bestimmen.

Die Anwendung des Satzes von Bayes auf das Beispiel der Personalauswahl kann auch in tabellarischer Form erfolgen.

Tabelle 2.9 enthält die bedingten Wahrscheinlichkeiten zur Beschreibung der Güte des Personalauswahlverfahrens $P(B|A_1)$ und $P(B|A_2)$ sowie die unbedingten Wahrscheinlichkeiten. (Die bedingten Wahrscheinlichkeiten $P(\overline{B}|A_1)$ bzw. $P(\overline{B}|A_2)$ können leicht berechnet werden durch $1-P(B|A_1)$ bzw. $1-P(B|A_2)$, sind aber hier nicht erforderlich und daher nicht in der Tabelle aufgeführt.)

Tabelle 2.9: Tabelle der bedingten Wahrscheinlichkeiten $P(B|A_i)$ für das Beispiel „Personalauswahlverfahren“

Eignung	Diagnose positiv (B)	Diagnose negativ ($\overline{B}$)	Gesamt	unbedingte Wahrscheinlichkeiten
geeignet (A_1)	.80		1.0	.10
nicht geeignet (A_2)	.09		1.0	.90

Aus den Angaben dieser Tabelle können nun die gemeinsamen Wahrscheinlichkeiten $P(A_1 \cap B) = .8 \cdot .1 = .080$ und $P(A_2 \cap B) = .09 \cdot .9 = .081$ berechnet werden, deren Summe $P(B) = .161$ ergibt. Diese Angaben sind nochmals in Tabelle 2.10 dargestellt.

Tabelle 2.10: Tabelle der Wahrscheinlichkeiten $P(A_i \cap B)$ für das Beispiel „Personalauswahlverfahren“

Eignung	Diagnose positiv (B)	Diagnose negativ($\overline{B}$)
geeignet (A_1)	.080	
nicht geeignet (A_2)	.081	
Gesamt	.161	

Der (unvollständig ausgefüllten) Tabelle 2.10 können die notwendigen Angaben für die gesuchte Wahrscheinlichkeit entnommen werden:

$$P(A_1|B) = \frac{P(A_1 \cap B)}{P(B)} = \frac{P(B|A_1)P(A_1)}{P(B)} = \frac{.08}{.161} = .497$$

Baumdiagramme

Eine anschauliche Darstellung der Verknüpfung der A-priori-Wahrscheinlichkeiten und der bedingten Wahrscheinlichkeiten $P(B|A_i)$ ergeben Baumdiagramme. Auf der ersten Ebene werden die A-priori-Wahrscheinlichkeiten $P(A_i)$ dargestellt. Auf der zweiten Ebene werden die gegebenen bedingten Wahrscheinlichkeiten $P(B|A_i)$ mit den A-priori-Wahrscheinlichkeiten $P(A_i)$ multipliziert. Auf diese Weise erhält man die gemeinsamen Wahrscheinlichkeiten $P(A_i \cap B) = P(B|A_i)P(A_i)$, die dann zur Berechnung der gewünschten A-posteriori-Wahrscheinlichkeit genutzt werden können.

Die Abbildung 2.11 zeigt dieses Vorgehen anhand des Beispiels zur Personalauswahl.

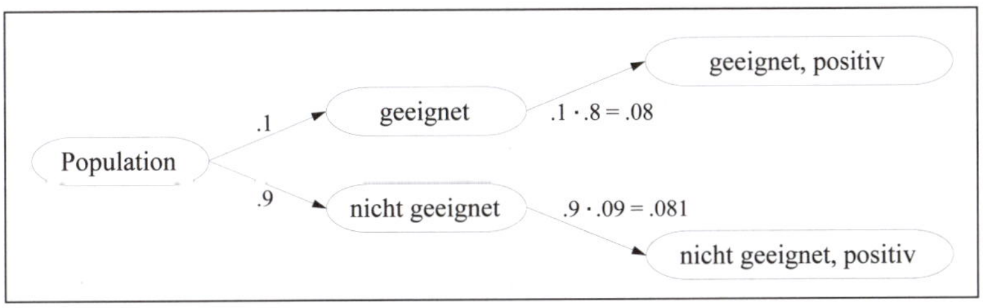

Abbildung 2.11: Baumdiagramm zur Darstellung des Satzes von Bayes

Die Addition der Wahrscheinlichkeiten *P*(geeignet und Diagnose positiv) und *P*(nicht geeignet und Diagnose positiv) ergibt die Wahrscheinlichkeit *P*(Diagnose positiv)=.08+.081=.161. Die gesuchte A-posteriori-Wahrscheinlichkeit *P*(geeignet|Diagnose positiv) berechnet sich dann als das Verhältnis $\frac{.08}{.161}$.

Auf der ersten Ebene des Baumes sind die beiden A-priori-Wahrscheinlichkeiten *P*(geeignet)=.1 und *P*(nicht geeignet)=.9 dargestellt. Auf der zweiten Ebene wird die A-priori-Wahrscheinlichkeiten *P*(geeignet)=.1 mit der bedingten Wahrscheinlichkeit *P*(Diagnose positiv|geeignet)=.8 multipliziert und die A-priori-Wahrscheinlichkeit *P*(nicht geeignet)=.9 mit der bedingten Wahrscheinlichkeit *P*(Diagnose positiv|nicht geeignet)=.09. Damit resultieren die Wahrscheinlichkeiten für die Berechnung der Wahrscheinlichkeiten *P*(geeignet und Diagnose positiv)=.08, sowie *P*(nicht geeignet und Diagnose positiv)=.081.

2.9 Kombinatorik

Die Laplace-Wahrscheinlichkeit resultiert aus der Anzahl der günstigen Ergebnisse im Verhältnis zu allen möglichen Ergebnissen. Für viele Problemstellungen ist die Anzahl von Ergebnissen nicht ohne weiteres ersichtlich, hier gilt es, die Anzahl aller günstigen und möglichen Ergebnisse erst zu bestimmen. Dazu dient die Kombinatorik, die sich mit der

Frage beschäftigt, wie viele Möglichkeiten es gibt, eine gegebene Anzahl von Objekten auf eine bestimmte Art und Weise anzuordnen.

Es gibt verschiedene Situationen für die Bestimmung des Verhältnisses der möglichen zu den günstigen Ergebnissen, die für Anwendungen relevant sind. Diese Situationen seien anhand von vier Varianten eines Experiments im Rahmen der Marktforschung erläutert, in dem es um die häufig untersuchte Frage geht, inwieweit Versuchspersonen bestimmte Produkte überhaupt erkennen oder unterscheiden können. So stellt sich hier das Problem, inwieweit Konsumenten unterschiedliche Tee-, Kaffee- oder Biersorten am Geschmack erkennen.

Nehmen wir das Beispiel, in dem eine Versuchsperson (Vp) in einem Experiment verschiedene Teesorten identifizieren soll. In diesem Experiment werden fünf unterschiedliche Teesorten genutzt, die wir der Einfachheit halber von 1 bis 5 durchnummerieren. Die Vp bekommt mehrere Tassen dieser Teesorten zum Probieren und soll angeben, um welche Teesorte es sich jeweils handelt.

Nun kann ein solches Experiment unterschiedlich durchgeführt werden:

- Zum einen können zwei oder mehrere Tassen dieselbe Teesorte enthalten oder andererseits können alle Tassen jeweils eine unterschiedliche Teesorte enthalten.
- Des Weiteren kann die Aufgabe darin bestehen, entweder die Teesorten den entsprechenden Tassen zuzuordnen oder lediglich die Teesorten anzugeben.

Die Kombination dieser beider Bedingungen führt zu vier Varianten des Experiments, in dem eine Vp drei Tassen mit Tee bekommt, wobei jede Tasse eine von fünf Teesorten enthält.

1. Die Vp bekommt drei Tassen mit Tee zum Probieren. Jede Tasse enthält eine Teesorte, wobei zwei oder alle drei Tassen dieselbe Teesorte enthalten können. Die Aufgabe der Vp ist es, jeder Tasse eine Teesorte zuordnen. Eine mögliche Antwort wäre: „Tasse 1 enthält Teesorte 3, Tasse 2 enthält Teesorte 3 und Tasse 3 enthält Teesorte 1“.
2. Die Vp bekommt drei Tassen mit Tee zum Probieren. Jede Tasse enthält eine unterschiedliche Teesorte, d. h. keine der zwei Tassen enthalten dieselbe Teesorte. Die Aufgabe der Vp ist es, jeder Tasse eine unterschiedliche Teesorte zuzuordnen. Eine mögliche Antwort wäre: „Tasse 1 enthält Teesorte 3, Tasse 2 enthält Teesorte 5 und Tasse 3 enthält Teesorte 4“.

3. Die Vp bekommt drei Tassen mit Tee zum Probieren. Zwei oder alle drei Tassen können dieselbe Teesorte enthalten. Die Vp muss diesmal nur angeben, welche Teesorten sie erkannt hat. Die Vp muss also nicht jeder Tasse eine Teesorte zuordnen. Eine mögliche Antwort wäre dann: Teesorte 1, Teesorte 1 und Teesorte 4.
4. Die Vp bekommt drei Tassen mit Tee zum Probieren. Jede Tasse enthält eine unterschiedliche Teesorte. Die Vp muss nur angeben, welche Teesorten sie erkannt hat. Eine mögliche Antwort wäre dann: Teesorte 1, Teesorte 4 und Teesorte 5.

In allen vier Versionen des Experimentes geht es um die Frage, inwieweit die Vpn die richtigen Teesorten erkennen. In Abhängigkeit davon, wie viele Teesorten die Vpn erkennen, können entsprechende Maßnahmen für die Produktion oder das Marketing entwickelt werden. Ausgangspunkt statistischer Analysen ist die Frage: „Wie hoch ist die Wahrscheinlichkeit, dass eine Vp per Zufall, d. h. ohne die Teesorten zu erkennen, eine korrekte Antwort gibt?"

Zur Berechnung der Wahrscheinlichkeiten nutzen wir den Laplaceschen Wahrscheinlichkeitsbegriff. Hierfür ist das Verhältnis der Anzahl der günstigen zu allen möglichen Ergebnissen entscheidend. Wir werden sehen, dass die Berechnung der günstigen und der möglichen Ergebnisse in allen vier Fällen unterschiedlich ausfällt.

Die oben dargestellten Varianten des Experiments zum Erkennen der Teesorten kommen in analoger Form in vielen Studien vor, jedoch in unterschiedlichen „Gewändern". Die formale Struktur dieser experimentellen Anordnungen lässt sich sehr klar anhand von Urnenmodellen beschreiben.

Ausgangspunkt ist eine Urne mit n unterschiedlichen Kugeln, die von 1 bis n durchnummeriert sind. Man greift k-mal in die Urne und zieht jeweils eine Kugel. Jedes Mal wird die Nummer des Zuges und die Nummer der gezogenen Kugel festgehalten. In dem Experiment zur Erkennung der Teesorten entsprechen die Teesorten den unterschiedlichen Kugeln und die Tassen, in denen sich eine bestimmte Teesorte befindet, den einzelnen Zügen bzw. Entnahmen der Kugeln.

Entsprechend den vier Versionen des Experimentes unterscheiden wir vier unterschiedliche Formen der Ziehung:

1. Die Vp entnimmt k-mal eine Kugel aus einer Urne mit insgesamt n durchnummerierten Kugeln und legt nach jeder Ziehung die Kugel zurück in die Urne. Dabei ist es in diesem Fall wichtig, die Nummer des Zuges zu beachten, da die gezogenen Kugeln entsprechend der Reihenfolge, in der sie gezogen wurden, geordnet werden.

2. Die Vp entnimmt k-mal eine Kugel aus einer Urne mit insgesamt n durchnummerierten Kugel, legt aber die Kugel nach ihrer Ziehung nicht wieder in die Urne zurück. Damit kann die Anzahl der Ziehungen k nicht größer als die Anzahl der Kugeln in der Urne sein, d. h. $k \leq n$. Auch hier werden die gezogenen Kugeln entsprechend der Reihenfolge, in der sie gezogen wurden, geordnet.
3. Bei der dritten Version wird wie bei der ersten Version k-mal eine Kugel aus einer Urne mit insgesamt n durchnummerierten Kugeln gezogen und nach jeder Ziehung wird die Kugel zurück in die Urne gelegt. Hier spielt die Reihenfolge der Kugeln jedoch keine Rolle. Es interessiert hier nur, welche Kugeln gezogen wurden, aber nicht bei welcher Ziehung eine Kugel entnommen wurde.
4. Bei der vierten Version entnimmt die Vp wie bei der zweiten Version k-mal eine Kugel aus einer Urne mit insgesamt n durchnummerierten Kugel und legt die Kugel nach ihrer Ziehung nicht wieder in die Urne zurück. Die Reihenfolge spielt in dieser Version keine Rolle. Weiterhin muss auch hier muss $k \leq n$ gelten. Das Lottospiel ist ein gutes Beispiel für diese Situation.

Kurz zusammengefasst lassen sich die vier Urnenmodelle wie folgt unterscheiden:

1. mit Zurücklegen, mit Beachtung der Reihenfolge,
2. ohne Zurücklegen, mit Beachtung der Reihenfolge,
3. mit Zurücklegen, ohne Beachtung der Reihenfolge,
4. ohne Zurücklegen, ohne Beachtung der Reihenfolge.

Wir betrachten jetzt die vier unterschiedlichen Situationen im Einzelnen.

Mit Zurücklegen, mit Beachtung der Reihenfolge

Bei jeder der k Entnahmen einer Kugel kann eine der n Kugeln gezogen werden, damit resultieren n^k Möglichkeiten. Bei drei Ziehungen aus einer Urne, in der sich fünf Kugeln befinden, resultieren $5 \cdot 5 \cdot 5 = 5^3 = 125$ Möglichkeiten bzw. Ergebnisse. Die Wahrscheinlichkeit für eine bestimmte Kombination beträgt damit $1/125$.

Die Anordnung von k Elementen unter Beachtung der Reihenfolge nennt man *k-Tupel*. Dabei wird die zuerst gezogene Kugel auf die erste Position des Tupels platziert, die als zweite gezogene Kugel auf die zweite Position etc. Ein mögliches Ergebnis für den Ausgang eines Experimentes in dieser Situation (mit Zurücklegen, mit Beachtung der Reihenfolge) ist, wenn $k = 6$ Ziehungen und $n = 4$ Kugeln vorliegen, das Tupel $(1,3,3,4,1,2)$.

k-Tupel

Ohne Zurücklegen, mit Beachtung der Reihenfolge

Wir betrachten hier zunächst den Spezialfall, dass *alle* n Kugeln nacheinander ohne Zurücklegen aus der Urne entnommen und entsprechend der Reihenfolge ihrer Ziehung geordnet werden. In diesem Fall ist $k = n$. Bei der ersten Ziehung kann eine der n Kugeln entnommen werden, für die zweite Ziehung verbleiben $n-1$ Kugeln, für die dritte Ziehung $n-2$ Kugeln bis hin zur letzten Ziehung, bei der nur noch eine Kugel zur Entnahme übrig bleibt. Das Ergebnis kann als ein n-Tupel geschrieben werden, wobei nun an allen Positionen dieses Tupels unterschiedliche Zahlen stehen müssen. Insgesamt können $n(n-1)(n-2)\dots 1$ unterschiedliche Tupel resultieren. Befinden sich fünf Kugeln in der Urne, können $5 \cdot 4 \cdot 3 \cdot 2 \cdot 1 = 120$ unterschiedliche Tupel auftreten und die Wahrscheinlichkeit für ein bestimmtes Tupel beträgt unter diesen Voraussetzungen $1/120$.

In diesem Beispiel wurde die Anzahl aller möglichen Reihenfolgen einer bestimmten Anzahl von Elementen betrachtet. Eine Bestimmung aller möglichen Reihenfolgen einer Anzahl von Elementen nennt man *Permutationen* und wird durch das Produkt $n(n-1)(n-2)\dots 1$ bzw. $1 \cdot 2 \cdot \ldots \cdot n$ berechnet. Dieses Produkt wird mit *Fakultät* bezeichnet:

Permutation

Fakultät

Definition: Fakultät

$$\begin{aligned} n! &= 1 \cdot 2 \cdot \ldots \cdot n \\ 0! &= 1 \end{aligned}$$

Permutationen spielen in der Statistik in bestimmten Ansätzen zur Hypothesentestung eine große Rolle, beispielsweise wenn es darum geht, die Wirksamkeit von Therapien statistisch zu überprüfen. Im dritten Band dieser Lehrbuchreihe werden wir ausführlicher auf diesen Ansatz eingehen.

Werden nun anstelle von fünf nur drei Kugeln ohne Zurücklegen mit Beachtung der Reihenfolge gezogen, kann bei der ersten Ziehung eine der fünf Kugeln, bei der zweiten Ziehung eine der verbleibenden vier Kugeln und bei der dritten Ziehung eine der restlichen drei Kugeln gezogen werden. Damit entstehen $5 \cdot 4 \cdot 3$ Möglichkeiten. Unter Verwendung von Fakultäten kann man dafür auch schreiben:

$$5 \cdot 4 \cdot 3 = \frac{5 \cdot 4 \cdot 3 \cdot 2 \cdot 1}{2 \cdot 1} = \frac{5!}{(5-3)!} = \frac{5!}{2!}$$

Beträgt allgemein die Menge der Elemente n und gilt es k-Tupel zu bilden, bei denen an jeder Position ein unterschiedliches Element steht, so resultieren $n \cdot (n-1) \cdot \ldots \cdot k$ Möglichkeiten. Dabei gilt:

$$n(n-1)(n-2)\ldots k = \frac{n!}{(n-k)!}$$

Ohne Zurücklegen, ohne Beachtung der Reihenfolge

Im Urnenmodell ohne Zurücklegen und ohne Beachtung der Reihenfolge werden diejenigen Tupel, die dieselben Kugeln an unterschiedlichen Positionen besitzen, wie z. B. (1,2,3), (3,1,2) oder (3,2,1), als äquivalent erachtet. Betrachten wir Zufallsvorgänge wie die Ziehung der Lottozahlen oder das Ankreuzen der Antworten in einem Intelligenztest, so ist es lediglich entscheidend, die richtigen Ergebnisse zu erzielen, die Reihenfolge, in der die Ergebnisse produziert wurden, ist weder bei der Ziehung der Lottozahlen noch bei der Auswertung eines Intelligenztests von Belang.

Gehen wir von fünf Kugeln in einer Urne aus, aus der drei Kugeln ohne Zurücklegen gezogen wurden, können in diesem Experiment die folgenden zehn Möglichkeiten auftreten: $\{1,2,3\}$, $\{1,2,4\}$, $\{1,2,5\}$, $\{1,3,4\}$, $\{1,3,5\}$, $\{1,4,5\}$, $\{2,3,4\}$, $\{2,3,5\}$,$\{2,4,5\}$ und $\{3,4,5\}$. Wir beschreiben die einzelnen Ergebnisse hier anhand von Mengen und nicht anhand von Tupeln, da die Reihenfolge der Elemente (bei Mengen) keine Rolle spielt.

Wie lässt sich die Anzahl der unterschiedlichen Ergebnisse bei diesem Urnenmodell bestimmen? Die Anzahl aller möglichen Tupel mit drei unterschiedlichen Elementen aus einer Menge mit fünf Elementen berechnet sich unter Beachtung der Reihenfolge durch $5!/2! = 60$ (s.o.). Jeweils sechs Tupel, die durch eine Permutation der drei Elemente entstehen, werden als identisch erachtet. Damit müssen wir die Menge der 60 3-Tupel durch 6 teilen und es resultieren zehn unterschiedliche Teilmengen mit drei Elementen.

Nehmen wir als Beispiel das Ergebnis $\{1,2,3\}$: Diesem Ergebnis entsprechen bei Beachtung der Reihenfolge die folgenden sechs Tupel: (1,2,3), (1,3,2), (2,1,3), (2,3,2), (3,1,2) und (3,2,1). Diese sechs Tupel entstehen durch die Permutation der drei Elemente und damit beträgt ihre Anzahl $3! = 6$. Damit resultieren bei diesem Urnenmodell insgesamt $\frac{5!}{(5-2)!3!}$ unterschiedliche Möglichkeiten.

Betrachten wir allgemein eine Menge mit n Elementen, bei der wir die Menge aller Teilmengen mit k Elementen bestimmen möchten. Dabei gehen wir zunächst von der Menge aller k-Tupel mit unterschiedlichen Elementen an jeder Position aus. Diese Anzahl beträgt $n!/(n-k)!$. Hier werden $k!$ der k-Tupel nicht unterschieden, d. h. sie ergeben dieselbe Teilmenge. Somit entsprechen jeder Teilmenge $k!$ unterschiedliche k-Tupel. Damit muss $n!/(n-k)!$ durch $k!$ dividiert werden und es resultiert $\frac{n!}{(n-k)!k!}$. Mit dieser Anzahl haben wir die Anzahl der Menge von Teilmengen mit k Elementen aus einer Menge mit n Elementen bestimmt.

Der Koeffizient zur Berechnung der Anzahl aller Teilmengen mit k Elementen aus einer n-elementigen Menge wird auch *Binomialkoeffizient* genannt. Er wird wie folgt berechnet:

Binomialkoeffizient

$$\binom{n}{k} = \frac{n!}{(n-k)!k!} = \frac{n(n-1)\dots(n-k+1)}{1 \cdot 2 \cdot \dots \cdot k}$$

Der Ausdruck $\binom{n}{k}$ wird mit „n über k" bezeichnet.

Beispiel zum Binomialkoeffizienten: Richtige Erkennung von Teesorten

Es werden $n = 8$ unterschiedliche Teesorten einer Vp gegeben. Wie viele Möglichkeiten gibt es für eine Vp, $k = 0, 1, \dots, 8$ unterschiedliche Teesorten anzugeben? Die Reihenfolge der Angaben bzw. Zuordnung der Teesorten zu den einzelnen Tassen soll hierbei keine Rolle spielen. Bei $k = 3$ sind z. B. die folgenden Teilmengen möglich: $\{1,2,3\}$,$\{1,2,4\}$, $\{5,7,8\}$ oder $\{6,7,8\}$. Der Tabelle auf der nächsten Seite ist zu entnehmen, dass es 56 solcher Teilmengen gibt.

k	Formel	Anzahl
0	$\binom{n}{0} = \frac{8!}{0! \cdot 8!}$	1
1	$\binom{n}{1} = \frac{8!}{1! \cdot 7!}$	8
2	$\binom{n}{2} = \frac{8!}{2! \cdot 6!}$	28
3	$\binom{n}{3} = \frac{8!}{3! \cdot 5!}$	56
4	$\binom{n}{4} = \frac{8!}{4! \cdot 4!}$	70
5	$\binom{n}{5} = \frac{8!}{5! \cdot 3!}$	56
6	$\binom{n}{6} = \frac{8!}{6! \cdot 2!}$	28
7	$\binom{n}{7} = \frac{8!}{7! \cdot 1!}$	8
8	$\binom{n}{8} = \frac{8!}{8! \cdot 0!}$	1

Für den Binomialkoeffizienten gelten eine Reihe von Rechenregeln, die wir im Internetsupplement beweisen und hier nur kurz auflisten:

Symmetrie des Binomialkoeffizienten ($0 \leq k \leq n$):

$$\binom{n}{k} = \binom{n}{n-k}$$

Additionssatz für Binomialkoeffizienten ($0 < k < n$):

$$\binom{n}{k} = \binom{n-1}{k-1} + \binom{n-1}{k}$$

Summe von Binomialkoeffizienten:

$$\sum_{k=0}^{n} \binom{n}{k} = 2^n$$

Binomialkoeffizienten werden recht häufig in der Statistik benötigt, z. B. zur Bestimmung der Wahrscheinlichkeit der Anzahl der richtigen Lösungen, wenn jede von n Aufgaben dieselbe Lösungswahrscheinlichkeit besitzt. Für die Berechnung der Wahrscheinlichkeit k von n Aufgaben zu lösen, werden wir später die sogenannte Binomialverteilung kennenlernen. Liegt für jede Aufgabe eine Lösungswahrscheinlichkeit von .5 vor, ist ein einfacher Laplacescher Wahrscheinlichkeitsraum gegeben. Dann haben alle Kombinationen von k Aufgaben immer dieselbe Lösungswahrscheinlichkeit von $.5^k$ und sind damit gleich wahrscheinlich (vgl. Internetsupplement).

Mit Zurücklegen, ohne Beachtung der Reihenfolge

Das dritte Urnenmodell (Ziehen mit Zurücklegen einer Kugel, ohne Beachtung der Reihenfolge) wird recht selten in praktischen Anwendungen genutzt. Die Anzahl möglicher Ergebnisse beträgt hier, wie im Internetsupplement abgeleitet wird:

$$\binom{n+k-1}{k}$$

Fassen wir die Ergebnisse zu den vier Urnenmodellen abschließend nochmals tabellarisch zusammen:

Tabelle 2.11: Zusammenfassung der Urnenmodelle

	mit Zurücklegen	ohne Zurücklegen
mit Berücksichtigung der Reihenfolge	n^k	$\frac{n!}{(n-k)!}$
ohne Berücksichtigung der Reihenfolge	$\binom{n+k-1}{k}$	$\binom{n}{k}$

2.10 Software

2.10.1 R

Für R gibt es die folgenden Funktionen, die die Berechnung von Binomialkoeffizienten und Fakultäten erlauben:

R — Syntax

- `choose(n, k)`: Berechnet $\binom{n}{k}$
- `lchoose(n, k)`: Berechnet $\ln\left(\binom{n}{k}\right)$
- `factorial(n)`: Berechnet $n!$
- `lfactorial(n)`: Berechnet $\ln(n!)$

Während für k nur ganzzahlige Werte zugelassen sind, darf n jede reelle Zahl annehmen. In diesem Fall wird die Erweiterung der Fakultätsfunktion auf die reellen Zahlen, die sogenannte Gammafunktion, genutzt (vgl. Internetsupplement).

Zusammenfassung

Wahrscheinlichkeiten sind spezielle Funktionen, die Ereignissen eine Zahl aus dem Intervall $[0,1]$ zuordnen. Hierbei müssen sowohl die Ereignisse als auch die Wahrscheinlichkeitsfunktion selbst bestimmten Grundvoraussetzungen (Axiomen) genügen, die durch das Axiomensystem von Kolmogorov exakt beschrieben sind.

Wichtige Ereignisse sind der Ergebnisraum (sicheres Ereignis, die Menge aller möglichen Ergebnisse) und das unmögliche Ereignis (die leere Menge) sowie Elementarereignisse, die aus genau einem Element des Ergebnisraums bestehen.

Ereignisse werden oft durch sprachliche Aussagen (Sätze) über die Ergebnisse definiert. Hierbei werden Kombinationen von Aussagen mit „und", „oder" bzw. „nicht" verwendet. Diesen sprachlichen Ausdrücken entsprechen in der Mengenlehre bestimmte Mengenoperationen. Ebenso kann die Verneinung einer Aussage durch eine Mengenoperation beschrieben werden.

Es gibt unterschiedliche Ansätze zur Zuordnung von Wahrscheinlichkeiten zu Ereignissen und damit zur Interpretation von Wahrscheinlichkeiten. Wir unterscheiden die Laplace-, frequentistische und subjektive Interpretation von Wahrscheinlichkeiten.

Aus den Axiomen von Kolmogorov können zahlreiche, wichtige Folgerungen abgeleitet werden. So resultiert für die Wahrscheinlichkeit der Vereinigung zweier Ereignisse A und B: $P(A \cup B) = P(A) + P(B) - P(A \cap B)$. Wenn die Ereignisse disjunkt sind, d. h. wenn ihr Durchschnitt leer ist, gilt $P(A \cup B) = P(A) + P(B)$. Die Wahrscheinlichkeit des Komplementärereignisses wird berechnet durch $P(\overline{A}) = 1 - P(A)$.

Ist der Ergebnisraum endlich, resultiert durch die Annahme identischer Wahrscheinlichkeiten für die Elementarereignisse ein einfacher Wahrscheinlichkeitsraum, der Laplacesche Wahrscheinlichkeitsraum.

Schränkt man den Ergebnisraum auf ein Ereignis ein, so kann man Wahrscheinlichkeiten eines Ereignisses in diesem eingeschränkten Ergebnisraum berechnen. Diese Wahrscheinlichkeiten stellen bedingte Wahrscheinlichkeiten dar.

Für ein Ereignis A im eingeschränkten Ergebnisraum B gilt:
$P(A|B) = \frac{P(A \cap B)}{P(B)}$ (Wahrscheinlichkeit von A unter der Bedingung B).
Ereignisse A und B sind stochastisch unabhängig, wenn $P(A|B) = P(A)$ – oder äquivalent – $P(A \cap B) = P(A)P(B)$ gilt.

Für unabhängige Ereignisse lässt sich die Wahrscheinlichkeit der Schnittmenge durch die Multiplikation der Einzelwahrscheinlichkeiten berechnen. Allgemein gilt für disjunkte wie nicht disjunkte Ereignisse: $P(A \cap B) = P(A|B) \cdot P(B)$.

Der Satz von Bayes verknüpft die bedingten Wahrscheinlichkeiten $P(A|B)$ und $P(B|A)$ miteinander. Es gilt: $P(A|B) = \frac{P(B|A) \cdot P(A)}{P(B)}$. Die Wahrscheinlichkeit $P(A)$ wird auch als A-priori-Wahrscheinlichkeit und $P(A|B)$ als A-posteriori-Wahrscheinlichkeit bezeichnet. Ist $P(B)$ nicht explizit gegeben, kann diese Wahrscheinlichkeit mithilfe des Satzes von der totalen Wahrscheinlichkeit bestimmt werden, wenn $P(B|\bar{A})$ bekannt ist.

Elementar für Anwendungen der Wahrscheinlichkeitsrechnung ist die Kombinatorik. Hier lassen sich vier Urnenmodelle unterscheiden, bei denen k Kugeln aus einer Urne mit insgesamt n Kugeln gezogen werden. Dabei können die Kugeln nach jeder Ziehung zurückgelegt werden oder nicht, wobei weiterhin die Reihenfolge beachtet werden kann oder nicht. Der wichtigste Fall ist das Ziehen ohne Zurücklegen und ohne Beachtung der Reihenfolge. Dieses Urnenmodell entspricht der Bestimmung der Menge aller Teilmengen mit k Elementen aus einer Menge mit insgesamt n Elementen. Die Anzahl der möglichen Teilmengen wird mithilfe des Binomialkoeffizienten berechnet.

Zentrale Begriffe

Ein *Zufallsvorgang* ist ein Vorgang, dessen mögliche Resultate im Voraus festliegen, wobei jedoch ungewiss ist, welches Resultat bei der Durchführung im Einzelnen eintreten wird.

Die *Ergebnismenge* Ω ist die Menge aller möglichen Ergebnisse eines Zufallsvorganges (z. B. beim Wurf eines Würfels: $\Omega = \{1,2,3,4,5,6\}$). Synonym werden die Begriffe *Ergebnisraum* oder auch – wenn es sich um empirisch ermittelte Ergebnisse handelt – *Stichprobenraum* genutzt.

Ein *Ereignis* ist eine Teilmenge der Ergebnismenge. In einem Ereignis (z. B. gerade Zahl beim Würfeln) eines Zufallsvorganges werden einzelne Ergebnisse zusammengefasst. Wichtige Ereignisse sind das *unmögliche Ereignis* (die leere Menge) oder das *sichere Ereignis* (die Ergebnismenge Ω).

Die *Ereignismenge* ist eine Menge von Ereignissen (Teilmengen der Ergebnismenge), synonym wird auch der Begriff *Ereignisraum* benutzt. Als Ereignismengen werden Sigma-Algebren verwendet.

Die *Sigma-Algebra* ist eine Menge von Ereignissen, die alle abzählbaren Schnitte und Vereinigungen sowie Komplemente ihrer Ereignisse umfasst. Sie enthält immer die Ergebnismenge Ω und die leere Menge.

Ein *Elementarereignis* ist eine Ereignismenge mit genau einem Element (z. B. Augenzahl = 6 beim einmaligen Würfeln).

Mengenoperationen entsprechen sprachlichen Aussagen über Ereignisse. Die wichtigsten Mengenoperationen sind der Durchschnitt (entspricht „und"), die Vereinigung (entspricht „oder") und das Komplement (entspricht „nicht").

Disjunkte Mengen sind Mengen, deren Schnittmenge die leere Menge ist.

Eine *Wahrscheinlichkeit* $P(A)$ beschreibt den Grad der Ungewissheit hinsichtlich des Eintretens von Ereignis A.

Nach den *Axiomen von Kolmogorov* muss ein Wahrscheinlichkeitsmaß bestimmte Bedingungen erfüllen:

1. Jedem Ereignis wird als Wahrscheinlichkeit eine reelle Zahl zwischen 0 und 1 zugeordnet.
2. Das sichere Ereignis Ω erhält die Wahrscheinlichkeit 1.
3. Die Wahrscheinlichkeit der Vereinigung paarweise disjunkter Mengen ist gleich der Summe der Wahrscheinlichkeiten der einzelnen Ereignisse.

Ein *Wahrscheinlichkeitsraum* (Σ, Ω, P) setzt sich aus der Ergebnismenge Ω, einer zugehörigen Sigma-Algebra und einem Wahrscheinlichkeitsmaß P zusammen.

Dem *Gesetz der großen Zahlen* zufolge heben sich bei sehr häufiger und unabhängiger Wiederholung eines Zufallsexperimentes Schwankungen vollständig auf. Daher konvergiert die relative Häufigkeit eines Ereignisses gegen einen bestimmten Wert, der als Wahrscheinlichkeit definiert werden kann.

Die *Laplace-Wahrscheinlichkeit* für eine Teilmenge A eines endlichen Ergebnisraums ist gleich der Anzahl der Ergebnisse in A dividiert durch die Anzahl aller möglichen Ergebnisse.

Die *bedingte Wahrscheinlichkeit* ist die Wahrscheinlichkeit des Eintritts von Ereignis A unter der Bedingung des Eintritts von Ereignis B.

Stochastische Unabhängigkeit von zwei Ereignissen A und B ist gegeben, wenn die bedingte Wahrscheinlichkeit für das Ereignis A unter der Bedingung B gleich der unbedingten Wahrscheinlichkeit für das Ereignis A ist. Andernfalls sind die Ereignisse stochastisch abhängig. Alternativ kann die stochastische Unabhängigkeit von zwei Ereignissen A und B dadurch definiert werden, dass die Wahrscheinlichkeit der Schnittmenge von A und B mit dem Produkt der unbedingten Wahrscheinlichkeiten der beiden Ereignisse A und B übereinstimmt.

Die *A-priori-Wahrscheinlichkeit* (auch *Inzidenzrate* genannt) wird aufgrund von Vorwissen definiert.

Der *Satz von der totalen Wahrscheinlichkeit* besagt, dass bei einer disjunkten Zerlegung $A_1, \ldots, A_k$ $(A_i \subset \Omega, i = 1, \ldots, k)$ von Ω für ein Ereignis $B \subset \Omega$ gilt: $P(B) = P(B|A_1)P(A_1) + \ldots + P(B|A_k)P(A_k)$.

Der *Satz von Bayes* gibt an, wie man jeweils unter zwei Bedingungen bestimmte bedingte Wahrscheinlichkeiten ineinander überführt: $P(A|B) = P(B|A)P(A)/P(B)$. Dabei stellt $P(A)$ die A-priori-Wahrscheinlichkeit dar und $P(B|A)$ die A-posteriori-Wahrscheinlichkeit. Falls $P(B)$ unbekannt ist, kann diese Wahrscheinlichkeit mithilfe des Satzes von der totalen Wahrscheinlichkeit berechnet werden, wenn $P(B|\overline{A})$ bekannt ist.

Eine *A-posteriori-Wahrscheinlichkeit* ist eine empirisch ermittelte Wahrscheinlichkeit als Ergebnis der Anwendung des Satzes von Bayes.

Permutationen sind mögliche Anordnungen der Elemente einer Menge, wenn die Reihenfolge der Elemente berücksichtigt wird.

Beim *Ziehen ohne Zurücklegen* kann ein gezogenes Element nicht noch einmal gezogen werden.

Beim *Ziehen mit Zurücklegen* kann ein gezogenes Element auch weitere Male aus der Grundmenge gezogen werden.

Mithilfe des *Binomialkoeffizienten* lässt sich berechnen, wie viele Teilmengen mit k Elementen aus einer Menge mit n Elementen gebildet werden können.

Notation

Notation	Bedeutung
$\cap$	Mengendurchschnitt, entspricht dem logischen „und“ bei Aussagen
$\cup$	Mengenvereinigung, entspricht dem logischen „oder“ bei Aussagen
$\bar{A}$	Mengenkomplement, entspricht dem logischen „nicht“ bei Aussagen
Ω	Ergebnisraum (das sichere Ereignis)
$\{\}$ (auch $\emptyset$)	die leere Menge (das unmögliche Ereignis)
Σ	Sigma-Algebra (Ereignismenge)
$P(A)$	Wahrscheinlichkeit des Ereignisses A
$P(A\|B)$	bedingte Wahrscheinlichkeit des Ereignisses A gegeben das Ereignis B
$\|A\|$	Anzahl der Elemente der Menge A
$n!$	$n! = 1 \cdot 2 \cdot \ldots \cdot n$
$\binom{n}{k}$	$\binom{n}{k} = \frac{n!}{k!(n-k)!}$

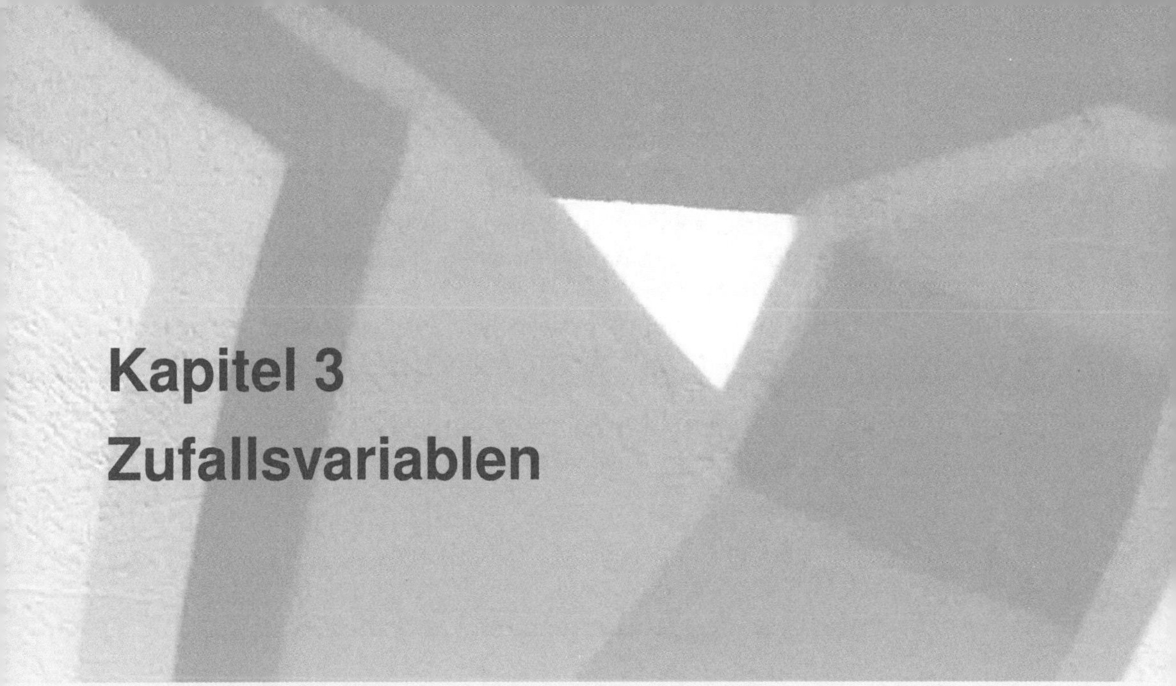

Kapitel 3
Zufallsvariablen

Inhaltsübersicht

Im letzten Kapitel wurden Wahrscheinlichkeitsräume dargestellt. Wahrscheinlichkeitsräume bestehen aus einem Ergebnisraum, einer Sigma-Algebra und einem Wahrscheinlichkeitsmaß. Aus den Axiomen, die ein Wahrscheinlichkeitsmaß erfüllen muss, wurden viele Aussagen abgeleitet, die zur Beschreibung und Erklärung von Zufallsvorgängen dienen.

Für viele Fragestellungen ist die ursprüngliche Ergebnismenge zu differenziert, es genügt eine gröbere Unterteilung der Ergebnisse. Wenn es z. B. darum geht, bei einem Würfelwurf eine 6 zu würfeln, ist es nicht nötig, die Augenzahlen von 1 bis 5 zu unterscheiden. Durch eine Abbildung der Augenzahlen von 1 bis 5 auf die Zahl 0 und der Augenzahl 6 auf die 1 entsteht ein vereinfachter Ergebnisraum (vgl. Abb. 3.1). Für diesen neuen Ergebnisraum kann man – ausgehend von dem ursprünglichen Wahrscheinlichkeitsraum – wiederum eine Sigma-Algebra und ein Wahrscheinlichkeitsmaß bestimmen.

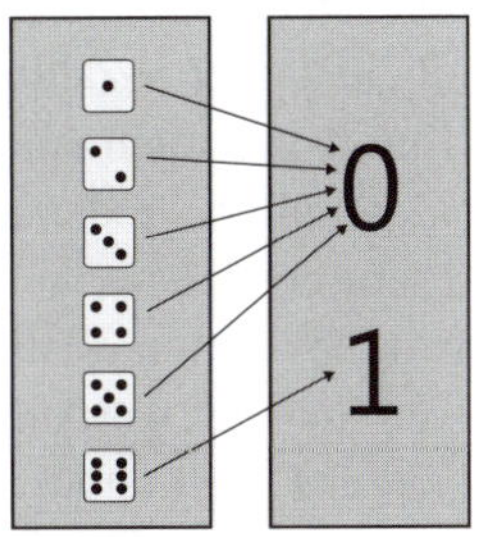

Abbildung 3.1: Abbildung der Augenzahlen eines Würfels auf die Zahlen 0 und 1

Eine solche Abbildung, die in der Regel einen vereinfachten Wahrscheinlichkeitsraum induziert, nennt man Zufallsvariable. Neben der Vereinfachung des Ergebnis- und damit des gesamten Wahrscheinlichkeitsraums bringen Zufallsvariablen einen weiteren Vorteil mit sich, sie führen zu einer Vereinheitlichung von Wahrscheinlichkeitsräumen. Einerseits werden unterschiedliche Zufallsvorgänge durch die gleichen oder durch analoge Wahrscheinlichkeitsräume beschrieben, andererseits sind Zufallsvariablen in bestimmter Weise „normiert".

Betrachten wir als Beispiel den Münzwurf und den Würfelwurf. Dabei interessiere beim Würfelwurf lediglich, ob eine gerade oder ungerade Augenzahl auftritt. Bildet man das Ergebnis „Wappen" auf die 0 und das Ergebnis „Kopf" auf die 1 ab, so entsteht eine neuer Wahrscheinlichkeitsraum. Den gleichen Wahrscheinlichkeitsraum erhält man, wenn man die ungeraden Augenzahlen beim Würfelwurf auf die 0 und die geraden Augenzahlen auf die 1 abbildet. Der Ergebnisraum besteht nun für beide Zufallsvorgänge aus den beiden reellen Zahlen 0 und 1, als

Sigma-Algebra kann man die Potenzmenge wählen und als Wahrscheinlichkeitsmaß die Zuordnung von 0.5 zu jedem der beiden Elementarereignisse. Zwei unterschiedliche Zufallsvorgänge haben somit durch die oben beschriebenen Abbildungen bzw. Zufallsvariablen dieselbe Beschreibung erhalten.

Wir werden im Folgenden nur Zufallsvariablen betrachten, die als Wertebereich die reellen Zahlen oder eine Teilmenge davon besitzen. Damit sind die durch Zufallsvariablen entstehenden „neuen" Wahrscheinlichkeitsräume relativ einheitlich strukturiert. Somit können allgemeine Aussagen für alle Zufallsvariablen oder für bestimmte Teilmengen von Zufallsvariablen abgeleitet werden.

Damit eine Abbildung eine Zufallsvariable repräsentiert, müssen bestimmte Bedingungen erfüllt sein, die wir in diesem Kapitel zunächst darlegen. Anschließend unterscheiden wir zwei grundlegende Arten von Zufallsvariablen, diskrete und stetige Zufallsvariablen. Diskrete Zufallsvariablen basieren auf endlichen oder abzählbar unendlichen Ergebnisräumen, während stetige Zufallsvariablen auf nicht abzählbaren Ergebnisräumen beruhen. In beiden Fällen werden die Zufallsvariablen meist durch Dichtefunktionen beschrieben. Diese Funktionen entsprechen den aus der deskriptiven Statistik bekannten relativen Häufigkeitsverteilungen. Analog zur deskriptiven Statistik werden dann Kennwerte von Zufallsvariablen, insbesondere zur Lage und Streuung, definiert.

3.1 Definition von Zufallsvariablen

Betrachten wir zur Definition von Zufallsvariablen zunächst ein einfaches Beispiel. Wir gehen von einem einmaligen Würfelwurf aus. Den Ergebnisraum bilden die sechs Seiten eines Würfels, die wir anhand der Augenzahl 1 bis 6 unterscheiden können. Als Sigma-Algebra wählen wir die Potenzmenge des Ergebnisraums und als Wahrscheinlichkeitsmaß die Laplace-Wahrscheinlichkeit. Jedem Elementarereignis wird somit die Wahrscheinlichkeit $1/6$ zugeordnet. Eine einfache Abbildung in die reellen Zahlen wäre jetzt die Zuordnung der Augenzahlen zu den Zahlen 1, 2, ..., 6. Sind wir aber nur daran interessiert, ob eine 6 gewürfelt worden ist oder nicht, können wir die Augenzahlen 1 bis 5 auf die reelle Zahl 0 abbilden und die Augenzahl 6 auf die reelle Zahl 1 (vgl. Abb. 3.1).

Die Bildmenge der Funktion, die Menge $\{0, 1\}$, ist jetzt erheblich kleiner als die Menge der Elementarereignisse bestehend aus den Würfelseiten.

Um für die Bildmenge einen Wahrscheinlichkeitsraum zu konstruieren, der mit dem Wahrscheinlichkeitsraum der Urbildmenge „kompatibel" ist, gilt es zunächst, eine passende Sigma-Algebra für die Bildmenge der Funktion zu definieren. Wir wählen auch hier die Potenzmenge als Sigma-Algebra: $\{\emptyset, \{0\}, \{1\}, \{0,1\}\}$.

In einem weiteren Schritt wird ein Wahrscheinlichkeitsmaß für die Elemente der Sigma-Algebra der Bildmenge so bestimmt, dass die Wahrscheinlichkeiten für die Ereignisse in der neuen Sigma-Algebra den Wahrscheinlichkeiten der korrespondierenden Ereignisse in der alten Sigma-Algebra entsprechen. Die Festlegung eines solchen Wahrscheinlichkeitsmaßes ist nun relativ einfach möglich. Jedem Element der Sigma-Algebra der Bildmenge ist genau ein Element der Sigma-Algebra der Urbildmenge zugeordnet. So entspricht das Ereignis $\{1\}$ im Bildraum dem Ereignis $\{Augenzahl = 6\}$ und das Ereignis $\{0\}$ im Bildraum dem Ereignis $\{Augenzahl = 1,2,3,4,5\}$ (vgl. Abb. 3.2).

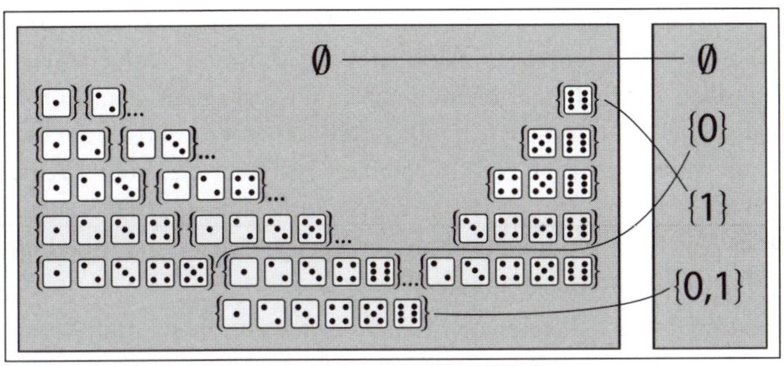

Abbildung 3.2: Veranschaulichung der Sigma-Algebra „eine vs. keine 6 zu würfeln" auf Urbild- und Bildmenge

Damit können wir jetzt jeder Menge in der Sigma-Algebra der Bildmenge eine Wahrscheinlichkeit zuordnen, indem jedes darin enthaltene Element die (bereits festgelegte) Wahrscheinlichkeit des entsprechenden Elements (Urbilds) der Sigma-Algebra der Urbildmenge erhält. Dem Ereignis $\{0\}$ wird die Wahrscheinlichkeit des Ereignisses $\{Augenzahl = 1,2,3,4,5\}$ zugeordnet, d. h. $P(\{0\}) = P(\{Augenzahl = 1,2,3,4,5\}) = 5/6$.

Durch diese Abbildung wird ein Wahrscheinlichkeitsmaß von der Sigma-Algebra der Urbildmenge auf die Sigma-Algebra der Bildmenge „transportiert". Die Ereignisse $\emptyset$, $\{0\}$, $\{1\}$ und Ω erhalten die Wahrscheinlichkeit 0, $5/6$, $1/6$ bzw. 1. Damit ist ein neuer, einfacherer Wahrscheinlichkeitsraum entstanden, der nur den interessierenden Aspekt, eine oder keine Sechs zu würfeln, berücksichtigt. Das Wahrscheinlichkeitsmaß dieses Wahrscheinlichkeitsraums nennt man auch Wahrscheinlichkeitsverteilung.

Das Tupel (Ω, Σ) wird auch Messraum genannt. Sogenannte messbare Abbildungen stellen die Voraussetzung dafür dar, dass Wahrscheinlichkeitsmaße, die auf einem Messraum definiert sind, auf einen anderen Messraum „transportiert" werden können. Bestehen die beiden Messräume aus den reellen Zahlen und der Borelschen Sigma-Algebra $\mathscr{B}$, dann sind z. B. alle stetigen Abbildungen messbar. Die im Folgenden dargestellten Abbildungen sind immer messbar und stellen damit Zufallsvariablen dar. Wir gehen deshalb nicht näher auf diese Bedingung ein und verweisen auf das Internetsupplement.

Wir haben im obigen Beispiel lediglich die beiden reellen Zahlen 0 und 1 für die Bildmenge benutzt und die Potenzmenge dieser beiden Zahlen als Sigma-Algebra. Auch wenn häufig in praktischen Anwendungen nur eine Teilmenge der reellen Zahlen benötigt wird, vereinfacht die Verwendung der (gesamten) Menge der reellen Zahlen die Analyse von Zufallsvorgängen, da nun ein einheitlicher Ergebnisraum vorliegt. Wird die Gesamtheit der reellen Zahlen als Bildraum verwendet, nennen wir die Zufallsvariablen dann auch reelle Zufallsvariablen. Für diesen Ergebnisraum verwendet man im Allgemeinen die Borelsche Sigma-Algebra. Auch bei Verwendung der Menge der reellen Zahlen und der Borelschen Sigma-Algebra wäre für das obige Beispiel die Messbarkeitsbedingung erfüllt, wie im Internetsupplement gezeigt wird.

Zusammenfassend können wir damit festhalten, dass Zufallsvariablen im Allgemeinen messbare Abbildungen eines Messraums in einen anderen Messraum darstellen. Dadurch kann ein Wahrscheinlichkeitsmaß von der Sigma-Algebra des Urbilds auf die Sigma-Algebra der Bildmenge transportiert werden. Wir werden im Folgenden lediglich die – für die angewandte Statistik völlig ausreichenden – reellen Zufallsvariablen betrachten. Die Messräume bestehen dabei jeweils aus den reellen Zahlen und der Borelschen Sigma-Algebra. Als messbare Abbildungen bzw. Zufallsvariablen werden dann für inhaltliche Fragestellungen wichtigen Familien von Zufallsvariablen, wie z. B. binomial- oder normalverteilte Zufallsvariablen, betrachtet.

Während im Allgemeinen für Abbildungen zumeist kleine Buchstaben, wie z. B. f, verwendet werden, benutzen wir für Zufallsvariablen hingegen immer große Buchstaben, vorzugsweise X, Y, Z. Das durch eine Zufallsvariable Y auf die Sigma-Algebra der Bildmenge transportierte Wahrscheinlichkeitsmaß wird mit P_Y bezeichnet. Für P_Y wird auch der Begriff Wahrscheinlichkeitsverteilung verwendet. Durch die Zufallsvariable Y entsteht aus einem Wahrscheinlichkeitsraum $(\Omega, \mathbb{A}, P)$ ein neuer Wahrscheinlichkeitsraum $(\mathbb{R}, \mathbb{B}, P_Y)$. Im folgenden Beispiel wird der Transport der Wahrscheinlichkeit nochmals anhand des zweimaligen Wurfs eines Würfels verdeutlicht.

Beispiel für den Transport von Wahrscheinlichkeiten

Jedes Ergebnis ω beim zweimaligen Würfeln kann durch ein Paar (ω_1, ω_2) beschrieben werden, wobei ω_1 die beim ersten und ω_2 die beim zweiten Wurf erhaltene Augenzahl angibt. Der Ergebnisraum beim zweimaligen Würfeln

$$\Omega = \{(1,1),(1,2),(1,3),\ldots,(6,5),(6,6)\}$$

besteht aus 36 Paaren, d. h. $|\Omega| = 36$.

Als Sigma-Algebra verwenden wir die Potenzmenge, die Menge aller Teilmengen aus Ω.

Wir verwenden das Laplace-Wahrscheinlichkeitsmaß, d. h. ordnen jedem Elementarereignis die gleiche Wahrscheinlichkeit $1/36$ zu. Die Zufallsvariable Y sei die Summe der Augenzahlen.

Als Wertemenge verwenden wir entsprechend der Definition einer *Zufallsvariablen* die reellen Zahlen $\mathbb{R}$ und als Sigma-Algebra die Borelsche Sigma-Algebra. Konkret auftreten können als Werte von Y lediglich die reellen Zahlen $\{2,3,4,\ldots,12\}$.

Wie wird nun dem Element $\{5\}$ aus der Borelschen Sigma-Algebra eine Wahrscheinlichkeit zugeordnet? Das Ereignis 5 tritt auf, wenn eine Augensumme von 5 gegeben ist bzw. wenn $Y(\omega) = 5$ gilt. Einer Augensumme von 5 entspricht vier Ergebnissen der Urbildmenge bzw. dem Ereignis $\{(1,4),(2,3),(3,2),(4,1)\}$.

Es gilt $P(\{(1,4),(2,3),(3,2),(4,1)\}) = 4/36$, da eine Laplace-Wahrscheinlichkeitsmaß vorliegt. Damit wird dem Ereignis $\{5\}$ die Wahrscheinlichkeit $4/36$ zugeordnet.

Bei dem Begriff „Zufallsvariable“ ist zu beachten, dass Zufallsvariablen Abbildungen darstellen und diese Abbildungen selbst nicht zufällig sind. Vielmehr stammen die Urbilder ω bei dieser Abbildung aus einem Zufallsprozess. Damit sind auch die Bilder zufällig. Es sind zwei Zeitpunkte vor bzw. nach Durchführung des Zufallsprozesses zu unterscheiden:

- *Vor* der Durchführung des Zufallsvorgangs steht nicht fest, welches Ergebnis ω man erhalten wird. In diesem Sinne steht das Bild der Zufallsvariablen, d. h. der Wert einer Zufallsvariablen $Y(\omega)$, noch nicht fest und ist in diesem Sinne zufällig.

- Sobald ein Zufallsvorgang stattgefunden hat und das Ergebnis ω bekannt, steht der Wert $Y(\omega)$ der Zufallsvariablen Y fest (z. B. Summe der Augenzahlen $= 5$ für das Paar $(3,2)$ beim zweimaligen Würfeln). Der Wert der Zufallsvariablen Y für ein aufgetretenes Ergebnis ω wird *Realisierung* von Y genannt und mit y bezeichnet. Y stellt also die Abbildung bzw. die Zufallsvariable dar, während y den Wert der Abbildung für ein aufgetretenes Ergebnis des Zufallsprozesses repräsentiert.

Realisierung

Die Darstellung einer Zufallsvariablen als messbare Abbildung wird in der angewandten Statistik vereinfachend vorgenommen. Die folgende Notation hat sich hier eingebürgert.

Ist ein bestimmter Wert y der Zufallsvariablen Y von Interesse, so korrespondiert damit das Ereignis $\{\omega \in \Omega : Y(\omega) = y\}$. Dieses Ereignis wird allgemein mit $\{Y = y\}$ bezeichnet mit

$$\{Y = y\} = \{\omega \in \Omega : Y(\omega) = y\}$$

Dieses Ereignis umfasst die Elemente aus Ω, für die der Wert der Zufallsvariablen Y genau y beträgt. Man sagt auch – etwas verkürzt –, dass die Zufallsvariable Y den Wert y annimmt. Dementsprechend resultiert als Wahrscheinlichkeit für alle Elemente aus Ω mit y als Wert der Zufallsvariablen Y: $P(\{Y = y\} = P(\{\omega \in \Omega : Y(\omega) = y\})$. Anstelle von $P(\{Y = y\})$ schreibt man auch kürzer $P(Y = y)$.

Beispiel für die Berechnung der Wahrscheinlichkeit von Ereignissen mit einem bestimmten Wert der Zufallsvariablen

Wir betrachten hier als Zufallsvariable die Augensumme beim zweimaligen Wurf eines fairen Würfels. Der Ergebnisraum

$$\Omega = \{(1,1),(1,2),(1,3),\ldots,(6,5),(6,6)\}$$

besteht aus 36 Paaren, d. h. $|\Omega| = 36$.

Wir gehen vom Laplace-Wahrscheinlichkeitsmaß aus, ordnen also jedem Elementarereignis die gleiche Wahrscheinlichkeit zu. Die interessierende Zufallsvariable Y ist hier die Augensumme.

Das Ereignis, dass die Augensumme 5 ist, kann unter Verwendung der bereits eingeführten Kurzschreibweise für Ereignisse in der Form $\{Y = 5\}$ angegeben werden.

Konkret gilt: $\{Y = 5\} = \{(1,4),(2,3),(3,2),(4,1)\}$

Die Wahrscheinlichkeit, dass die Zufallsvariable „Augensumme" den Wert 5 annimmt, ist daher:

$$P(Y=5) = P(\{(1,4),(2,3),(3,2),(4,1)\}) = \frac{4}{|\Omega|} = \frac{4}{36} = \frac{1}{9}$$

Die Wahrscheinlichkeit dafür, dass Y beliebige andere Werte aus dem Wertebereich (d. h. Augensummen) annimmt, kann entsprechend berechnet werden.

Interessiert man sich z. B. für das Ereignis, dass alle Werte von Y größer/gleich einem bestimmten Wert y sind, so schreiben wir entsprechend:

$$\{Y \geq y\} = \{\omega \in \Omega : Y(\omega) \geq y\}$$

Für die Wahrscheinlichkeit eines solchen Ereignisses $P(\{Y \geq y\})$ schreibt man auch vereinfachend ohne die geschweiften Klammern $P(Y \geq y)$. Somit gilt:

$$P(\{Y \geq y\}) = P(Y \geq y) = P(\{\omega \in \Omega : Y(\omega) \geq y\})$$

Häufig sind die folgenden Ereignisse von Interesse:

$\{Y = y\}$=$\{Y \in \{y\}\}$	Die Zufallsvariable Y nimmt einen Wert y an.
$\{Y \leq b\}$=$\{Y \in (-\infty, b]\}$	Die Zufallsvariable Y nimmt Werte an, die kleiner oder gleich b sind.
$\{Y < b\}$=$\{Y \in (-\infty, b)\}$	Die Zufallsvariable Y nimmt Werte an, die kleiner als b sind.
$\{Y \geq a\}$=$\{Y \in [a, \infty)\}$	Die Zufallsvariable Y nimmt Werte an, die größer oder gleich a sind.
$\{Y > a\}$=$\{Y \in (a, \infty)\}$	Die Zufallsvariable Y nimmt Werte an, die größer als a sind.
$\{a \leq Y \leq b\}$=$\{Y \in [a, b]\}$	Die Zufallsvariable Y nimmt Werte an, die zwischen a und b liegen (inklusive der Grenzen a und b).
$\{a < Y < b\}$=$\{Y \in (a, b)\}$	Die Zufallsvariable Y nimmt Werte an, die zwischen a und b liegen (ohne die Grenzen a und b).
$\{a \leq Y < b\}$=$\{Y \in [a, b)\}$	Die Zufallsvariable Y nimmt Werte an, die zwischen a und b liegen (ohne die Grenze b).

Allgemein schreiben wir für Ereignisse $\{Y \in B\}$, wobei B eine Borelmenge darstellt, die Wahrscheinlichkeit für dieses Ereignis kurz mit

$P(Y \in B)$ anstelle von $P(\{Y \in B\})$. Auf diese – durch die Werte von Zufallsvariablen definierten – Ereignisse können zusätzlich die üblichen Mengenoperationen (Durchschnitt, Vereinigung, Komplement) angewendet werden, wie die folgenden Beispiele zeigen.

Beispiel für die Anwendung von Mengenoperationen bei Zufallsvariablen

Für eine bestimmte Arbeitsstelle soll der IQ der Bewerber über 100, jedoch unter 130 liegen, da die Bewerber ansonsten unter- bzw. überfordert sein würden.

Als Ereignismenge resultiert, wenn Y die Zufallsvariable Intelligenz repräsentiert: $\{100 < Y < 130\}$.

Werden im Rahmen einer empirischen Studie die Problemlösestrategien von Personen mit einem $IQ \geq 130$ und Personen mit einem $IQ \leq 70$ verglichen, erhalten wir die Vereinigung der Ereignismengen $\{Y \leq 70\}$ und $\{Y \geq 130\}$, also

$$\{Y \leq 70\} \cup \{Y \geq 130\}.$$

Eine umfassende Darstellung einer reellen Zufallsvariable erfolgt als messbare Abbildung Y von einem Wahrscheinlichkeitsraum (Ω, Σ, P) in den Messraum $(\mathbb{R}, \mathscr{B})$, auf dem durch die messbare Abbildung Y und dem vorgegebenen P ein Wahrscheinlichkeitsmaß auf $\mathscr{B}$ transportiert wird, das mit P_Y bezeichnet wird. Damit können wir für eine reelle Zufallsvariable wie folgt beschreiben:

$$Y : (\Omega, \Sigma, P) \rightarrow (\mathbb{R}, \mathscr{B}, P_Y)$$

Betrachten wir die oben eingeführte Schreibweise der Form $P(a \leq Y < b)$ im Zusammenhang mit dieser Definition einer reellwertigen Zufallsvariablen, so ist festzuhalten, dass die Elemente aus der Borelschen Sigma-Algebra $\mathscr{B}$ und die Wahrscheinlichkeit P_Y die oben eingeführte Schreibweise der Form $P(a \leq Y < b)$ nicht explizit auftauchen. Jedoch sind diese Bestandteile implizit gegeben. So ist bei $P(a \leq Y < b)$ dem Element $\{\omega | a \leq Y(\omega) < b\}$ aus Σ, der Sigma-Algebra der Urbildmenge, das Element $[a, b)$ aus $\mathscr{B}$, der Sigma-Algebra der Bildmenge zugeordnet. Analog entsprechen bei $P(a \leq Y \leq b)$ die Mengen $\{\omega | a \leq Y(\omega) \leq b\}$ und $[a, b]$ sowie bei $P(Y < b)$ die Mengen $\{\omega | Y(\omega) \leq b\}$ und $(-\infty, b)$. Auch die Wahrscheinlichkeiten P_Y ergeben sich unmittelbar aus dem folgenden Zusammenhang: $P(a \leq Y < b) = P_Y([a, b))$. Ebenso gelten $P(a \leq Y \leq b) = P_Y([a, b])$ und $P(Y < b) = P_Y((-\infty, b))$.

Die Sigma-Algebra Σ wird bei verkürzter Schreibweise der Art $P(a \leq Y < b)$ ebenfalls nicht explizit spezifiziert. Dass die Sigma-Algebra Σ nicht angegeben wird, könnte man damit begründen, dass man für eine Menge Ω immer eine passende Sigma-Algebra Σ finden kann und sie der Einfachheit halber nicht aufgeführt hat. Das ist aber nicht der eigentliche Grund, vielmehr ist man in der Regel gar nicht an einer genaueren Spezifikation von Ω interessiert und kann damit auch Σ gar nicht festlegen.

In vielen Anwendungsfällen liegen die Ergebnisse aus Zufallsvorgängen bereits in Form von Zahlen vor. Dann kann sogleich $(\mathbb{R}, \mathscr{B})$ als Messraum genutzt werden und für ihn eine Wahrscheinlichkeitsverteilung bestimmt werden. Damit weiterhin eine Zufallsvariable als messbare Abbildung vorliegt, wird der ursprüngliche Wahrscheinlichkeitsraum mittels einer identischen Abbildung in denselben Wahrscheinlichkeitsraum abgebildet.

Oftmals liegt völlig unterschiedlichen Zufallsexperimenten bzw. Wahrscheinlichkeitsräumen (Ω, Σ, P) die gleiche Struktur zugrunde, sie führen also zu den gleichen Bildräumen $(\mathbb{R}, \mathscr{B}, P_X)$. Insbesondere bei der Darstellung von Familien von Zufallsvariablen werden wir sehen, dass so unterschiedliche Zufallsexperimente, wie die Erkennung von Kaffeesorten, die Ziehung von Lottozahlen oder die Durchführung bestimmter psychologischer Tests, durch Zufallsvariablen auf die gleichen Wahrscheinlichkeitsräume abgebildet werden. In diesen Fällen ist die genaue Beschreibung der ursprünglichen Wahrscheinlichkeitsräume entbehrlich, die wesentliche Aufgabe ist es dann, das Bildmaß P_X zu modellieren.

Andererseits kann der ursprüngliche Wahrscheinlichkeitsraum sehr komplex sein und die Bestimmung eines Wahrscheinlichkeitsmaßes P mag zu schwierig sein, während der einfacher strukturierte Bildraum $(\mathbb{R}, \mathscr{B}, P_X)$ hingegen sehr wohl durch ein Bildmaß P_X zu beschreiben ist. Betrachtet man als Beispiel die Beantwortung verschiedener Items eines Fragebogens, so dürfte es sehr schwierig sein, den unterschiedlichen Antwortmustern eine Wahrscheinlichkeit zuzuordnen. Jedoch lässt sich dem Score, d. h. der Summe der Antworten, einfacher ein Wahrscheinlichkeitsmaß zuordnen (vgl. Internetsupplement).

Für die Bestimmung von Wahrscheinlichkeitsverteilungen ist es notwendig, zwei grundlegende Arten von Zufallsvariablen zu unterscheiden. Besitzt eine Zufallsvariable abzählbar (endlich oder unendlich) viele Werte, so wird sie *diskrete Zufallsvariable (discrete random variable)* genannt. Eine Zufallsvariable, die alle Werte der reellen Zahlen in einem

diskrete Zufallsvariable

stetige Zufallsvariable

Intervall annehmen kann, heißt *stetige Zufallsvariable (continuous random variable).*

Die Unterscheidung zwischen diskreten und stetigen Zufallsvariablen entspricht der Unterscheidung zwischen diskreten und stetigen Variablen in der deskriptiven Statistik. Die Differenzierung zwischen diesen beiden Arten von Zufallsvariablen ist dadurch bedingt, dass den Elementarereignissen diskreter Variablen positive Wahrscheinlichkeiten zugeordnet werden können. Stetige Variablen hingegen haben überabzählbar unendlich viele Ausprägungen. Würde man jeder Ausprägung eine auch noch so kleine positive Wahrscheinlichkeit zuordnen, so würde eine unendlich große Wahrscheinlichkeit für den gesamten Ergebnisraum resultieren, was gegen das dritte Axiom von Kolmogorov verstoßen würde.

3.2 Diskrete Zufallsvariablen

Für diskrete Zufallsvariablen Y, bei denen lediglich endlich viele Werte y eine Wahrscheinlichkeit größer 0 annehmen können, ist die Wahrscheinlichkeit für beliebige Ereignisse leicht anzugeben. Hier kann man immer auf die Wahrscheinlichkeiten der Elementarereignisse zurückgreifen. Das folgende Beispiel verdeutlicht dieses Vorgehen.

Beispiel für die Wahrscheinlichkeit der Augensumme beim zweimaligen Würfeln mit einem fairen Würfel

Die Wahrscheinlichkeit für die Augensummen lassen sich mithilfe der Abzählregel wie folgt berechnen:

y	Zu y gehörende Ereignisse in Ω	$P(Y=y)$
2	$\{(1,1)\}$	$\frac{1}{36}$
3	$\{(1,2),(2,1)\}$	$\frac{2}{36}$
4	$\{(1,3),(2,2),(3,1)\}$	$\frac{3}{36}$
5	$\{(2,3),(1,4),(3,2),(4,1)\}$	$\frac{4}{36}$
6	$\{(1,5),(2,4),(3,3),(4,2),(5,1)\}$	$\frac{5}{36}$
7	$\{(1,6),(2,5),(3,4),(4,3),(5,2),(6,1)\}$	$\frac{6}{36}$
8	$\{(2,6),(3,5),(4,4),(5,3),(6,2)\}$	$\frac{5}{36}$
9	$\{(3,6),(4,5),(5,4),(6,3)\}$	$\frac{4}{36}$
10	$\{(4,6),(5,5),(6,4)\}$	$\frac{3}{36}$
11	$\{(5,6),(6,5)\}$	$\frac{2}{36}$
12	$\{(6,6)\}$	$\frac{1}{36}$

Die Tabelle gibt für jeden Wert y (d. h. für jede Augensumme) die Wahrscheinlichkeit $P(Y = y)$ an, dass die Zufallsvariable Y den Wert y annimmt.

Ausgehend von den Wahrscheinlichkeiten $P(Y = y_i)$ kann die Wahrscheinlichkeitsverteilung relativ einfach bestimmt werden, d. h. jedem beliebigen Ereignis $\{Y \in B\}$ kann eine Wahrscheinlichkeit zugeordnet werden. Dazu betrachtet man alle y_i mit $P(Y = y_i) > 0$, die Element der Menge B sind und addiert ihre Wahrscheinlichkeiten $P(Y = y_i)$. Da die Elementarereignisse, die den Werten y_i zugeordnet sind, wechselseitig disjunkt sind, ist eine solche Addition erlaubt. Das folgende Beispiel zeigt eine solche Berechnung der Wahrscheinlichkeit für Ereignisse bei diskreten Zufallsvariablen:

Beispiel für die Wahrscheinlichkeit eines Intervalls als Summe der Wahrscheinlichkeiten von Elementarereignissen

Wie groß ist die Wahrscheinlichkeit, dass die Augensumme beim zweimaligen Würfeln kleiner oder gleich 3 ist?

Das interessierende Ereignis ist hier $\{Y \leq 3\}$. Dieses Ereignis ist die Vereinigung der disjunkten Elementarereignisse $\{Y = 2\}$ und $\{Y = 3\}$.

Daher gilt:

$$P(Y \leq 3) = P(Y = 2) + P(Y = 3) = \frac{1}{36} + \frac{2}{36} = \frac{3}{36} = \frac{1}{12}$$

Da bei einer diskreten Zufallsvariablen Y die Wahrscheinlichkeit für beliebige Ereignisse anhand der Wahrscheinlichkeit der Elementarereignisse berechnet wird, definiert man die *Wahrscheinlichkeitsfunktion* $f(y)$. Diese Funktion ordnet jeder Ausprägung y_i von Y die Wahrscheinlichkeit $P(Y = y_i)$ zu und allen anderen reellen Zahlen den Wert 0. Wahrscheinlichkeitsfunktion

Die Wahrscheinlichkeit $P(Y = y_i)$ wird häufig auch kurz durch p_i symbolisiert. Man nennt alle y_i, für die $P(Y = y_i) > 0$ gilt, auch die *Trägermenge* – oder kurz den Träger – $\mathbb{T}$ von Y. Anstelle der Bezeichnung Wahrscheinlichkeitsfunktion verwendet man auch den Terminus diskrete Dichte oder Zähldichte. Trägermenge

diskrete Dichte

Definition: Die Wahrscheinlichkeitsfunktion f einer diskreten Zufallsvariable Y – auch *diskrete Dichte* genannt – ist für $y \in \mathbb{R}$ definiert durch

$$f(y) = \begin{cases} P(Y = y_i) = p_i, & \text{für } y = y_i \text{ und } y_i \in \mathbb{T} \\ 0, \text{ sonst (d. h. in allen anderen Fällen)} \end{cases}$$

Die Angabe der Wahrscheinlichkeitsfunktion kann für diskrete Zufallsvariablen mit endlich vielen Ausprägungen durch eine tabellarische Auflistung der Werte $y_1, \ldots, y_k$ zusammen mit den Wahrscheinlichkeiten $p_1, \ldots, p_k$ erfolgen.

Die Wahrscheinlichkeitsfunktion einer diskreten Zufallsvariablen lässt sich wie in Tabelle 3.1 darstellen:

Tabelle 3.1: Wahrscheinlichkeitsfunktion einer diskreten Zufallsvariablen

y_i	y_1	y_2	$\ldots$	y_k
$P(Y = y_i)$	p_1	p_2	$\ldots$	p_k

Beispiel einer Wahrscheinlichkeitsfunktion: Summe der Köpfe beim viermaligen Werfen einer Münze

Es gibt 16 mögliche Ergebnisse beim viermaligen Werfen einer Münze. Für die interessierende Zufallsvariable $Y =$ „Anzahl Köpfe“ lässt sich die Wahrscheinlichkeitsfunktion wie folgt ableiten:

Ergebnisse	ZZZZ	KZZZ ZKZZ ZZKZ ZZZK	KKZZ KZKZ KZZK ZKKZ ZKZK ZZKK	KKKZ KKZK KZKK ZKKK	KKKK
y_i	0	1	2	3	4
$P(Y = y_i)$	$\frac{1}{16}$	$\frac{4}{16}$	$\frac{6}{16}$	$\frac{4}{16}$	$\frac{1}{16}$

Allen anderen reellen Zahlen außer 0,1,2,3 und 4 wird die Wahrscheinlichkeit 0 zugeordnet.

Bei diskreten Zufallsvariablen mit abzählbar unendlich vielen Ausprägungen ist die tabellarische Beschreibungsfunktion jedoch nicht möglich. Die Wahrscheinlichkeiten $p_1, p_2, \ldots, p_k, \ldots$ werden hier anhand von Formeln bestimmt. Ein Beispiel ist die Zuordnung von Wahrscheinlichkeiten anhand der Poissonverteilung, die später im Kapitel 4.1.5 ausführlich dargestellt wird.

Aber auch für viele diskrete Zufallsvariablen mit endlich vielen Werten werden die Wahrscheinlichkeiten $p_i = P(Y = y_i)$ anhand von Formeln bestimmt. Eine solche Festlegung erfolgt, wie wir später sehen werden, insbesondere bei Familien von Zufallsvariablen. Diese Familien von Zufallsvariablen erhalten einen bestimmten Namen für ihre Wahrscheinlichkeitsverteilung.

Als einfaches Beispiel sei die *diskrete Gleichverteilung* angeführt. Für eine Zufallsvariable Y mit k Ausprägungen $y_1, \ldots, y_k$ ist diese Verteilung durch die folgende Wahrscheinlichkeitsfunktion definiert:

diskrete Gleichverteilung

$$P(Y = y_i) \quad = \quad \frac{1}{k} \quad \text{für jede Ausprägung } y_i$$

Die Wahrscheinlichkeit, dass Y einen bestimmten Wert annimmt, ist also für alle Ausprägungen gleich. Den Werten einer diskreten gleichverteilten Zufallsvariablen wird damit die Laplace-Wahrscheinlichkeit zugeordnet.

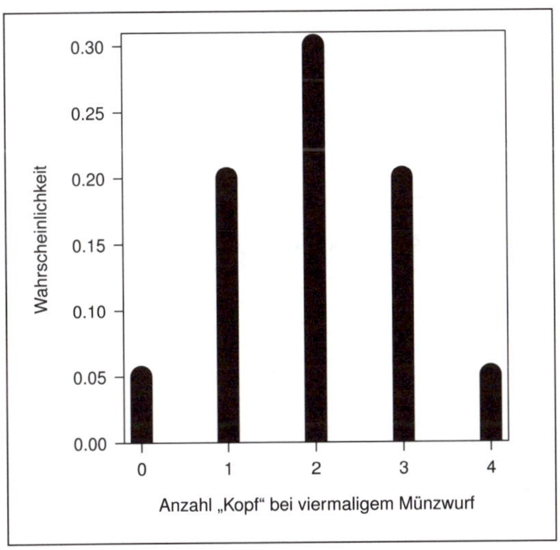

Abbildung 3.3: Grafische Darstellung der Wahrscheinlichkeitsfunktion für „Anzahl Köpfe" beim viermaligen Wurf einer Münze

Die Wahrscheinlichkeitsfunktion von diskreten Zufallsvariablen mit endlich vielen Werten kann auch grafisch dargestellt werden. Abbildung 3.3 zeigt ein Beispiel für eine solche Darstellung der Wahrscheinlichkeitsfunktion für $Y =$ „Anzahl Köpfe" beim viermaligen Wurf einer Münze.

Die Wahrscheinlichkeitsfunktion ist hinreichend für die Berechnung der Wahrscheinlichkeit aller Ereignisse für eine diskrete Zufallsvariable Y mit den Ausprägungen $y_1, y_2, \ldots, y_k, \ldots$. Die Wahrscheinlichkeit für ein beliebiges Ereignis ergibt sich als die Summe aller $p_i = P(Y = y_i)$, für die y_i, die zu dem Ereignis gehören.

Bei der Berechnung von Wahrscheinlichkeiten für die Ereignisse bei diskreten Zufallsvariablen können die aus Kapitel 2 bekannten Rechenregeln genutzt werden.

Beispiel für die Berechnung der Wahrscheinlichkeit eines Ereignisses bei einer diskreten Zufallsvariable

Y sei die Summe der Köpfe beim viermaligen Werfen einer Münze. Berechnet werden soll $P(1 \leq Y \leq 3)$.

y_i	0	1	2	3	4
$P(Y = y_i)$	.0625	.25	.375	.25	.0625

Es gilt:

$$\begin{aligned} P(1 \leq Y \leq 3) &= P(Y = 1) + P(Y = 2) + P(Y = 3) \\ &= .25 + .375 + .25 = .875 \end{aligned}$$

Beispiel für die Berechnung der Wahrscheinlichkeiten eines Komplementärereignisses

Y sei die Summe der Köpfe beim viermaligen Wurf einer Münze.

Wie hoch ist die Wahrscheinlichkeit für mindestens einmal Kopf beim viermaligen Münzwurf?

$$\underbrace{P(Y > 0)}_{\overline{A}} = 1 - \underbrace{P(Y = 0)}_{A} = 1 - .0625 = .9375$$

Dabei bezeichnet A das Ereignis „keinmal Kopf" und $\overline{A}$ das Komplementärereignis „mindestens einmal Kopf".

Zusammenfassend können wir festhalten: Die Wahrscheinlichkeitsverteilung einer diskreten Zufallsvariablen Y mit den Ausprägungen $y_1, y_2, \ldots, y_k, \ldots$ ist eindeutig durch die Wahrscheinlichkeitsfunktion festgelegt. Kennt man die Wahrscheinlichkeitsfunktion, so kann man die Wahrscheinlichkeit für jedes beliebige, mithilfe von Y definierte Ereignis berechnen, indem man die Wahrscheinlichkeiten $P(Y = y_i)$ für alle Ausprägungen von y_i addiert, die in dem Ereignis enthalten sind. Damit ist die Wahrscheinlichkeitsverteilung vollständig durch die Wahrscheinlichkeitsfunktion determiniert.

Verteilungsfunktion

Analog zur empirischen Verteilungsfunktion bildet man die *Verteilungsfunktion F* einer Zufallsvariablen. Für eine diskreten Zufallsvariable Y mit Ausprägungen $y_1, y_2, \ldots, y_k, \ldots$ entsteht die Verteilungsfunktion F durch Aufsummieren der Wahrscheinlichkeiten aller y_i, die kleiner/gleich einer festen Ausprägung y sind:

$$F(y) = P(Y \leq y) = \sum_{i: y_i \leq y} P(Y = y_i) = \sum_{i: y_i \leq y} p_i$$

Für diskrete Zufallsvariablen, die häufig in der Praxis vorkommen, liegen die Verteilungsfunktionen oftmals in tabellierter Form vor. Im folgenden Beispiel werden die Wahrscheinlichkeits- und die Verteilungsfunktion für eine diskrete Zufallsvariable sowohl tabellarisch als auch grafisch dargestellt.

Beispiel für eine Verteilungsfunktion

y_i	0	1	2	3	4
$P(Y = y_i)$	.0625	.2500	.3750	.2500	.0625
$P(Y \leq y_i)$	.0625	.3125	.6875	.9375	1.0000

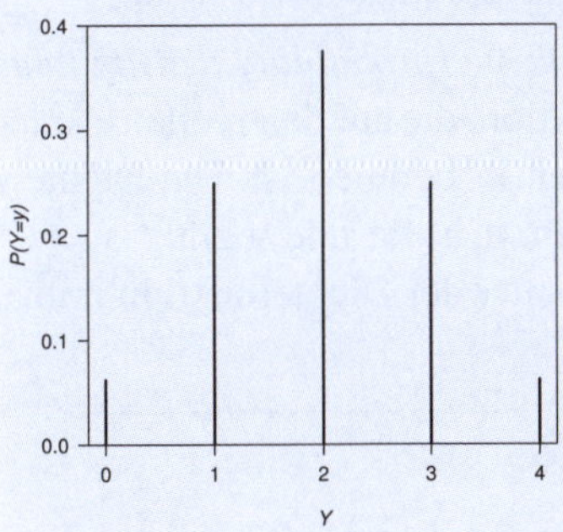

Wahrscheinlichkeitsfunktion

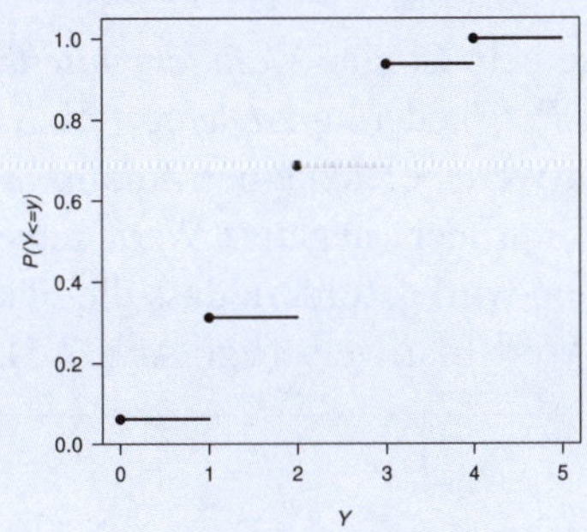

Verteilungsfunktion

3.3 Stetige Zufallsvariablen und ihre Verteilungen

Ist eine Zufallsvariable Y nicht diskret, ist es nicht möglich, eine Wahrscheinlichkeitsfunktion bzw. diskrete Dichte zu bestimmen, die den einzelnen Ausprägungen der Zufallsvariablen Wahrscheinlichkeiten $P(Y = y)$ zuordnet (vgl. Kap. 3.1). Daher wählt man anstelle von diskreten Dichten sogenannte Wahrscheinlichkeitsdichten oder kurz Dichten.

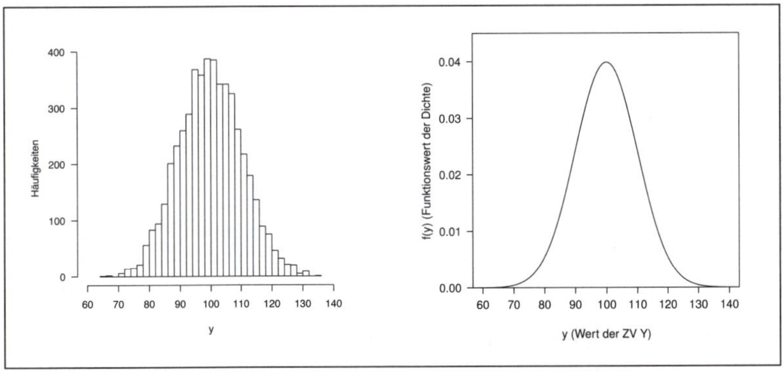

Abbildung 3.4: Analogie von Histogramm und Wahrscheinlichkeitsdichte

Betrachten wir zunächst die Dichtefunktion in Analogie zum Histogramm der relativen Häufigkeitsverteilung. Abbildung 3.4 zeigt links ein Histogramm für die IQ-Werte einer Stichprobe von $n = 1000$. Die Breite eines Stabes entspricht zwei IQ-Punkten.

Man kann nun die Breite der Stäbe auf 1 verringern, d. h. auf einen IQ-Punkt, oder gar noch weiter auf eine geringere Breite. Verringert man die Breite der Stäbe bei gleichzeitig zunehmender Stichprobengröße immer weiter, so entsteht die Wahrscheinlichkeitsdichte, die auf der rechten Seite der Abbildung 3.4 dargestellt ist. Die Dichtefunktion ordnet jeder Ausprägung einer stetigen Zufallsvariablen einen Wert größer/gleich 0 zu. Dieser Wert stellt jedoch keine Wahrscheinlichkeit dar (s. u.).

Wahrscheinlichkeitsdichte

Allgemein ist eine *Wahrscheinlichkeitsdichte (probability density function, PDF)* oder kurz *Dichte* f eine Funktion, die auf den reellen Zahlen (dem Wertebereich einer Zufallsvariablen Y) definiert ist. Die Dichte f kann nur nicht negative Werte annehmen, d. h. für alle y gilt $f(y) \geq 0$. Zudem wird gefordert, dass die Fläche unter der Dichtefunktion immer den Wert 1 aufweist (vgl. Abb. 3.5).

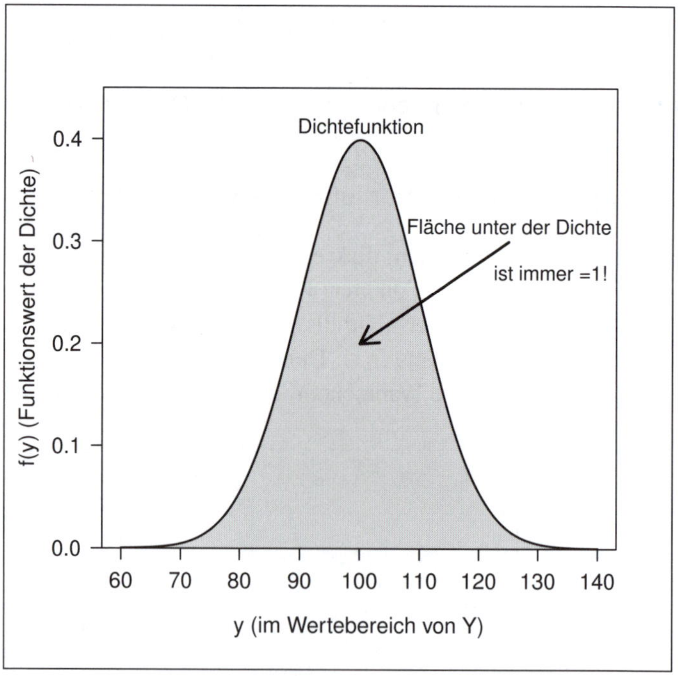

Abbildung 3.5: Dichtefunktion

Die Wahrscheinlichkeit für ein Ereignis wird bei stetigen Zufallsvariablen – wie bereits erwähnt – anhand der Fläche unter der Dichtefunktion bestimmt. Diese Fläche wird anhand des sogenannten Lebesgue-Integrals bestimmt, das in allen hier behandelten Fällen mit dem aus der Schulmathematik bekannten Riemann-Integral entspricht (vgl. Internetsupplement). Für das Intervall mit den Grenzen a und b ist die Fläche unter der Dichte f gleich dem Wert des Integrals, d. h.

$$P(a \leq Y \leq b) = \int_a^b f(y)dy$$

Die Funktionswerte $f(y)$ der Dichte dürfen nicht als Wahrscheinlichkeiten interpretiert werden. Das ergibt sich u. a. daraus, dass die Funktionswerte $f(y)$ der Dichte größere Werte als 1 annehmen können (vgl. Internetsupplement). Positive Wahrscheinlichkeiten können bei stetigen Zufallsvariablen für Intervalle (und deren Vereinigungen, Durchschnitte und Komplemente) angegeben werden.

In der angewandten Statistik interessiert man sich bei stetigen Zufallsvariablen zumeist dafür, mit welcher Wahrscheinlichkeit die Zufallsvariable Werte in einem Intervall oder in der Vereinigung mehrerer Intervalle annimmt. Beispiele hierfür sind $P(a \leq Y \leq b)$, $P(Y \leq b)$, $P(Y > a)$ oder auch $P((Y < a) \cup (Y > b))$, wobei $a, b \in \mathbb{R}$, $a \leq b$.

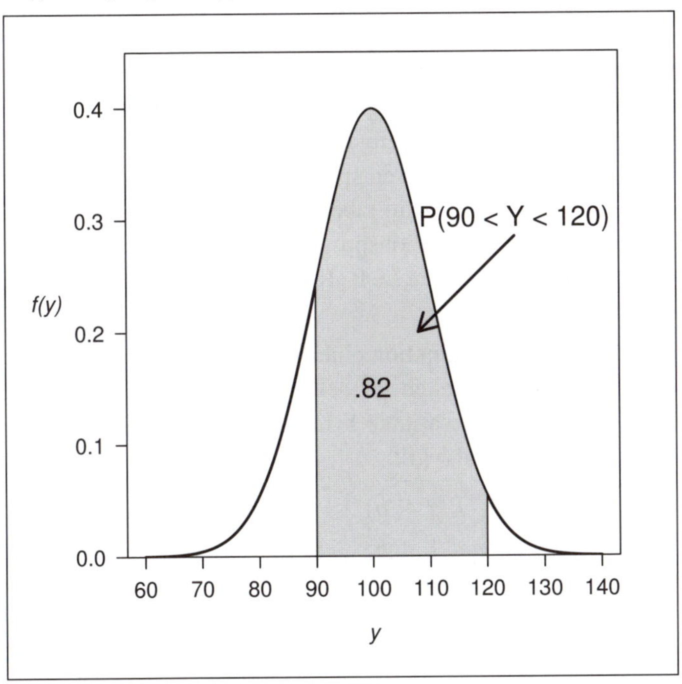

Abbildung 3.6: Wahrscheinlichkeit als Fläche unter der Dichte

Abbildung 3.6 veranschaulicht die Wahrscheinlichkeit eines Ereignisses als Fläche unter der Dichtefunktion.

Da die Wahrscheinlichkeit für einen Wert einer stetigen Zufallsvariablen immer 0 ist, gilt auch $P(Y \leq b) = P(Y < b)$ und $P(Y \geq a) = P(Y > a)$, d. h., die Wahrscheinlichkeit der entsprechenden Ereignisse ist gleich.

Die Verteilungsfunktion einer stetigen Zufallsvariablen Y entspricht der Fläche unter der Dichtefunktion von $-\infty$ bis zu einem bestimmten Wert y, d. h. $F(y)$ entspricht der gesamten Fläche auf der linken Seite unter der Dichte bis zu einer Stelle y:

$$F(y) = P(Y \leq y) = \int_{-\infty}^{y} f(x)dx$$

Die Abbildung 3.7 auf der nächsten Seite illustriert den Zusammenhang zwischen Dichte- und Verteilungsfunktion.

Der Wert der Verteilungsfunktion an einer Stelle y ist die Wahrscheinlichkeit, dass eine Zufallsvariable Y einen Wert annimmt, der höchstens so groß wie y ist, also $P(Y \leq y)$. In dem Beispiel aus Abbildung 3.7 ist $P(Y \leq 110)$ dargestellt, also die Wahrscheinlichkeit dafür, dass Y einen Wert kleiner/gleich 110 annimmt.

Für die Berechnung der Wahrscheinlichkeit von Ereignissen der Form $P(a \leq Y \leq b)$, $P(Y \leq b)$ und $P(Y > a)$ ist man aber nicht genötigt das Integral für die Dichtefunktion stetiger Zufallsvariablen zu berechnen. Dazu verwendet man in der Regel die *Verteilungsfunktion (cumulative distribution function, CDF)* stetiger Variablen, die der Verteilungsfunktion diskreter Zufallsvariablen entspricht. Die Verteilungsfunktion wichtiger stetiger Variablen liegt in tabellarischer Form vor oder lässt sich anhand von Tabellenkalkulationsprogrammen (z. B. Excel, OpenOffice) oder auch in Statistikpaketen (z. B. R oder SPSS) auf einem Computer berechnen.

Mithilfe der Verteilungsfunktion einer stetigen Zufallsvariablen Y können die Wahrscheinlichkeiten für beliebige Ereignisse leicht bestimmt werden. Für eine Zufallsvariable Y mit der Verteilungsfunktion F und den reellen Zahlen a und b gilt:

$$\begin{aligned} P(Y \leq b) &= F(b) \\ P(a \leq Y \leq b) &= F(b) - F(a) \\ P(Y > a) &= 1 - F(a) \end{aligned}$$

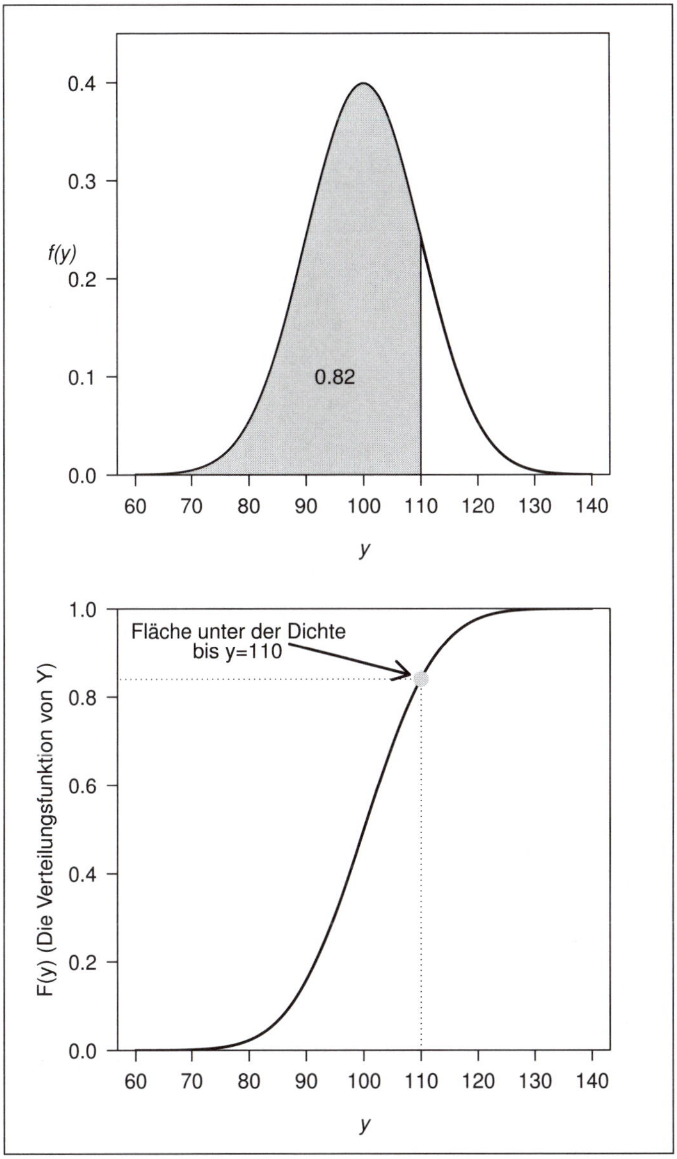

Abbildung 3.7: Oben: Dichtefunktion. Die Fläche unter dieser Funktion ist für $Y \leq 110$ markiert. Sie beträgt $P(Y \leq 110) = \int_{-\infty}^{110} f(x)dx$. Unten: Zugehörige Verteilungsfunktion

Beispiel für die Berechnung von Wahrscheinlichkeiten anhand der Verteilungsfunktion bei stetigen Zufallsvariablen

$$\begin{aligned} P(0.5 \leq Y \leq 2) &= P(Y \leq 2) - P(Y \leq 0.5) \\ &= F(2) - F(0.5) \end{aligned}$$

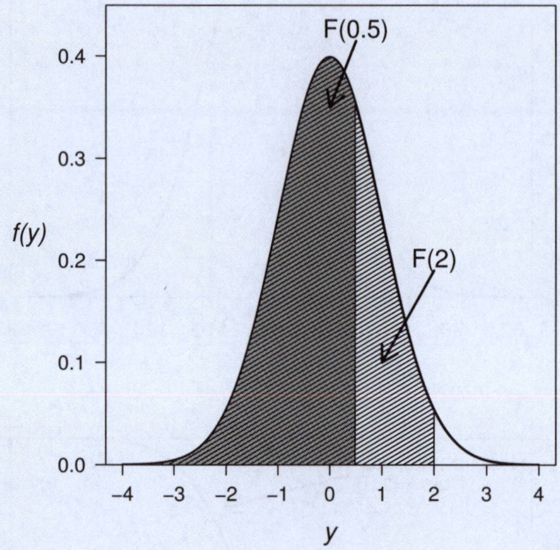

3.3.1 Wahrscheinlichkeitsverteilung einer stetigen Zufallsvariablen: Stetige Gleichverteilung

Bei der stetigen Gleichverteilung nimmt man an, dass die Dichte $f(y)$ in einem Intervall $[a,b]$ (mit $a < b$) identische Werte aufweist und für $y < a$ bzw. $y > b$ gleich 0 ist. Somit gilt:

$$f(y) = \begin{cases} \frac{1}{b-a}, & \text{falls } a \leq y \leq b \\ 0, & \text{sonst.} \end{cases}$$

Die stetige Gleichverteilung wird mit $U(a,b)$ bezeichnet (U für *uniform*), wobei a bzw. b die untere bzw. obere Grenze darstellen. Wir erhalten damit ein Gegenstück zur diskreten Gleichverteilung.

Verteilungsfamilie

Genau genommen handelt es sich hier nicht um eine Verteilung, sondern um eine *Verteilungsfamilie*, da sich für jede Kombination a,b mit $a \leq y \leq b$ andere Dichten ergeben. Die Idee der Verteilungsfamilie ist, dass wir verschiedene Dichten gleicher Struktur zusammenfassen und durch verschiedene Werte von Parametern – hier den Grenzen a und b – beschreiben.

Die Verteilungsfunktion der stetigen Gleichverteilung ist durch die folgende Formel gegeben (vgl. Internetsupplement):

$$F(y) = \begin{cases} 0, \text{ falls } y < a \\ \frac{y-a}{b-a}, \text{ falls } a \leq y \leq b \\ 1, \text{ für } y > b \end{cases}$$

Beispiel für die Berechnung von Wahrscheinlichkeiten anhand der Verteilungsfunktion bei einer stetigen Gleichverteilung

Gegeben sei die stetige Gleichverteilung $U(0,10)$. Wir möchten nun die folgende Wahrscheinlichkeit berechnen:

$$P(0.5 \leq Y \leq 2) \quad = \quad F(2) - F(0.5)$$

Es gilt:

$$F(y) = \begin{cases} 0, \text{ falls } y < 0 \\ \frac{y}{10}, \text{ falls } a \leq y \leq b \\ 1, \text{ für } y > 10 \end{cases}$$

$$F(2) \quad = \quad \frac{2}{10}$$

$$F(0.5) \quad = \quad \frac{0.5}{10}$$

Somit ist $P(0.5 \leq Y \leq 2) \quad = \quad .15$

3.3.2 Normalverteilung

Im Folgenden betrachten wir die wohl wichtigste Familie von Verteilungen stetiger Zufallsvariablen, die Normalverteilung. Eine Zufallsvariable besitzt eine *Normalverteilung (normal distribution)*, wenn ihre Wahrscheinlichkeitsdichte wie folgt festgelegt ist: Normalverteilung

$$f(y) \quad = \quad \frac{\exp\left(-\frac{1}{2}\left(\frac{y-\mu}{\sigma}\right)^2\right)}{\sigma\sqrt{2\pi}}$$

Dabei bezeichnet $\pi = 3.141...$ die Zahl Pi und die Funktion exp die Exponentialfunktion zur Basis $e = 2.718...$ (Eulersche Zahl). Dadurch, dass die beiden Bestimmungsgrößen bzw. Parameter μ (sprich: mü) und $\sigma > 0$ (sprich: sigma) variieren können, erhalten wir eine Verteilungsfamilie, wobei jedes Mitglied dieser Familie eine Verteilung mit einem bestimmten Wert für μ und σ darstellt. Die Normalverteilung mit den Parametern μ und σ wird kurz als $N(\mu, \sigma)$-*Verteilung* bezeichnet.

$N(\mu, \sigma)$-Verteilung

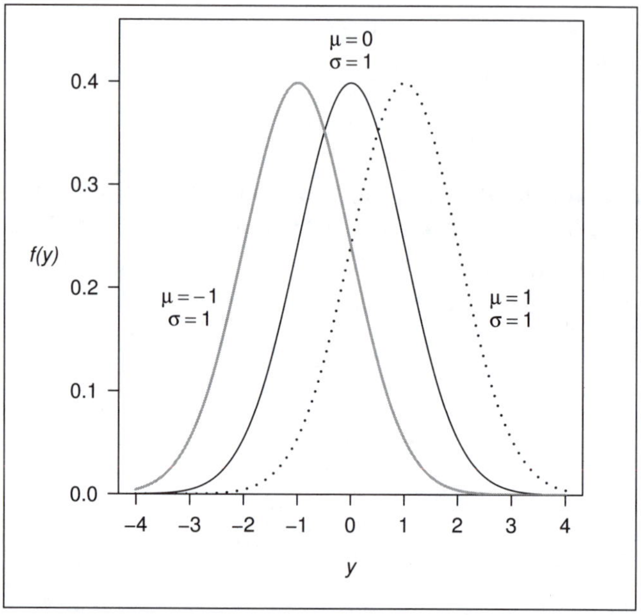

Abbildung 3.8: Normalverteilungen mit unterschiedlichen Werten für μ bei identischem σ

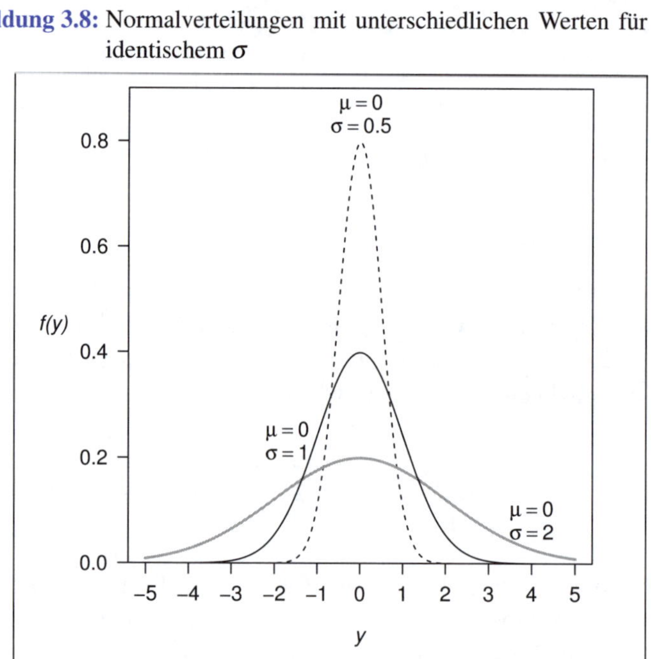

Abbildung 3.9: Normalverteilungen mit unterschiedlichen Werten für σ und identischem μ

Um zu verdeutlichen, welchen Einfluss die Parameter auf die Verteilung haben, enthalten die beiden Abbildungen 3.8 und 3.9 Beispiele von Normalverteilungen mit unterschiedlichen Werten für die Parameter. In Abbildung 3.8 bleibt der Parameter σ konstant, während μ variiert. Der Grafik ist zu entnehmen, dass sich durch die Veränderung des Parameters μ lediglich die Lage der Dichte verändert, die Form bleibt bestehen.

Im Gegensatz dazu verändert sich die Streuung und damit die Form der Verteilung, wenn σ variiert. Diese Änderung veranschaulicht Abbildung 3.9, in der (bei konstantem μ) der Parameter σ unterschiedliche Werte besitzt.

Wie die Abbildungen 3.8 und 3.9 zeigen, ist die Dichte der Normalverteilung symmetrisch, unimodal und „glockenförmig“. Ihr Maximum befindet sich im Punkt $y = \mu$. Der Bereich der zulässigen y-Werte geht von $-\infty$ bis $+\infty$, wobei die Dichte die horizontale Achse niemals berührt.

Unter allen möglichen Normalverteilungen ist diejenige mit den Parametern $\mu = 0$ und $\sigma = 1$, also die $N(0,1)$-*Verteilung*, besonders ausgezeichnet und wird auch *Standardnormalverteilung* genannt. Alle Normalverteilungen mit beliebigen Werten für die Parameter μ und σ können durch die Z-Standardisierung auf die Standardnormalverteilung zurückgeführt werden. Ist Y normalverteilt mit den Parametern μ_Y und σ_Y, dann ist $Z = \frac{Y-\mu_Y}{\sigma_Y}$ standardnormalverteilt. Damit ist lediglich die Kenntnis der Wahrscheinlichkeitsverteilung der Standardnormalverteilung erforderlich, was für Anwendungen in der Praxis eine enorme Vereinfachung bedeutet.

Standardnormalverteilung; $N(0,1)$

Die *Verteilungsfunktion der Standardnormalverteilung* erhält eine eigene Bezeichnung, sie wird mit Φ (sprich: Phi) bezeichnet. Die Verteilungsfunktion Φ liegt in tabellierter Form vor und kann z. B. anhand von Kalkulationsprogrammen berechnet werden.

Verteilungsfunktion der Standardnormalverteilung Φ

Im Folgenden zeigen wir, wie die Berechnung von Wahrscheinlichkeiten für Ereignisse bei standardnormalverteilten Zufallsvariablen und damit normalverteilten Zufallsvariablen überhaupt anhand der Verteilungsfunktion der Standardnormalverteilung durchgeführt wird. Hierfür kann eine Tabelle der Verteilungsfunktion der Standardnormalverteilung genutzt werden.

Beispiel für eine typische tabellarische Auflistung der Verteilungsfunktion der Standardnormalverteilung

Auszug aus der Tabelle für Φ:

	0.00	0.06	0.09
0.0	.5000	.5239	.5359
0.1	.5398	.5636	.5753
0.5	.6915	.7123	.7224
1.0	.8413	.8554	.8621
1.9	.9713	.9750	.9767
2.0	.9772	.9803	.9817

Ablesebeispiele:
$\Phi(0.59) = .7224$
$\Phi(1.00) = .8413$
$\Phi(1.96) = .9750$
$\Phi(-1.96) =$
$1 - \Phi(1.96) =$
$1 - .9750 = .0250$

Ausgehend von der Verteilungsfunktion Φ der Standardnormalverteilung, kann die Wahrscheinlichkeit für Ereignisse berechnet werden.

Beispiel für die Berechnung von Wahrscheinlichkeiten eines Ereignisses bei einer standardnormalverteilten Zufallsvariablen

Wie groß ist die Wahrscheinlichkeit, dass eine standardnormalverteilte Zufallsvariable Y einen Wert zwischen 1 und 2 annimmt?

$$P(1 \leq Y \leq 2) = \Phi(2) - \Phi(1) = .9772 - .8413 = .1359$$

Wie groß ist die Wahrscheinlichkeit, dass eine standardnormalverteilte Zufallsvariable Y einen Wert größer als 2 annimmt?

$$P(Y > 2) = 1 - \Phi(2) = 1 - .9772 = .0228$$

In Tabellen zur Verteilungsfunktion Φ der Standardnormalverteilung sind üblicherweise die Werte $\Phi(y)$ nur für nicht negative y dargestellt. Da die Dichte der Standardnormalverteilung symmetrisch um 0 ist, kann für negative y-Werte die folgende Gleichung genutzt werden:

$$\Phi(-y) \;=\; 1 - \Phi(y)$$

Abbildung 3.10 illustriert die Anwendung dieser Formel. Die dunkle Fläche auf der linken Seite entspricht $\Phi(-1)$, die schraffierte Fläche entspricht $\Phi(1)$ und die Gesamtfläche unter der Dichte ist bekanntermaßen 1. Aufgrund der Symmetrie der Verteilung sind die beiden äußeren dunklen Flächen gleich groß. Somit kann die schraffierte Fläche $= \Phi(1)$ von 1 (der Gesamtfläche) abgezogen werden, um $\Phi(-1)$ zu bestimmen.

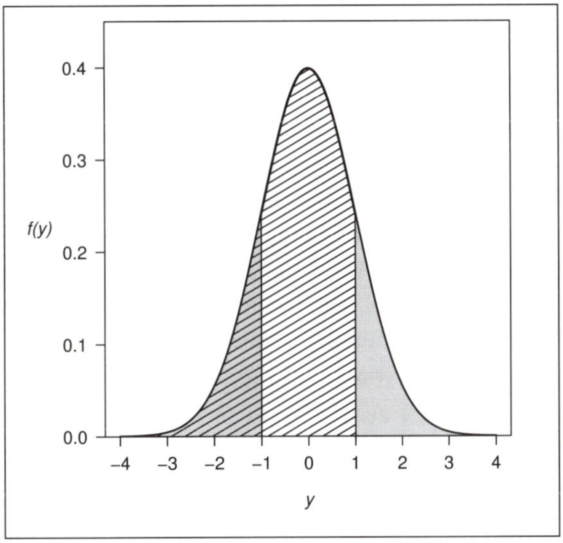

Abbildung 3.10: Illustration zur Bestimmung von $\Phi(-1)$

Beispiel für die Berechnung von Wahrscheinlichkeiten eines Ereignisses bei einer standardnormalverteilten Zufallsvariablen
Wie groß ist die Wahrscheinlichkeit, dass eine standardnormalverteilte Zufallsvariable Y einen Wert zwischen -1 und 2 annimmt?

$$\begin{aligned} P(-1 \leq Y \leq 2) &= \Phi(2) - \Phi(-1) \\ &= \Phi(2) - (1 - \Phi(1)) \\ &= \Phi(1) + \Phi(2) - 1 \\ &= .8413 + .9772 - 1 \\ &= .8185 \end{aligned}$$

In der deskriptiven Statistik wurden – ausgehend von der Häufigkeitsverteilung einer Variablen – Statistiken zur Lage, Streuung, Schiefe und Exzess bestimmt (Holling & Gediga, 2011, S. 87). In analoger Weise können solche Maßzahlen für Verteilungen berechnet werden. Wir stellen hier zunächst die Quantile dar und anschließend den Erwartungswert und die Varianz bzw. Standardabweichung als Maßzahlen für die Lage und Streuung einer Verteilung. Die weniger gebräuchlichen Kennzahlen zur Beschreibung von Schiefe und Exzess werden im Internetsupplement behandelt.

3.4 Quantile von Zufallsvariablen

3.4.1 Quantile stetiger Zufallsvariablen

Quantile von Zufallsvariablen

In der deskriptiven Statistik geht es um Quantile der Häufigkeitsverteilung eines Merkmals, das an Mitgliedern einer Stichprobe erhoben wurde. In der Inferenzstatistik können analog dazu *Quantile von Zufallsvariablen* berechnet werden. Solche Quantile spielen, wie wir später sehen werden, eine sehr wichtige Rolle in der gesamten Inferenzstatistik. Wir beginnen hier zunächst mit der Bestimmung der einfacher zu handhabenden Quantile stetiger Zufallsvariablen.

Für eine stetige Zufallsvariable Y mit Verteilungsfunktion F ist das p-Quantil y_p für $0 < p < 1$ als der Wert von Y definiert, für den gilt:

$$F(y_p) = P(Y \leq y_p) = p$$

Ausgehend von einer vorgegebenen Wahrscheinlichkeit p wird der Wert y_p so bestimmt, dass die Wahrscheinlichkeit, mit der Y einen Wert kleiner/gleich y_p annimmt, genau p ist.

Dieses Vorgehen liefert eindeutige Ergebnisse, wenn F streng monoton ansteigt, was für alle hier betrachteten Verteilungsfunktionen gilt. Ansonsten nutzt man als Zusatzregel, dass bei mehr als einer Möglichkeit der minimale Wert y_p genutzt wird.

Für die Bestimmung der Quantile der Standardnormalverteilung (und auch jeder anderen stetigen Verteilung, die tabelliert vorliegt), kann man die Tabelle zur Verteilungsfunktion nutzen. Hier geht man von den Werten innerhalb der Tabelle aus und liest die Quantile am Rand der Tabelle ab, wie im folgenden Beispiel demonstriert wird.

Beispiel für die Bestimmung von Quantilen der Standardnormalverteilung

Es soll der Wert des .975-Quantils $y_{.975}$ der Standardnormalverteilung bestimmt werden. Gesucht ist also der Wert, sodass eine Realisierung von Y mit einer Wahrscheinlichkeit von 97.5 % kleiner als dieser Wert ausfällt.

Es stellt sich also die Frage: Für welchen Wert y gilt $\Phi(y) = .975$?

Auszug aus der Tabelle für Φ:

	0.00	0.06	0.09
0.0	.5000	.5239	.5359
0.1	.5398	.5636	.5753
0.5	.6915	.7123	.7224
1.0	.8413	.8554	.8621
1.9	.9713	.9750	.9767
2.0	.9772	.9803	.9817

Lösung:
$y_{.975} = 1.96$

Beispiele für wichtige Quantile der Standardnormalverteilung

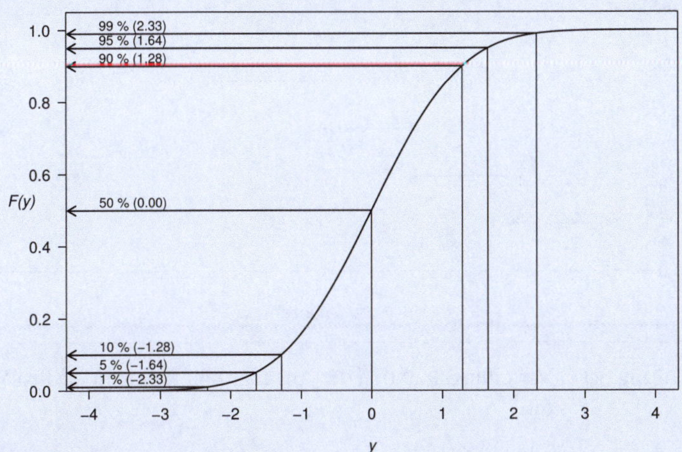

Beispiele:

$P(Y \leq -1.28) = .10$
$P(Y \leq 1.28) = .90$, also auch: $P(Y \geq 1.28) = .10$

Quantile können für jede stetige Verteilung, nicht nur für die Standardnormalverteilung, bestimmt werden. Das p-Quantil der Standardnormalverteilung wird meistens mit z_p statt mit y_p bezeichnet.

Wegen der Symmetrie der Standardnormalverteilung sind zumeist nur Werte für $p \geq .50$ tabelliert. Für $p < .50$ kann man die Quantile der Standardnormalverteilung auf die folgende Weise bestimmen:

$$z_p = -z_{(1-p)}$$

So ist etwa $z_{.025} = -z_{.975} = -1.96$.

3.4.2 Quantile diskreter Zufallsvariablen

Während bei einer stetigen Verteilung für die Berechnung eines Quantils y_p die Bedingung $F(y_p) = P(Y \leq y_p) = p$ ausreicht, ist mit dieser Bedingung bei diskreten Verteilungen in der Regel keine oder keine eindeutige Zuordnung eines y-Wertes zu einer Wahrscheinlichkeit p möglich. Betrachten wir etwa die Verteilung der Augen eines idealen Würfels (vgl. Abb. 3.11), dann wird klar, dass für $p = .5$ jeder Wert $3 \leq y_p < 4$ die Bedingung erfüllen würde. Wählen wir hingegen $p = .6$, so gibt es keinen Wert y_p, mit $F(y_p) = .6$.

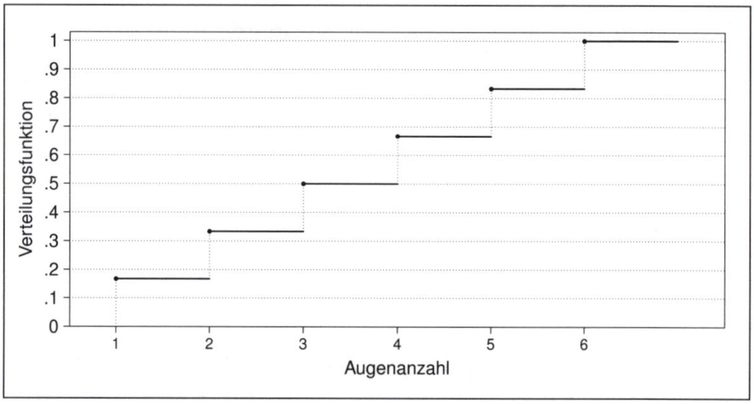

Abbildung 3.11: Verteilungsfunktion der Augenanzahl für einen idealen Würfel

Deshalb muss für die Berechnung der Quantile bei diskreten Verteilungen eine andere Bedingung aufgestellt werden. In der Regel erfolgt die Bestimmung von Quantilen einer diskreten Verteilung anhand der folgenden Definition.

Definition: Für eine diskrete Zufallsvariable Y mit Verteilungsfunktion F ist das p-Quantil y_p zur Wahrscheinlichkeit $0 < p \leq 1$ als der Wert von Y definiert, für den gilt:

$$F(y_p) \geq p \quad \text{und } F(y) < p \text{ für alle } y < y_p$$

Nach dieser Definition würde man somit bei $p = .5$ immer den linken Randpunkt des Intervalls $3 \leq y_p < 4$, also $y_{.5} = 3$, auswählen. Für $p = .6$ erhält man im obigen Beispiel $y_{.6} = 4$

Betrachtet man diskrete Verteilungen, lassen sich keine Fragen der Art „Für welchen Wert y gilt $F(y) = .975$?“ beantworten, wie es bei stetigen Verteilungen der Fall ist. Alternativ sucht man – analog zur Definition –

den Wert y_p, für den $F(y_p) \geq p$ und $F(y) < p$ für alle $y < y_p$ gilt. Diese Bestimmung lässt sich dann schnell durchführen, da die Werte $F(y)$ in einer Tabelle der Größe nach geordnet vorliegen (vgl. das folgende Beispiel).

Beispiel zur Bestimmung von Quantilen einer diskreten Zufallsvariablen

Wir nutzen die Ergebnisse eines Würfelexperiments mit folgenden Quantilwerten:

y	$F(y)$
1	.1667
2	.3333
3	.5000
4	.6667
5	.8333
6	1.0000

Für $p = .5$ lesen wir ab: $y_{.5} = 3$. Für $p = .2$ finden wir $y_{.2} = 2$ und für $p = .9$ erhalten wir $y_{.9} = 6$.

3.5 Erwartungswert und Varianz einer Zufallsvariablen

Wie in der deskriptiven Statistik möchte man die Verteilung der Werte der Variablen in der Population durch Kennwerte charakterisieren, wobei auch hier wieder speziell die Lage und die Streuung von Interesse sind.

Bei einer Stichprobe von Beobachtungen einer quantitativen Variablen wurde zur Beschreibung der Lage der Mittelwert verwendet und die Variabilität durch die Varianz bzw. Standardabweichung beschrieben. Bei einer Zufallsvariablen Y werden zu diesem Zweck der Erwartungswert der Zufallsvariablen Y – manchmal auch als „Populationsmittelwert“ bezeichnet – und die Varianz bzw. die Standardabweichung der Zufallsvariablen Y verwendet.

Sowohl der Erwartungswert als auch die Varianz bzw. die Standardabweichung einer Zufallsvariablen Y erfordern keine Beobachtungen (Daten), sondern einen Wahrscheinlichkeitsraum und damit ein mathematisches Modell.

Der Erwartungswert einer Zufallsvariablen Y wird durch $E(Y)$ oder μ_Y symbolisiert. Wenn aus dem Zusammenhang heraus klar ist, dass es sich um den Erwartungswert der Zufallsvariablen Y handelt, schreibt man auch kurz nur μ. Die Varianz von Y wird als $Var(Y)$ oder σ_Y^2 bezeichnet und die Standardabweichung als σ_Y. Auch hier schreibt man σ^2 bzw. σ, wenn es aus dem Zusammenhang klar ist, um welche Zufallsvariable es sich handelt.

3.5.1 Erwartungswert einer Zufallsvariablen

In der deskriptiven Statistik erfolgt die Berechnung des Mittelwerts als die Summe aller Beobachtungen geteilt durch die Anzahl der Beobachtungen. Alternativ kann der Mittelwert bestimmt werden, wenn man alle Werte einer Variablen mit ihrer relativen Häufigkeit multipliziert und diese Produkte dann aufsummiert. Die relativen Häufigkeiten können dabei als Gewichte interpretiert werden. Analog dazu wird anstelle der relativen Häufigkeiten bei den Erwartungswerten diskreter Zufallsvariablen die diskrete Dichte (Wahrscheinlichkeit) bzw. bei stetigen Zufallsvariablen die Dichte als Gewicht verwendet.

Der Erwartungswert für eine *diskrete* Zufallsvariable Y mit den Ausprägungen $y_1, y_2, \ldots, y_k, \ldots$ und zugehörigen Wahrscheinlichkeiten $p_i = P(Y = y_i)$ wird folgendermaßen berechnet:

$$E(Y) = \sum_{i=1} y_i p_i$$

Für eine *stetige* Zufallsvariable Y mit der Wahrscheinlichkeitsdichte f ist der Erwartungswert wie folgt definiert:

$$E(Y) = \int_{-\infty}^{\infty} y\, f(y) dy$$

Bernoulli-Variable

Um die Berechnung des Erwartungswertes an einer Zufallsvariablen zu demonstrieren, soll an dieser Stelle eine sehr einfache Zufallsvariable eingeführt werden, die sogenannte *Bernoulli-Variable*. Hierbei handelt es sich um eine Zufallsvariable, bei der nur die Werte 0 oder 1 eine Wahrscheinlichkeit von größer 0 annehmen. Dabei wird die Ausprägung 1 häufig als „Erfolg", die Ausprägung 0 als „Misserfolg" bezeichnet. Bernoulli-Variablen werden verwendet, um Zufallsvorgänge, die nur zwei mögliche Ergebnisse besitzen, statistisch zu beschreiben.

Bernoulli-Verteilung

Die Verteilung einer Bernoulli-Variablen heißt *Bernoulli-Verteilung* und besitzt die folgende Wahrscheinlichkeitsfunktion, wobei π als Erfolgswahrscheinlichkeit bezeichnet:

y_i	0	1
$p_i : P(Y = y_i)$	$1-\pi$	π

Beispiel zur Bestimmung des Erwartungswerts einer diskreten Zufallsvariablen am Beispiel einer Bernoulli-Variablen

Für Bernoulli-Variablen Y lässt sich der Erwartungswert wie folgt berechnen:

$$\begin{aligned} E(Y) &= \sum_{i=1}^{k} y_i p_i \\ &= 0(1-\pi) + 1\pi = \pi \end{aligned}$$

Etwas aufwändiger ist die Berechnung des Erwartungswertes bei Zufallsvariablen mit mehr als zwei Ausprägungen, wie das folgende Beispiel demonstriert.

Beispiel zur Berechnung des Erwartungswerts der Anzahl richtig gelöster Aufgaben bei einer Klausur mit vier Aufgaben (Y)

Sei die Wahrscheinlichkeitsverteilung der richtigen Lösungen wie folgt:

y_i:	0	1	2	3	4
p_i: $P(Y = y_i)$	.01	.04	.21	.42	.32

Der Erwartungswert von Y ist somit:

$$\begin{aligned} E(Y) &= \sum_{i=1}^{k} y_i p_i \\ &= 0 \cdot .01 + 1 \cdot .04 + 2 \cdot .21 + 3 \cdot .42 + 4 \cdot .32 \\ &= 0.04 + 0.42 + 1.26 + 1.28 = 3 \end{aligned}$$

Wird eine große Zahl von unabhängigen Wiederholungen eines durch Y beschriebenen Zufallsexperiments durchgeführt und jeweils der Mittelwert der Versuchsausgänge gebildet, so nähert sich dieser Mittelwert bei Vergrößerung der Zahl der Wiederholungen immer stärker dem Erwartungswert an. Abbildung 3.12 illustriert diesen Prozess mit der Simulation der Wahrscheinlichkeitsverteilung aus dem vorherigen Beispiel.

Der Erwartungswert einer Zufallsvariablen Y kann also als der Mittelwert der Versuchsausgänge interpretiert werden, der sich bei unendlich vielen unabhängigen Wiederholungen eines durch Y beschriebenen Zufallsexperiments ergibt bzw. approximativ bei einer großen Anzahl von unabhängigen Wiederholungen resultiert.

Dieser Effekt wird auch das *Gesetz der großen Zahlen (law of large numbers)* genannt. Hier sind es Mittelwerte, die gegen einen festen Wert

Gesetz der großen Zahlen

konvergieren, während es im Kapitel 2.4.1 relative Häufigkeiten waren, die gegen eine feste Wahrscheinlichkeit konvergieren.

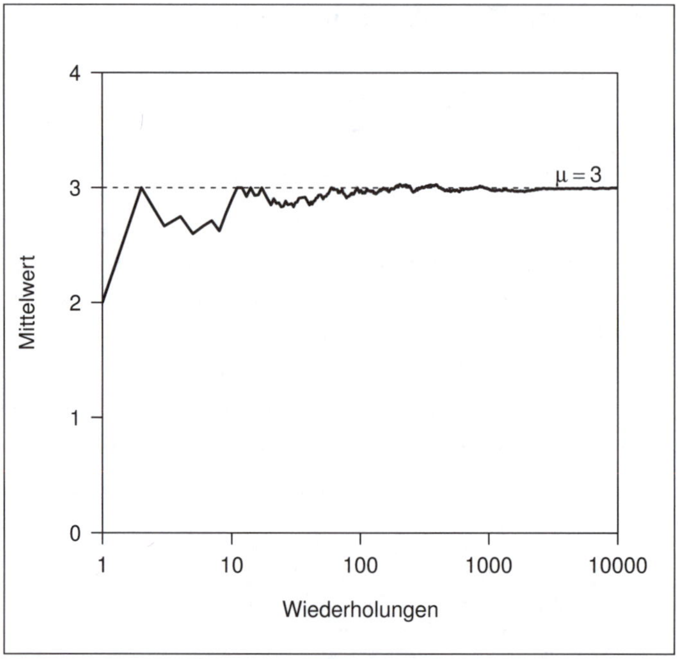

Abbildung 3.12: Mittelwert bei Vergrößerung der Anzahl der Wiederholungen eines Zufallsexperiments

Angemerkt sei noch, dass für die obige Interpretation des Erwartungswerts einer Zufallsvariablen Y als Mittelwert der Versuchsausgänge die Existenz des Erwartungswerts vorausgesetzt ist. Es gibt jedoch stetige Zufallsvariablen, für die kein Erwartungswert berechnet werden kann und ebenso nicht die im nächsten Kapitel thematisierte Varianz. Diese für die angewandte Statistik eher unwichtigen Fälle schließen wir hier aus. Ein Beispiel dazu findet sich im Intersupplement.

3.5.2 Varianz einer Zufallsvariablen

In der deskriptiven Statistik wird die Varianz als die mittlere quadrierte Abweichung der Werte einer Variablen von ihrem Mittelwert bestimmt. Entsprechend wird bei einer Zufallsvariablen die Varianz als die erwartete quadrierte Abweichung der Werte einer Zufallsvariablen von ihrem Erwartungswert definiert. Somit wird für eine *diskrete* oder *stetige* Zufallsvariable Y die Varianz *(variance)* wie folgt bestimmt:

$$\begin{aligned} Var(Y) &= E[(Y-E(Y))^2] \\ &= E[(Y-\mu_Y)^2] \end{aligned}$$

Wie in der deskriptiven Statistik gibt es für die Berechnung der Varianz für Zufallsvariablen eine „rechentechnisch günstige" Formel (vgl. Internetsupplement):

$$\begin{aligned} Var(Y) &= E(Y^2)-[E(Y)]^2 \\ &= E(Y^2)-\mu_Y^2 \end{aligned}$$

Für eine *diskrete* Zufallsvariable Y mit endlich vielen Ausprägungen $y_1,\ldots,y_k$ und Wahrscheinlichkeiten $p_i = P(Y = y_i)$ sowie Erwartungswert μ_Y, gilt:

$$\begin{aligned} Var(Y) &= E\left[(Y-\mu_Y)^2\right] \\ &= (y_1-\mu_Y)^2 p_1 + (y_2-\mu_Y)^2 p_2 + \ldots + (y_k + \ldots - \mu_Y)^2 p_k \\ &= \sum_{i=1} (y_i-\mu_Y)^2 p_i \end{aligned}$$

Für eine *stetige* Zufallsvariable Y mit Wahrscheinlichkeitsdichte f und Erwartungswert μ_Y gilt:

$$\begin{aligned} Var(Y) &= E[(Y-\mu_Y)^2] \\ &= \int_{-\infty}^{\infty} (y-\mu_Y)^2\, f(y)dy \end{aligned}$$

Die Standardabweichung σ_Y einer diskreten oder stetigen Zufallsvariablen Y stellt die positive Wurzel aus der Varianz dar:

$$\sigma_Y = +\sqrt{Var(Y)}$$

Beispiel zur Berechnung der Varianz einer diskreten Zufallsvariablen am Beispiel einer Bernoulli-Variablen

Die Wahrscheinlichkeitsfunktion ist gegeben durch:

y_i	0	1
$p_i = P(Y = y_i)$	$1-\pi$	π

Für den Erwartungswert gilt: $E(Y) = \mu_Y = \pi$

Berechnung der Varianz:

$$\begin{aligned} Var(Y) &= \sum_{i=1}^{k} (y_i - \mu_Y)^2 p_i \\ &= (0-\pi)^2(1-\pi) + (1-\pi)^2\pi \\ &= \pi^2(1-\pi) + (1-\pi)^2\pi \\ &= \pi(1-\pi)(\pi + (1-\pi)) \\ &= \pi(1-\pi) \end{aligned}$$

3.6 Erwartungswert und Varianz der Normalverteilung

Bei der Normalverteilung sind Erwartungswert und Varianz direkt mit den Parametern der Verteilung verknüpft.

Besitzt eine Zufallsvariable Y eine $N(\mu, \sigma)$-Verteilung, d. h. eine Normalverteilung mit den Parametern μ und σ, so gilt, wie im Internetsupplement bewiesen wird:

- Der Erwartungswert von Y ist μ, d. h. $E(Y) = \mu$.
- Die Varianz von Y ist $Var(Y) = \sigma^2$.
- Die Standardabweichung von Y ist σ.

Insbesondere ist der Erwartungswert im Falle einer Standardnormalverteilung 0 und Varianz wie Standardabweichung sind hier jeweils 1.

Beispiel zur Interpretation einer normalverteilten Zufallsvariablen

Sehr häufig werden Merkmale als normalverteilte Zufallsvariablen aufgefasst. Ein Beispiel hierfür ist die Intelligenz bzw. der IQ, für den eine $N(100, 15)$-Verteilung angenommen wird.

Was bedeutet es nun, wenn der IQ in einer Population eine $N(100, 15)$-Verteilung besitzt?

Die durchschnittliche Ausprägung des IQ in der Population entspricht 100 Punkten (Populationsmittelwert).

Die durchschnittliche Abweichung der IQ-Werte um den Populationsmittelwert, gemessen anhand der Standardabweichung, beträgt 15 Punkte.

Mithilfe des Erwartungswerts (hier 100) und der Standardabweichung (hier 15) kann man nun abschätzen, wie weit beobachtete Werte vom Populationsmittelwert entfernt liegen und wann sie z. B. als sehr hoch anzusehen sind.

Gemäß einer häufig zu findenden Definition liegt Hochbegabung ab einem IQ ≥ 130 vor. Dann liegen die IQ-Werte von Hochbegabten oberhalb von zwei Standardabweichungen des Mittelwerts, d. h. $\mu + 2\sigma = 130$. Demzufolge sind ca. 2.3 % aller Mitglieder einer Population hochbegabt.

Da Hochbegabung entsprechend der obigen Definition anhand eines „runden" Wertes 130 bzw. zwei Standardabweichungen oberhalb des Mittelwertes willkürlich festgelegt wird, sind bestimmte Mitteilungen, wie sie mitunter in der Presse zu lesen ist, sinnlos, so z. B. die Aussage: „Psychologen haben herausgefunden, dass 2.3 % aller Mitglieder einer Population hochbegabt sind."

3.7 Erwartungswert und Varianz transformierter Zufallsvariablen

Variablen können entsprechend ihres Skalenniveaus transformiert werden. Im Falle einer solchen Transformation ist es oft nicht nötig, jeweils den Erwartungswert und die Varianz neu zu bestimmen. Sie können häufig aus dem Erwartungswert bzw. der Varianz der ursprünglichen Variablen abgeleitet werden.

Für die angegebenen Regeln sind – außer der Annahme, dass die Zufallsvariable einen Erwartungswert besitzt – keine weiteren Annahmen zu treffen. Die Ableitung der Regeln findet sich im Internetsupplement.

3.7.1 Erwartungswert transformierter Zufallsvariablen

Häufig wird auf eine Zufallsvariable Y eine affine Transformation, d. h. eine Transformation der Form $bY + a$, angewendet.

Wird eine diskrete oder stetige Zufallsvariable Y mit dem Erwartungswert $E(Y)$ anhand von $bY + a$ transformiert, gilt:

$$E(bY + a) = bE(Y) + a$$

Daraus leiten sich die folgenden Spezialfälle ab:

- Addition einer Konstanten a zu Y: $E(Y + a) = E(Y) + a$.
- Multiplikation von Y mit einer Konstanten b: $E(bY) = bE(Y)$.
- Ist a eine konstante Zahl, so gilt $E(a) = a$.

Werden die Werte y der Zufallsvariablen Y anhand einer beliebigen Funktion $g(y)$ transformiert, lässt sich der Erwartungswert $E(g(Y))$ nicht einfach aus $E(Y)$ ableiten. Deshalb untersuchen wir eine neue Zufallsvariable $X = g(Y)$, z. B. $X = Y^2$.

Für den Erwartungswert einer beliebig transformierten Zufallsvariablen $g(Y)$ gelten die folgenden Regeln:

Ist die Zufallsvariable Y diskret mit Werten $y_1, y_2, \ldots, y_k, \ldots$ und Wahrscheinlichkeiten $p_1, p_2, \ldots, p_k, \ldots$, so resultiert für $g(y)$ als Erwartungswert:

$$E(g(Y)) = \sum_{i=1} g(y_i)p_i$$

Ist die Zufallsvariable Y stetig mit Dichte f, so folgt für $g(y)$ der Erwartungswert:

$$E(g(Y)) = \int_{-\infty}^{\infty} g(y)f(y)dy$$

Die Berechnung des Erwartungswertes einer transformieren Zufallsvariablen soll am folgenden Beispiel verdeutlicht werden.

Beispiel zur Berechnung des Erwartungswertes einer transformierten Zufallsvariablen

Die Zufallsvariable sei die Anzahl der richtig gelösten Aufgaben in einer Klausur mit insgesamt vier Aufgaben. Folgende Wahrscheinlichkeiten seien für die Anzahl der richtigen Lösungen gegeben:

y_i	0	1	2	3	4
p_i: $P(Y = y_i)$	.01	.04	.21	.42	.32

Nehmen wir an, dass die Anzahl der Lösungsschritte von der ersten bis zur vierten Aufgabe jeweils quadratisch wächst und dementsprechend auch unterschiedliche Punkte für die richtigen Lösungen vergeben werden, d. h. für die erste Aufgabe einen Punkt, für die zweite Aufgabe vier Punkte, für die dritte Aufgabe neun Punkte und für die vierte Aufgabe 16 Punkte.

In diesem Fall gilt für Y^2:

y_i^2	0	1	4	9	16
p_i: $P(Y^2 = y_i^2)$	.01	.04	.21	.42	.32

Jetzt kann der Erwartungswert von Y^2 (zu erwartenden Punkten) berechnet werden:

$$\begin{aligned} E(Y^2) &= \sum_{i=1}^{k} y_i^2 p_i \\ &= 0 \cdot .01 + 1 \cdot .04 \cdot +4 \cdot .21 + 9 \cdot .42 + 16 \cdot .32 \\ &= 0.04 + 0.84 + 3.78 + 5.12 = 9.78 \end{aligned}$$

3.7.2 Varianz transformierter Zufallsvariablen

Wir betrachten zunächst die Berechnung der Varianz einer diskreten Zufallsvariablen anhand eines Beispiels.

Beispiel zur Berechnung der Varianz

Die Zufallsvariable sei wiederum die Anzahl richtiger Lösungen von vier Klausuraufgaben.

Die Berechnung der Varianz anhand der Formel aus der obigen Definition ergibt:

$$\begin{aligned} Var(Y) &= \sum_{i=1}^{k} (y_i - \mu_Y)^2 p_i \\ &= (0-3)^2 \cdot .01 + (1-3)^2 \cdot .04 + (2-3)^2 \cdot .21 \\ &\quad + (3-3)^2 \cdot .42 + (4-3)^2 \cdot .32 \\ &= 9 \cdot .01 + 4 \cdot .04 + 1 \cdot .21 + 0 + 1 \cdot .32 \\ &= .09 + .16 + .21 + 0 + .32 = .78 \end{aligned}$$

Man kann leicht nachrechnen, dass mit der rechentechnisch günstigeren Formel ebenfalls $Var(Y) = .78$ resultiert.

Für die Berechnung der Varianz affin transformierter Zufallsvariablen gilt die folgende Regel, von der zwei Spezialfälle abgeleitet werden:

Für eine affine Transformation $bY + a$ von Y gilt:

$$\begin{aligned} Var(bY + a) &= b^2 Var(Y) \\ \sigma_{bY+a} &= |b| \sigma_Y \end{aligned}$$

Daraus leiten sich die folgenden Spezialfälle ab:

Addition einer Konstanten a zu Y:

$$Var(Y + a) = Var(Y)$$

Multiplikation von Y mit einer Konstanten b:

$$Var(bY) = b^2 Var(Y)$$
$$\sigma_{bY} = |b|\sigma_Y$$

Ist a eine konstante Zahl, so gilt $Var(a) = 0$.

Auch für die Varianz lassen sich Formeln für die Berechnung von $Var(g(Y))$ einer transformierten Zufallsvariablen angeben. Die im Vergleich zum Erwartungswert etwas komplizierteren Berechnungsformeln stellen wir im Internetsupplement zur Verfügung.

3.7.3 Standardisierung von Zufallsvariablen

Die Standardisierung von Zufallsvariablen dient dazu, Zufallsvariablen mit unterschiedlicher Standardabweichung vergleichbar zu machen. Als Messeinheit dient nun nicht mehr die ursprüngliche Einheit, z. B. Zentimeter oder Millisekunden, sondern die Standardabweichung.

Ist Y eine beliebige Zufallsvariable mit Erwartungswert μ und Standardabweichung $\sigma > 0$, so wird Y standardisiert, indem man zunächst den Erwartungswert von Y abzieht und diese Differenz dann durch die Standardabweichung dividiert. Das Resultat der Standardisierung ist eine neue Zufallsvariable Z:

$$Z = \frac{Y-\mu}{\sigma}$$

Für den Erwartungswert von Z gilt $E(Z) = 0$, für die Varianz $Var(Z) = 1$, wie im Folgenden gezeigt wird.

Die Zufallsvariable Z kann folgendermaßen dargestellt werden:

$$\begin{aligned} Z &= \frac{Y-\mu}{\sigma} \\ &= \frac{Y}{\sigma} - \frac{\mu}{\sigma} \\ &= \frac{1}{\sigma}Y - \frac{\mu}{\sigma} \\ &= \frac{1}{\sigma}Y + (-\frac{\mu}{\sigma}) \end{aligned}$$

Anhand dieser Ableitung ist zu erkennen, dass die Zufallsvariable Z durch eine positiv affine Transformation $bY + a$ aus Y hervorgeht, wobei für a und b gilt:

$$\begin{aligned} b &= \frac{1}{\sigma} > 0 \\ a &= -\frac{\mu}{\sigma} \end{aligned}$$

Anhand der dargestellten Rechenregeln für Erwartungswerte und Varianzen folgt:

$$\begin{aligned} E(Z) &= E(bY + a) \\ &= bE(Y) + a = b\mu + a \\ &= \frac{1}{\sigma}\mu + (-\frac{\mu}{\sigma}) = \frac{\mu}{\sigma} - \frac{\mu}{\sigma} = 0 \end{aligned}$$

$$\begin{aligned} Var(Z) &= Var(bY + a) \\ &= b^2 Var(Y) = b^2\sigma^2 \\ &= (\frac{1}{\sigma})^2\sigma^2 = \frac{1}{\sigma^2}\sigma^2 = \frac{\sigma^2}{\sigma^2} = 1 \end{aligned}$$

3.8 Mehrdimensionale Zufallsvariablen

In empirischen Studien betrachtet man oft nicht nur ein Merkmal, wie z. B. Intelligenz, sondern mehrere Merkmale gleichzeitig, wie z. B. Intelligenz, Konzentrationsfähigkeit und die Noten verschiedener Schulfächer. Entsprechend ist auch das Konzept der Zufallsvariablen zu erweitern. Wird über eine Zufallsvariable jedem Ergebnis eines Zufallsexperiments nur eine reelle Zahl zugewiesen, spricht man von einer eindimensionalen Zufallsvariablen. Werden jedoch jedem Ergebnis über mehrere Zufallsvariablen mehrere reelle Zahlen zugewiesen, spricht man von *mehrdimensionalen Zufallsvariablen* (multidimensional random variables). Liegen m Zufallsvariablen vor, bezeichnen wir diese mit $Y_1, Y_2, \ldots, Y_m$. Formal bilden wir ein Element ω auf einen Wert im m-dimensionalen Raum der reellen Zahlen ab, d.h.

mehrdimensionale Zufallsvariable

$$\begin{aligned} (Y_1, Y_2, \ldots, Y_m): \quad \Omega &\rightarrow \mathbb{R}^m \qquad \text{mit} \\ \omega &\mapsto (Y_1(\omega), Y_2(\omega), \ldots, Y_m(\omega)) \end{aligned}$$

Die Wahrscheinlichkeit des gemeinsamen Auftretens von Ereignissen $Y_1 \in B_1, Y_2 \in B_2, \ldots Y_m \in B_m$ mit $B_i \in \mathbb{R}$ (vgl. Kap. 3.1) wird dann durch die gemeinsame Wahrscheinlichkeitsverteilung

$$P(Y_1 \in B_1, Y_2 \in B_2, \ldots, Y_m \in B_m)$$

bestimmt. Wir werden im nächsten Kapitel zeigen, wie sich derartige Wahrscheinlichkeiten für den einfachen Fall zweidimensionaler Zufallsvariablen bestimmen lassen.

Beispiele für mehrdimensionale Zufallsvariablen

Es werden beim Würfeln gleichzeitig die Ereignisse „Augenzahl kleiner/gleich 3", „Augenzahl größer als 3" in einer Zufallsvariablen und „gerade Augenzahl", „ungerade Augenzahl" in einer weiteren Zufallsvariable erfasst.

Es werden in einer Befragung Studienfach und Geschlecht verschiedener Personen ermittelt.

Es wird die Gewissenhaftigkeit einer Person über verschiedene Zeitpunkte erfasst.

3.8.1 Zweidimensionale Zufallsvariablen und deren Verteilung

univariate Verteilung

bivariate Verteilung

Wird jedem Ergebnis genau eine (reelle Zahl) zugewiesen (Zufallsvariable Y), spricht man von einer *univariaten* Verteilung der Zufallsvariablen Y mit der Dichte $f_Y(y)$. Werden jedem Ergebnis zwei Zahlen zugewiesen (Zufallsvariablen X, Y), liegt eine *bivariate Verteilung* oder auch zweidimensionale Verteilung vor mit der gemeinsamen Dichte $f_{XY}(x,y)$.

multivariate Verteilung

Bei mehreren Zufallsvariablen X, Y, $\ldots$ erhält man eine *multivariate Verteilung* mit der gemeinsamen Dichte $f_{XY\ldots}(x,y,\ldots)$.

gemeinsame Verteilung

Im bi- oder multivariaten Fall sind die Wahrscheinlichkeiten von Wertekombinationen zweier oder mehrerer Variablen von Interesse. Die bi- bzw. multivariate Wahrscheinlichkeitsverteilung beschreibt diese Wahrscheinlichkeiten und damit die *gemeinsame Verteilung (joint distribution)* der Zufallsvariablen.

Beispiele für eine zweidimensionale diskrete Zufallsvariable

Gegeben seien die beiden Zufallsvariablen X (1 oder 6; 2 oder 5; 3 oder 4) und Y (gerade vs. ungerade Augenzahl) mit drei (x_1, x_2, x_3) bzw. zwei (y_1, y_2) Ausprägungen, die Funktionen des Ergebnisses eines Würfelexperiments darstellen:

$$X = \begin{cases} 1: & \text{Augenzahl = 1 oder 6} \\ 2: & \text{Augenzahl = 2 oder 5} \\ 3: & \text{Augenzahl = 3 oder 4} \end{cases}$$

$$Y = \begin{cases} 1: & \text{gerade Augenzahl} \\ 2: & \text{ungerade Augenzahl} \end{cases}$$

Analog kann man zwei Zufallsvariablen Studienfach X und Geschlecht Y mit drei (x_1, x_2, x_3) bzw. zwei (y_1, y_2) Ausprägungen bestimmen, die Merkmale von Studierenden abbilden:

$$X = \begin{cases} 1: & \text{Studienfach Physik/Technik} \\ 2: & \text{Studienfach Psychologie} \\ 3: & \text{Studienfach Sonstiges} \end{cases}$$

$$Y = \begin{cases} 1: & \text{Geschlecht weiblich} \\ 2: & \text{Geschlecht männlich} \end{cases}$$

Bei der gemeinsamen Wahrscheinlichkeitsfunktion der Zufallsvariablen X und Y werden Ereignisse betrachtet, für die X *und* Y bestimmte Werte annehmen, also $X = x_i$ *und* $Y = y_j$.

Handelt es sich um diskrete Zufallsvariablen, ist die Darstellung der gemeinsamen Verteilung bzw. Dichte relativ einfach.

Die Wahrscheinlichkeiten für zweidimensionale diskrete Zufallsvariablen $P(X = x_i, Y = y_j)$ können übersichtlich in einer Kontingenztabelle dargestellt werden. Die Tabellen 3.2 und 3.3 zeigen zwei Beispiele für die gemeinsame Wahrscheinlichkeitsfunktion zweidimensionaler diskreter Zufallsvariablen, die in Kontingenztabellen eingebettet sind.

Tabelle 3.2: Kontingenztabelle der Wahrscheinlichkeiten der diskreten, zweidimensionalen Zufallsvariablen X und Y für das Würfelbeispiel

		Y		
		1	2	Gesamt
	1	1/6	1/6	1/3
X	2	1/6	1/6	1/3
	3	1/6	1/6	1/3
Gesamt		1/2	1/2	1

Tabelle 3.3: Kontingenztabelle der Wahrscheinlichkeiten der diskreten, zweidimensionalen Zufallsvariablen X (Studienfach) und Y (Geschlecht) für die Beschreibung von Studierenden

		Y		
		1	2	Gesamt
	1	.005	.020	.025
X	2	.028	.018	.046
	3	.501	.428	.929
Gesamt		.534	.466	1.000

Jede zweidimensionale Kontingenztafel besitzt den gleichen Aufbau.

Tabelle 3.4: Allgemeiner Aufbau einer Kontingenztabelle der Wahrscheinlichkeiten von diskreten zweidimensionalen Zufallsvariablen

		Y		
		y_1	y_2	Gesamt
	x_1	Gemeinsame Verteilung		univariate
X	x_2	von X und Y		Verteilung von X
	x_3			
Gesamt		univariate Verteilung von Y		

In Tabelle 3.4 ist dieser Aufbau schematisch dargestellt. Innerhalb der Tabelle ist die gemeinsame Wahrscheinlichkeitsfunktion von X und Y dargestellt, während in den Rändern die univariaten Wahrscheinlichkeitsfunktionen von X bzw. Y gegeben sind. Die Werte der univariaten Wahrscheinlichkeitsfunktionen von X bzw. Y ergeben sich durch die Summation der entsprechenden Werte der gemeinsamen Wahrscheinlichkeitsfunktion innerhalb einer Zeile bzw. Spalte.

Die Randverteilungen erhält man wie folgt:

$$f_X(x) = P(X = x) = \sum_j f(x, y_j)$$
$$f_Y(y) = P(Y = y) = \sum_i f(x_i, y)$$

Weiterhin lassen sich bedingte Verteilungen bestimmen:

$$f_X(x|y) = \frac{f_{XY}(x,y)}{f_Y(y)}$$
$$f_Y(y|x) = \frac{f_{XY}(x,y)}{f_X(x)}$$

Die bedingten Verteilungen können jedoch nur für die Werte x bzw. y berechnet werden, für die $f_Y(x) > 0$ bzw. $f_Y(y) > 0$ gilt.

Tabelle 3.5: Gemeinsame Wahrscheinlichkeitsfunktion für das Beispiel zur Beschreibung von Studierenden

	Y	1	2	Gesamt
	1	.005	.020	.025
X	2	.028	.018	.046
	3	.501	.428	.929
Gesamt		.534	.466	1.000

In Tabelle 3.5 ist die gemeinsame Verteilung für das Beispiel zur Beschreibung von Studierenden dargestellt. Die Tabellen 3.6 und 3.7 geben die bedingten Wahrscheinlichkeitsfunktionen für dieses Beispiel wider.

Tabelle 3.6: Die bedingten Wahrscheinlichkeitsfunktionen hinsichtlich X ($f_Y(y|x)$) für das Beispiel zur Beschreibung von Studierenden

	Y	1	2	Gesamt
	1	.20	.80	1.00
X	2	.61	.39	1.00
	3	.54	.46	1.00

Tabelle 3.7: Die bedingten Wahrscheinlichkeitsfunktionen hinsichtlich Y ($f_X(x|y)$) für das Beispiel zur Beschreibung von Studierenden

	Y	1	2
	1	.01	.04
X	2	.05	.04
	3	.94	.92
Gesamt		1.00	1.00

Für die bedingten Verteilungen können Erwartungswert und Varianz bestimmt werden:

$$
\begin{aligned}
E(X|Y=y) &= \sum_{i=1}^{k} x_i P(X=x_i|Y=y) \\
Var(X|Y=y) &= E\left([X-E(X|Y=y)]^2 \,|Y=y\right)
\end{aligned}
$$

Dazu bestimmt man den Erwartungswert und die Varianz für die in den Spalten bzw. Zeilen repräsentierten Variablen der Kontingenztabelle, die lediglich auf Teilmengen der Population beruhen.

Die gemeinsame Verteilungsfunktion zweier diskreter Zufallsvariablen ist wie folgt definiert:

$$F(x,y) = P(X \leq x, Y \leq y) = \sum_{x_i \leq x} \sum_{y_j \leq y} f(x_i, y_j)$$

Für das Studierendenbeispiel gilt:

$$\begin{aligned} F(2,1) = P(X \leq 2, Y \leq 1) &= \sum_{x_i \leq 2} \sum_{y_j \leq 1} f(x_i, y_j) \\ &= .005 + .028 = .033 \end{aligned}$$

Sind zwei Zufallsvariablen X und Y stetig, ist die Wahrscheinlichkeit $P(X = x, Y = y)$ stets 0. Hier gilt die gleiche Begründung wie im Fall einer stetigen Zufallsvariablen, bei der $P(Y = y) = 0$ gilt. Die gemeinsame Dichte zweidimensionaler stetiger Zufallsvariablen $f(x,y)$ und ihre Wahrscheinlichkeitsverteilung sind analog zu eindimensionalen stetigen Zufallsvariablen definiert. So ergibt sich die Wahrscheinlichkeit für Ereignisse der Form $\{a \leq X \leq b, c \leq Y \leq d\}$ wie folgt:

$$P(a \leq X \leq b, c \leq Y \leq d) = \int_a^b \int_c^d f(x,y)dxdy$$

Ein einfaches Beispiel für zweidimensionale Zufallsvariablen sind zweidimensionale Gleichverteilungen (vgl. Abb. 3.13). Anhand dieser Verteilung sollen die gemeinsame Dichte und die Wahrscheinlichkeit für Ereignisse verdeutlicht werden.

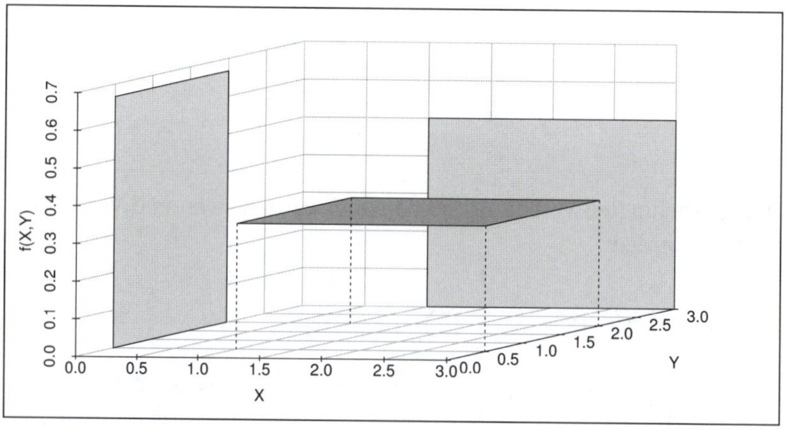

Abbildung 3.13: Eine zweidimensionale Gleichverteilung

Das Beispiel zeigt eine Gleichverteilung für das Rechteck $\{1 \leq X \leq 3\}$ und $\{0.5 \leq Y \leq 2\}$. Die Dichtefunktion innerhalb dieses Rechtecks hat den Wert $1/3$ und außerhalb den Wert 0. Will man nun wissen, wie wahrscheinlich es ist, dass ein Ereignis für $\{a \leq X \leq b\}$ und $\{c \leq Y \leq d\}$ eintritt, nutzt man das oben angegebene zweidimensionale Integral. Für $\{1 \leq X \leq 2\}$ und $\{1 \leq X \leq 1.5\}$ ist das wegen der einfachen Struktur der Dichtefunktion leicht zu berechnen: Wir multiplizieren die Fläche des Rechtecks mit der Höhe der Dichte und erhalten als Wert $(2-1) \cdot (1.5-1) \cdot 1/3 = 1/6$ als gesuchte Wahrscheinlichkeit. Für das Beispiel rechnet man leicht aus, dass die Randdichten für X und für Y eindimensionale Gleichverteilungen sind. So ist die Dichte von X konstant 0.5 auf dem Intervall $1 \leq X \leq 3$ und die Dichte von Y konstant 2/3 auf dem Intervall $0.5 \leq Y \leq 2$. Hierbei ist die Randdichte von X durch

$$f(x) = \int_{y=-\infty}^{y=\infty} f(x,y)dy$$

und die Randdichte von Y durch

$$f(y) = \int_{x=-\infty}^{x=\infty} f(x,y)dx$$

zu berechnen. Wir sehen, dass sich bei diesem Beispiel der Typ der Verteilung – also die Gleichverteilung – in den Randsummen wiederfindet. Dies gilt aber nicht generell für zweidimensionale Gleichverteilungen (vgl. Internetsupplement).

Ein weiteres Beispiel für stetige bivariate Zufallsvariablen stellt die bivariate Normalverteilung dar. Die Dichte dieser Verteilung ist durch die folgende Formel gegeben:

$$f(z_1, z_2) = \frac{1}{2\pi\sqrt{1-\rho^2}} exp\left[-\frac{1}{2(1-\rho^2)}(z_1^2 - 2\rho z_1 z_2 + z_2^2)\right]$$

Der Parameter ρ, der auch ausführlicher als ρ_{XY} geschrieben wird, gibt die Korrelation der beiden Zufallsvariablen X und Y an.

Abbildung 3.14 zeigt die gemeinsame Dichte zweier standardisierter normalverteilter Zufallsvariablen Z_1 und Z_2, die unterschiedliche Korrelationen ρ (sprich: Rho) aufweisen.

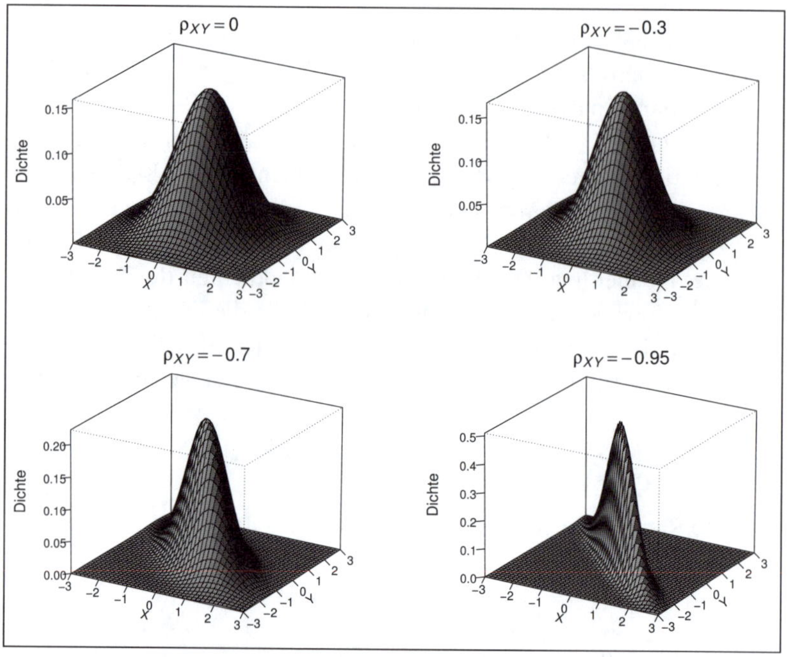

Abbildung 3.14: Bivariate Standardnormalverteilungen

Natürlich lassen sich die Erwartungswerte und die Varianzen der beteiligten Verteilungen ebenfalls variieren. Die Abbildung 3.15 illustriert, welche Veränderung der Dichtefunktion mit der Variation der Parameter einhergehen.

Analog zu diskreten Zufallsvariablen kann man auch für zweidimensionale stetige Zufallsvariablen Randverteilungen, bedingte Verteilungen, bedingte Erwartungswerte und bedingte Varianzen sowie die gemeinsame Verteilungsfunktion betrachten.

Für die bivariate Normalverteilung gilt im Gegensatz zur Gleichverteilung, dass die Randverteilungen die gleiche Verteilung aufweisen, also (univariat) normalverteilt sind. Zudem sind auch die bedingten Verteilungen wiederum univariat normalverteilt. Allerdings folgt daraus nicht, dass bei normalverteilten Randverteilungen im Allgemeinen eine bivariate Normalverteilung vorliegt.

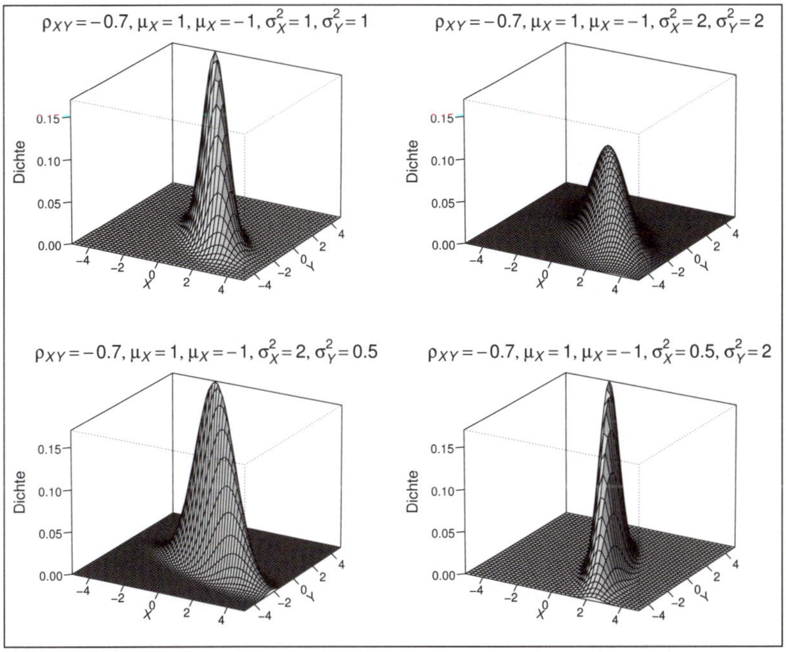

Abbildung 3.15: Bivariate Normalverteilungen mit unterschiedlichen Varianzen

3.8.2 Unabhängigkeit von Zufallsvariablen

Die statistische Unabhängigkeit von Ereignissen wurde im Kapitel 2.7 bereits eingeführt. Diese Eigenschaft ist ebenfalls für Zufallsvariablen definiert. Bei zwei Zufallsvariablen X und Y bedeutet stochastische Unabhängigkeit, dass für beliebige A und B die Ereignisse $X \in A$ und $Y \in B$ stochastisch unabhängig sind. Etwas salopp formuliert beeinflusst der Eintritt $X \in A$ nicht die das Eintreten von $Y \in B$ und umgekehrt.

Äquivalent dazu lässt sich die *stochastische Unabhängigkeit von Zufallsvariablen* anhand der Verteilungsfunktionen wie auch der Dichte definieren und damit auch einfacher überprüfen (vgl. Internetsupplement).

stochastische Unabhängigkeit für Zufallsvariablen

Zwei Zufallsvariablen X und Y heißen (stochastisch) unabhängig, wenn für alle Werte x und y gilt:

$$
\begin{aligned}
P(X \leq x, Y \leq y) &= P(X \leq x)P(Y \leq y) \text{ bzw.} \\
F(x,y) &= F(x)F(y)
\end{aligned}
$$

Sind die Dichtefunktionen f_X und f_Y gegeben, liegt stochastische Unabhängigkeit vor, wenn für alle Werte x und y gilt:

$$f(x,y) = f(x)f(y)$$

Die Unabhängigkeit kann für mehr als zwei Zufallsvariablen entsprechend definiert werden, wie hier nur für die Definition anhand der Verteilungsfunktion gezeigt wird.

Die Zufallsvariablen $Y_1,\ldots,Y_m$ heißen (stochastisch) unabhängig, wenn für alle $y_1,\ldots,y_m$ gilt:

$$P(Y_1 \leq y_1,\ Y_2 \leq y_2,\ \ldots,\ Y_m \leq y_m) = P(Y_1 \leq y_1)P(Y_2 \leq y_2)\ldots P(Y_m \leq y_m)$$

3.8.3 Berechnungsformeln für ein- und zweidimensionale Zufallsvariablen

In den vorherigen Kapiteln wurden zahlreiche Formeln für Dichten, Verteilungsfunktionen, bedingte Dichten etc. für diskrete und stetige Zufallsvariablen behandelt. In Tabelle 3.8 sind die wichtigsten Formeln nochmals übersichtlich dargestellt.

Tabelle 3.8: Wichtige Formeln für diskrete und stetige Zufallsvariablen

	diskret	stetig
Dichte eindimensional	$f(y_1) = p_1, ..., f(y_n) = p_n, \dots$ für $y_1,..., y_n, \dots$	$f(y), y \in \mathbb{R}$
Verteilung eindimensional	$F(y_c) = \sum_{y_i \leq y_c} p_i$	$F(y_c) = \int_{-\infty}^{y_c} f(y)dy$
Erwartungswert eindimensional	$E(Y) = \sum_{i=1} p_i y_i$	$E(Y) = \int_{-\infty}^{\infty} y f(y)dy$
Varianz eindimensional	$Var(Y) = E((Y - E(Y)^2)$	$Var(Y) = E((Y - E(Y)^2)$
Dichte zweidimensional	$f(x_1, y_1) = p_{11}, ..., f(x_m, y_n) = p_{mn}, \dots$ für $y_1,..., y_n, \dots$ und $x_1,..., x_m, \dots$	$f(x,y), x, y \in \mathbb{R}$
Verteilung zweidimensional	$F(x_c, y_c) = \sum_{x_i \leq x_c} \sum_{y_j \leq y_c} f(x_i, y_j)$	$F(x,y) = \int_{-\infty}^{x_c} \int_{-\infty}^{y_c} f(x,y)dxdy$
Dichte von X	$f(x_i) = \sum_{j=1} f(x_i, y_j)$	$f(x) = \int_{-\infty}^{\infty} f(x,y)dy$
Dichte von Y	$f(y_j) = \sum_{i=1} f(x_i, y_j)$	$f(y) = \int_{-\infty}^{\infty} f(x,y)dx$
Bedingte Dichte von Y gegeben X	$f(y_i \mid x_j) = \frac{f(x_j, y_i)}{f(x_j)}$	$f(y \mid x) = \frac{f(x,y)}{f(x)}$
Bedingte Dichte von X gegeben Y	$f(x_i \mid y_j) = \frac{f(x_i, y_j)}{f(y_j)}$	$f(x \mid y) = \frac{f(x,y)}{f(y)}$
Unabhängigkeit von X und Y	$f(x_i, y_j) = f(x_i) f(y_j)$, für alle x_i und y_j	$F(x,y) = F(x)F(y)$ für alle $x, y \in \mathbb{R}$

3.8.4 Kovarianz und Korrelation von Zufallsvariablen

Analog zur deskriptiven Statistik kann der Zusammenhang von zwei Zufallsvariablen durch die Kovarianz und Korrelation erfasst werden. Die Kovarianz und Korrelation sind Maßzahlen für die Stärke des (linearen) Zusammenhangs zweier Zufallsvariablen.

Definition: Für zwei Zufallsvariablen X und Y mit $E(X)$ und $E(Y)$ ist die Kovarianz $Cov(X,Y)$, die auch mit $\sigma_{X,Y}$ bezeichnet wird, wie folgt definiert:

$$\begin{aligned} Cov(X,Y) &= E\left[(X-E(X))(Y-E(Y))\right] \\ &= E(XY)-E(X)E(Y) \end{aligned}$$

Dabei sind die Zufallsvariablen X und Y in der Regel entweder beide diskret oder beide stetig. Je nachdem, ob X und Y diskret oder stetig sind, ergeben sich – wie auch beim Erwartungswert und der Varianz – unterschiedliche Formeln, die entweder auf der Summe (im diskreten Fall) beruhen

$$Cov(X,Y) = \sum_i \sum_j (x_i - E(X))(y_j - E(Y)) f(x_i, y_j)$$

oder auf dem Integral (im stetigen Fall)

$$Cov(X,Y) = \int_{-\infty}^{\infty} \int_{-\infty}^{\infty} (x - E(X))(y - E(Y)) f(x,y) dx dy$$

Für das „Rechnen“ mit Kovarianzen von Zufallsvariablen gelten die folgenden Regeln, die im Internetsupplement abgeleitet werden.

Sind a und b Konstanten, X und Y Zufallsvariablen mit Erwartungswerten $E(X)$ bzw. $E(Y)$ und Varianzen $Var(X)$ bzw. $Var(Y)$, so gilt:

$$\begin{aligned} Cov(X,Y) &= Cov(Y,X) \\ Cov(Y,Y) &= Var(Y) \\ Cov(a,b) &= 0 \\ Cov(X,b) &= 0 \\ Cov(b_1X, b_2Y) &= b_1 b_2 Cov(X,Y) \\ Cov(X+a_1, Y+a_2) &= Cov(X,Y) \end{aligned}$$

Definition: Für zwei Zufallsvariablen X und Y mit $E(X)$ bzw. $E(Y)$ und $Var(X)$ bzw. $Var(Y)$ ist die Korrelation definiert durch:

$$\rho(X,Y) = \frac{E[(X-E(X))(Y-E(Y))]}{\sqrt{Var(X)}\sqrt{Var(Y)}} = \frac{\sigma_{XY}}{\sigma_X \sigma_Y}$$

Die Korrelation $\rho(X,Y)$ nimmt Werte zwischen (einschließlich) -1 und $+1$ an. Bei $\rho(X,Y) = 1$ besteht ein perfekter positiver linearer Zusammenhang zwischen den beiden Variablen und bei $\rho(X,Y) = -1$ ein perfekter negativer linearer Zusammenhang. Alle Wertepaare (x,y) liegen dann auf einer Gerade. Zwischen zwei Zufallsvariablen mit $\rho(X,Y) = 0$ besteht kein linearer Zusammenhang (eventuell aber eine andere Form des Zusammenhangs, so z. B. ein quadratischer Zusammenhang; vgl. Internetsupplement).

Sind die Variablen X und Y bivariat normalverteilt, ist $\rho = \rho(X,Y) = 0$ genau dann, wenn X und Y stochastisch unabhängig sind.

Falls a_1 und a_2 beliebige Konstanten sind, X und Y jeweils Zufallsvariablen mit den Erwartungswerten $E(X)$ bzw. $E(Y)$ und Varianzen $Var(X)$ bzw. $Var(Y)$, dann gilt:

$$\rho(X + a_1, Y + a_2) = \rho(X,Y)$$

Für beliebige Zahlen a_1, a_2 und positive Zahlen b_1, b_2 gilt:

$$\rho(b_1 X + a_1, b_2 Y + a_2) = \rho(X,Y)$$

Positiv affine Transformationen der Variablen X und Y führen zu keiner Veränderung der Korrelation (vgl. Holling & Gediga, 2011, S. 168). Anders ausgedrückt, die Korrelation ist invariant gegenüber positiv affinen Transformationen. Diese Eigenschaft, die auch *Invarianzeigenschaft der Korrelation* genannt wird, gilt für die Kovarianz nicht.

Invarianzeigenschaft der Korrelation

Die Kovarianz ändert sich durch positive affine Transformationen der Variablen X und Y wie folgt:

$$Cov(b_1 X + a_1, b_2 Y + a_2) = b_1 b_2 Cov(X,Y)$$

Zufallsvariablen X und Y mit $\rho(X,Y) = 0$ heißen *unkorreliert*, andernfalls korreliert. X und Y sind genau dann unkorreliert, wenn $Cov(X,Y) = 0$ gilt. Die Korrelation kann als ein normiertes Maß für die „Abweichung von der Unabhängigkeit" zweier Zufallsvariablen interpretiert werden.

unkorrelierte Zufallsvariablen

Unabhängige Zufallsvariablen sind immer unkorreliert. Wenn also X und Y stochastisch unabhängig sind, dann ist $\rho(X,Y) = 0$.

Korrelierte Zufallsvariablen sind immer abhängig. Wenn somit die Korrelation $\rho(X,Y) \neq 0$ ist, dann sind X und Y auch stochastisch abhängig.

Allerdings sind unkorrelierte Zufallsvariablen im Allgemeinen nicht unabhängig. Aus $\rho(X,Y) = 0$ folgt also nicht notwendigerweise die Unabhängigkeit. So kann beispielsweise bei einem perfekten quadratischen Zusammenhang durchaus eine Korrelation von $\rho(X,Y) = 0$ vorliegen.

3.9 Rechnen mit Erwartungswerten und Varianzen von Zufallsvariablen

3.9.1 Erwartungswert der Summe von Zufallsvariablen

Für zwei diskrete oder stetige Zufallsvariablen X und Y mit den Erwartungswerten $E(X)$ und $E(Y)$ gilt:

$$\begin{aligned} E(X+Y) &= E(X)+E(Y) \\ E(X-Y) &= E(X)-E(Y) \end{aligned}$$

Für die Summe von endlich vielen diskreten oder stetigen Zufallsvariablen $Y_1, \ldots, Y_m$ folgt:

$$E(Y_1+Y_2+\ldots+Y_m) = E(Y_1)+E(Y_2)+\ldots+E(Y_m)$$

Haben die Zufallsvariablen $Y_1, \ldots, Y_m$ die gleiche Verteilung wie eine Zufallsvariable Y und hat Y den Erwartungswert $E(Y) = \mu$, dann gilt:

$$E(Y_1+Y_2+\ldots+Y_m) = m\mu$$

3.9.2 Varianz der Summe von Zufallsvariablen

Während für Erwartungswerte immer die Rechenregel

$$E(X+Y) = E(X)+E(Y)$$

gilt, ist diese Regel *im Allgemeinen* für Varianzen nicht gültig. Sind X und Y jedoch *unabhängige* Zufallsvariablen mit Varianzen $Var(X)$ und $Var(Y)$, so gilt:

$$\begin{aligned} Var(X+Y) &= Var(X)+Var(Y) \\ Var(X-Y) &= Var(X)+Var(Y) \end{aligned}$$

Entsprechende Regeln gelten auch für mehr als zwei unabhängige Zufallsvariablen $Y_1, \ldots, Y_m$:

$$Var(Y_1 + \ldots + Y_m) = Var(Y_1) + \ldots + Var(Y_m)$$

Haben die Zufallsvariablen $Y_1, \ldots, Y_m$ die gleiche Verteilung wie eine Zufallsvariable Y mit und sind weiterhin alle beteiligten Zufallsvariablen paarweise unabhängig, folgt:

$$Var(Y_1 + \ldots + Y_m) = mVar(Y)$$

Für zwei abhängige Zufallsvariablen ist die Kovarianz für die Berechnung der Varianz der Summe der beiden Zufallsvariablen zu berücksichtigen. Es gilt:

$$\begin{aligned} Var(X+Y) &= Var(X)+Var(Y)+2\,Cov(X,Y) \\ Var(X-Y) &= Var(X)+Var(Y)-2\,Cov(X,Y) \end{aligned}$$

Aus beiden Formeln lässt sich folgende – manchmal praktisch zu nutzende – Beziehung zwischen Varianz und Kovarianz ableiten:

$$Cov(X,Y) = \frac{Var(X+Y) - Var(X-Y)}{4}$$

Beispiel für die Berechnung einer Korrelation aus Varianzen

Gegeben seien die folgenden Varianzen:

$$\begin{aligned} Var(X) &= 12 \\ Var(Y) &= 12 \\ Var(X+Y) &= 6 \\ Var(X-Y) &= 30 \end{aligned}$$

Damit gilt:

$$\begin{aligned} Cov(X,Y) &= \frac{Var(X+Y) - Var(X-Y)}{4} = \frac{6-30}{4} = -6 \\ \rho(X,Y) &= \frac{Cov(X,Y)}{\sqrt{Var(X)Var(Y)}} = \frac{-6}{12} = -0.50 \end{aligned}$$

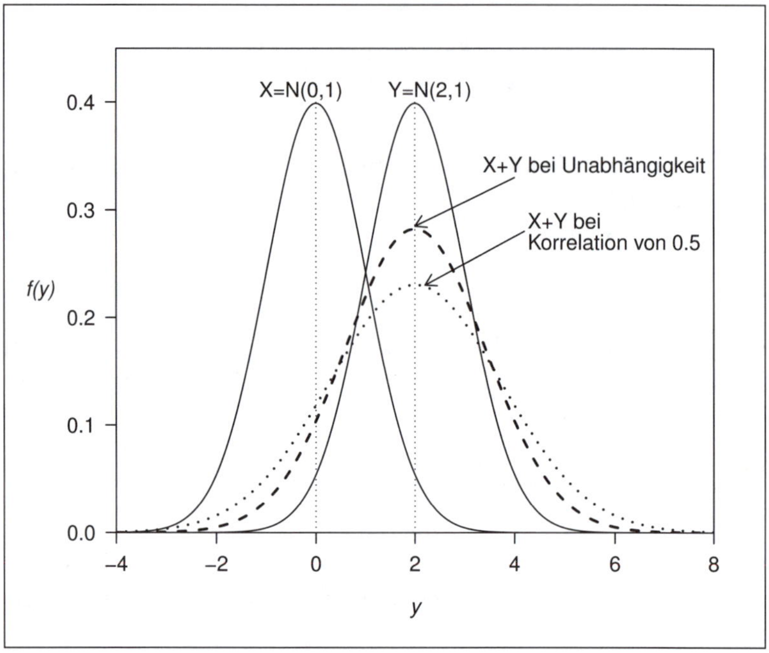

Abbildung 3.16: Auswirkungen der Kovarianz bzw. Korrelation bei der Summierung

Abbildung 3.16 zeigt, wie sich die Kovarianz (bzw. Korrelation) bei der Summierung zweier Zufallsvariablen auswirkt. Die Verteilung der Summe von zwei unkorrelierten Variablen wird anhand der gestrichelten Kurve dargestellt. Diese Verteilung weist offensichtlich eine geringere Varianz auf als die der Summe der gleichen Variablen, wenn sie (positiv) mit $\rho(X,Y) = 0.5$ korrelieren (gepunktete Kurve).

Wie die entsprechende oben dargestellte Formel zeigt, gilt allgemein: Je höher die beiden Zufallsvariablen positiv korrelieren, umso höher fällt auch die Varianz der Summe dieser beiden Zufallsvariablen aus. Der Grund dafür ist, dass mit einer steigenden positiven Korrelation auch die Werte der beiden Zufallsvariablen stärker übereinstimmen und damit große Werte von X eher mit großen Werten von Y einhergehen und ebenso kleine Werte von X eher mit kleinen Werten von Y. Dadurch entsteht eine größere Varianz, als wenn – wie es bei einer Korrelation von 0 der Fall ist – große sowie kleine Werte einer Variablen mit beliebigen Werten der anderen Variablen einhergehen. Dadurch unterscheiden sich die summierten Werte insgesamt in einem geringerem Ausmaß.

Betrachten wir drei Zufallsvariablen X,Y und Z mit Erwartungswerten $E(X),E(Y)$ bzw. $E(Z)$,Varianzen $Var(X),Var(Y)$ bzw. $Var(Z)$ sowie Kovarianzen $Cov(X,Y),Cov(X,Z)$ bzw. $Cov(Y,Z)$, so gilt:

$$\begin{aligned} Var(X+Y+Z) &= Var(X)+Var(Y)+Var(Z) \\ &\quad +2\,Cov(X,Y)+2\,Cov(X,Z) \\ &\quad +2\,Cov(Y,Z) \end{aligned}$$

Für endlich viele Zufallsvariablen $Y_1,\ldots,Y_m$ und Konstanten $b_1,\ldots, b_m$ gilt:

$$\begin{aligned} Var(b_1Y_1+\ldots+b_mY_m) &= \sum_{j=1}^{m} b_j^2 Var(Y_j) \\ &+ 2\sum_{j=1}^{m-1}\sum_{k=j+1}^{m} b_j b_k Cov(Y_j,Y_k) \end{aligned}$$

Beispiel für die Berechnung der Varianz einer Summe korrelierender Zufallsvariablen

Liegen die Scores von zwei Subtests eines Intelligenztests vor, deren Summe als Schätzung für den IQ dient, so stellt sich die Frage, wie groß die Varianz der Summe dieser beiden Scores ist. Bezeichnen wir mit Y_1 den Score des ersten und mit Y_2 den Score des zweiten Subtests. Für die Scores der beiden Subtests seien die folgenden Varianzen und die folgende Kovarianz gegeben:

$$\begin{aligned} Var(Y_1) &= 2 \\ Var(Y_2) &= 2 \\ Cov(Y_1,Y_2) &= 1.5 \end{aligned}$$

Für den IQ als Summe der Scores der beiden korrelierenden Subtests resultiert somit:

$$\begin{aligned} Var(Y) &= Var(Y_1+Y_2) \\ &= Var(Y_1)+Var(Y_2)+2Cov(Y_1,Y_2) \\ &= 2+2+2\cdot 1.5=7 \end{aligned}$$

Zusammenfassung

Zufallsvariablen dienen einer vereinfachten Beschreibung von Zufallsvorgängen. Sie stellen messbare Abbildungen eines Wahrscheinlichkeitsraums in einen Messraum dar. Bei reellen Zufallsvariablen besteht der Messraum aus den reellen Zahlen, die zumeist mit der Borelschen Sigma-Algebra verknüpft werdem. Durch die Messbarkeit wird das Wahrscheinlichkeitsmaß auf der Sigma-Algebra der Urbildmenge auf die Sigma-Algebra der Bildmenge „transportiert". Durch eine Zufallsvariable Y entsteht aus einem Wahrscheinlichkeitsraum (Ω, Σ, P) ein neuer, vereinheitlichter und in der Regel einfacherer Wahrscheinlichkeitsraum $(\mathbb{R}, \mathbb{B}, P_X)$, der lediglich bestimmte interessierende Aspekte des ursprünglichen Wahrscheinlichkeitsraums berücksichtigt.

In der angewandten Statistik hat sich eine vereinfachte Schreibweise, wie z. B. $P(a < X \leq b)$ oder $P(a \leq X)$, für die Beschreibung der Zufallsvorgänge durch Zufallsvariablen eingebürgert. Dabei steht, auch wenn diese Schreibweise es anders suggerieren mag, die Sigma-Algebra der Bildmenge und das Bildmaß P_X im Vordergrund, da der ursprüngliche Wahrscheinlichkeitsraum in den Hintergrund tritt und vielfach gar nicht explizit betrachtet wird.

Es werden grundsätzlich zwei unterschiedliche Arten von Zufallsvariablen unterschieden: diskrete und stetige Zufallsvariablen. Der Träger diskreter Zufallsvariablen, d. h. die Menge der Werte $\{y_i : i \in \mathbb{N}\}$ einer diskreten Zufallsvariablen Y mit $P(Y = y_i) > 0$, ist abzählbar, während der Ergebnisraum stetiger Zufallsvariablen überabzählbar ist. In beiden Fällen kann die Wahrscheinlichkeitsverteilung anhand von Dichten bestimmt werden.

Für diskrete Zufallsvariablen wird dazu die diskrete Dichte, auch Wahrscheinlichkeitsfunktion genannt, herangezogen. Die Wahrscheinlichkeitsfunktion ordnet den Elementen der Trägermenge die Wahrscheinlichkeit der entsprechenden Elementarereignisse zu und allen übrigen reellen Zahlen eine Wahrscheinlichkeit von 0. Für die Bestimmung der Wahrscheinlichkeit eines Ereignisses ermittelt man die Elemente des Trägers, aus denen sich das Ereignis zusammensetzt und addiert dann die zugehörigen diskrete Dichten. Die Verteilungsfunktion einer diskreten Zufallsvariablen entsteht durch Aufsummieren der Wahrscheinlichkeiten aller Werte, die kleiner/gleich einer bestimmten Ausprägung sind.

Würde man bei stetigen Zufallsvariablen jedem Elementarereignis der Sigma-Algebra der Bildmenge eine Wahrscheinlichkeit größer als 0 zuordnen, so würde aufgrund der Überabzählbarkeit die Summe der Wahrscheinlichkeiten unendlich groß werden. Daher definiert man die Wahrscheinlichkeit für Ereignisse bei stetigen Zufallsvariablen anhand der Fläche unter der Dichte. Die Dichte einer stetigen Zufallsvariable stellt eine reellwertige Funktion dar, die immer größer/gleich 0 ist und deren Integral über die Gesamtheit der reellen Zahlen 1 ergibt. Die Verteilungsfunktion ist hier als die Fläche unter der Dichte von $-\infty$ bis zu einem bestimmten Wert definiert.

Die Dichte kann in vielen Fällen durch Funktionen mit bestimmten Parametern beschrieben werden. Dadurch entstehen Familien von Zufallsvariablen. Für diskrete wie stetige Zufallsvariablen wurde die Gleichverteilung eingeführt, die sich durch eine konstante Dichte innerhalb eines durch die Parameterwerte definierten Intervalls auszeichnet. Außerhalb dieses Intervalls liegt eine Dichte von 0 vor. Als eine weitere wichtige Familie stetiger Zufallsvariablen wurde die Normalverteilung vorgestellt.

Die Verteilungen von Zufallsvariablen lassen sich analog zu den relativen Häufigkeitsverteilungen in der deskriptiven Statistik durch bestimmte Maßzahlen beschreiben. Dazu gehören insbesondere Quantile, der Erwartungswert und die Varianz bzw. die Standardabweichung.

Bei diskreten Zufallsvariablen wird ein Quantil für eine Wahrscheinlichkeit p durch den Wert y_p festgelegt, der die Bedingung $F(y_p) \geq p$ und $F(y) < p$ für alle $y < y_p$ erfüllt. Quantile stetiger Verteilungen werden durch die Umkehrfunktion der Verteilungsfunktion F definiert. Dazu wird der (kleinste) Wert y_p ermittelt, für den $F(y_p) = p$ gilt.

Erwartungswerte von Zufallsvariablen entsprechen den Mittelwerten von Variablen im Rahmen der deskriptiven Statistik. Varianz und Standardabweichung von Zufallsvariablen korrespondieren mit den entsprechenden deskriptiven Statistiken. Der Erwartungswert einer Zufallsvariablen Y wird mit μ_Y – oder einfach μ – bezeichnet, die Standardabweichung mit σ_Y bzw. σ. Z-standardisierte Zufallsvariablen resultieren aus der Transformation $Z_Y = (Y - \mu)/\sigma$. Der Erwartungswert von Z_Y ist immer 0 und die Standardabweichung von Z_Y ist immer 1.

Mehrdimensionale Zufallsvariablen bilden mehrere Aspekte der Elemente des ursprünglichen Ergebnisraums ab. Formal stellen sie Abbildungen des ursprünglichen Ergebnisraums in den m-dimensionalen Raum der reellen Zahlen dar. Als wichtige Teilmenge mehrdimensionaler Zufallsvariablen wurden insbesondere zweidimensionale Zufallsvariablen behandelt.

Zweidimensionale Zufallsvariablen X und Y lassen sich vollständig durch die gemeinsame diskrete bzw. stetige Dichtefunktion oder durch die gemeinsame Verteilungsfunktion $f_{x,y}$ bzw. $F_{x,y}$ beschreiben. Die univariaten Dichten f_X und f_Y stellen die Randverteilungen dar, die sich aus der Summe bzw. dem Integral über alle Werte der jeweils anderen Dimensionen ergeben. Weiterhin können bedingte Dichten $f_X(x|y)$ bzw. $f_Y(x|y)$ abgeleitet werden. So erhält man die bedingte Dichte $f_X(x|y)$, wenn man die gemeinsame Dichte $f_{x,y}$ durch die Randdichte f_y dividiert. $f_Y(x|y)$ resultiert analog.

Anhand der bedingten Dichten kann die Unabhängigkeit von Zufallsvariablen definiert werden. Entspricht die gemeinsame Dichte f_{XY} dem Produkt der Randdichten $f_X f_Y$, sind die beiden Zufallsvariablen X und Y unabhängig.

Die Kovarianz $Cov(X,Y)$ und die Korrelation ρ_{XY} stellen Maße für den linearen Zusammenhang zweier Zufallsvariablen X und Y dar. Dabei ist der Korrelationskoeffizient ein normiertes Maß, das Werte von -1 bis 1 annimmt. Bei einem perfekten negativen bzw. positiven Zusammenhang liegt eine Korrelation von -1 bzw. $+1$ vor. Sind die beiden Zufallsvariablen X und Y unabhängig, ist die Korrelation (wie die Kovarianz) 0. Liegt eine Nullkorrelation vor, folgt daraus die Unabhängigkeit der beiden Zufallsvariablen nur, wenn sie bivariat normalverteilt sind.

Der Erwartungswert einer Summe von Zufallsvariablen entspricht der Summe der Erwartungswerte der Zufallsvariablen. Die Varianz einer Summe von Zufallsvariablen entspricht nur dann der Summe der Varianzen der Zufallsvariablen, wenn alle beteiligten Zufallsvariablen unkorreliert oder unabhängig sind.

Zentrale Begriffe

Zufallsvariable: Eine Zufallsvariable stellt eine messbare Abbildung eines Wahrscheinlichkeitsraums in einen Messraum. Bei den hier betrachteten reellen Zufallsvariablen besteht der Messraum aus den reellen Zahlen, die zumeist mit der Borelschen Sigma-Algebra verknüpft werden. Durch die Messbarkeit wird das Wahrscheinlichkeitsmaß der Sigma-Algebra der Urbildmenge auf die Sigma-Algebra der Bildmenge „transportiert".

Trägermenge: Die Trägermenge oder kurz der Träger einer Zufallsvariable beinhaltet die Elemente der Bildmenge der Zufallsvariablen, die eine Dichte größer Null aufweisen.

Realisierung: Der Wert der Zufallsvariablen $Y(\omega) = y$ für ein Ergebnis ω wird Realisierung von Y genannt

Wahrscheinlichkeitsverteilung: Die Wahrscheinlichkeitsverteilung ordnet den Elementen der Sigma-Algebra der Bildmenge der Zufallsvariablen Wahrscheinlichkeiten zu.

Wahrscheinlichkeitsfunktion: Eine Wahrscheinlichkeitsfunktion, die auch diskrete Dichte genannt wird, ist lediglich für diskrete Zufallsvariablen definiert. Die diskrete Dichte ordnet den Elementen des Trägers der Zufallsvariablen die Wahrscheinlichkeiten der entsprechenden Elementarereignisse zu, allen anderen reellen Zahlen einen Wert von 0.

Wahrscheinlichkeitsdichte: Die Wahrscheinlichkeitsdichte, kurz auch Dichte genannt, ist für stetige Zufallsvariablen definiert. Anhand der Fläche unter der Dichtefunktion wird die Wahrscheinlichkeit von Ereignissen bestimmt.

Verteilungsfunktion: Die Verteilungsfunktion gibt die kumulierte Wahrscheinlichkeit von $-\infty$ bis zu einem Wert y an. Bei stetigen Zufallsvariablen wird die Verteilungsfunktion als Integral über die Wahrscheinlichkeitsdichte berechnet, bei diskreten Zufallsvariablen als Summe über die Wahrscheinlichkeitsfunktion.

Bernoulli-Variable: Eine Bernoulli-Variable ist eine diskrete Zufallsvariable, bei der lediglich die Werte 0 und 1 eine Wahrscheinlichkeit größer 0 annehmen. Für die Wahrscheinlichkeit des Auftretens der 1 wird der Parameter π verwendet.

Erwartungswert einer Zufallsvariablen: Der Erwartungswert einer diskreten Zufallsvariablen ist die Summe der anhand der Wahrscheinlichkeitsfunktion gewichteten Werte der Zufallsvariablen. Für stetige Zufallsvariablen wird der Erwartungswert mithilfe des Integrals über die anhand der Wahrscheinlichkeitsdichte gewichteten Werte der Zufallsvariablen berechnet. Der Erwartungswert kann als mittlerer Wert der Zufallsvariablen oder Mittelwert einer Population interpretiert werden.

Varianz einer Zufallsvariablen: Die Varianz gibt den erwarteten quadratischen Abstand der Werte einer Zufallsvariablen vom Erwartungswert an.

Standardabweichung einer Zufallsvariablen: Die Standardabweichung ist die positive Quadratwurzel der Varianz.

Gesetz der großen Zahlen: Gemäß dem Gesetz der großen Zahlen konvergiert die relative Häufigkeit eines Ereignisses bei wiederholten Zufallsexperimenten gegen eine Konstante, die entsprechende Wahrscheinlichkeit p des Ereignisses.

Stochastische Unabhängigkeit von Zufallsvariablen: Gilt für beliebige Werte x bzw. y diskreter Zufallsvariablen X bzw. Y $P(X=x, Y=y) = P(X=x)P(Y=y)$ sowie für beliebige Werte x bzw. y stetiger Zufallsvariablen X bzw. Y $P(X \leq x, Y \leq y) = P(X \leq x)P(Y \leq y)$, liegt eine stochastische Unabhängigkeit der Zufallsvariablen X und Y vor.

Invarianzeigenschaft der Korrelation: Für Transformationen der Form $X' = a + bX$ und $Y' = c + dY$ mit $b > 0$ und $d > 0$ gilt $\rho(X,Y) = \rho(X',Y')$.

Unkorrelierte Zufallsvariablen: Zwei Zufallsvariablen X, Y sind unkorreliert, wenn $\rho(X,Y) = 0$ ist.

Quantile: Für stetige Zufallsvariablen ist für eine vorgegebene Wahrscheinlichkeit p das p-Quantil der Wert y, für den $F(y) = p$ gilt. Für diskrete Zufallsvariablen stellt y_p das p-Quantil dar, wenn für alle $y < y_p$ gilt: $F(y_p) \geq p \quad$ und $F(y) < p$ *Verteilungsfamilie*: Zufallsvariablen mit einer Dichte, die durch Parameter spezifiziert ist, bilden eine Familie von Zufallsvariablen bzw. eine Verteilungsfamilie.

Normalverteilung: Eine Normalverteilung ist durch die folgende Dichtefunktion gekennzeichnet:

$$f(y) = \frac{\exp\left(-\frac{1}{2}\left(\frac{y-\mu}{\sigma}\right)^2\right)}{\sigma\sqrt{2\pi}}$$

Dabei stellen μ den Erwartungswert und σ die Standardabweichung dar.

Standardnormalverteilung: Die Standardnormalverteilung stellt eine Normalverteilung mit $\mu = 0$ und $\sigma = 1$ dar.

Verteilungsfunktion Φ: Die Verteilungsfunktion der Standardnormalverteilung wird durch Φ symbolisiert.

Diskrete Gleichverteilung: Sind für eine diskrete Zufallsvariable alle Elementarereignisse gleich wahrscheinlich, spricht man von einer diskreten Gleichverteilung.

Stetige Gleichverteilung: Ist die Wahrscheinlichkeitsdichte einer stetigen Zufallsvariablen auf einem bestimmten Intervall konstant und außerhalb dieses Intervalls 0, handelt es sich um eine stetige Gleichverteilung.

Diskrete Zufallsvariable: Ist der Träger einer Zufallsvariablen endlich oder abzählbar unendlich, liegt eine diskrete Zufallsvariable vor.

Stetige Zufallsvariable: Ist der Träger einer Zufallsvariablen überabzählbar, liegt eine stetige Zufallsvariable vor.

Univariate Verteilung: Wahrscheinlichkeitsverteilung für eine eindimensionale Zufallsvariable.

Bivariate Verteilung: Gemeinsame Wahrscheinlichkeitsverteilung für zwei Zufallsvariablen.

Gemeinsame Verteilungsfunktion: Verteilungsfunktion, die auf der gemeinsame Wahrscheinlichkeitsdichte von Zufallsvariablen beruht.

Bivariate Normalverteilung: Gemeinsame Normalverteilung zweier Zufallsvariablen. Die Verteilung wird bestimmt durch die Erwartungswerte und Standardabweichungen der beiden Zufallsvariablen und deren Kovarianz.

Bedingte Verteilungen: Für eine zweidimensionale Zufallsvariable mit der gemeinsamen Verteilung f_{XY} ist die bedingte Verteilung von Y gegeben $X = x$ definiert als $f_Y(y|x) = f_{xy}/f_x$.

Kovarianz von Zufallsvariablen: Die Kovarianz zweier Zufallsvariablen ist das Produkt der Erwartungswerte der quadrierten Abweichungen der Variablen von ihrem jeweiligen Erwartungswert.

Korrelation von Zufallsvariablen: Die Korrelation bildet eine normierte Kovarianz. Die Korrelation von Zufallsvariablen ist analog zur empirischen Korrelation zu interpretieren. Sie liegt zwischen -1 und 1. Perfekte lineare Zusammenhänge zwischen X und Y liegen bei der Korrelation 1 (perfekter positiver linearen Zusammenhang) und -1 (perfekter negativer linearer Zusammenhang) vor.

Notation

Notation	Bedeutung
$F(y)$	Verteilungsfunktion der Zufallsvariablen Y
$f(y)$	Dichtefunktion der Zufallsvariablen Y
$f(x\|y)$	Bedingte Dichte der Zufallsvariablen X für einen festen Wert y der Zufallsvariablen Y
π	Die Wahrscheinlichkeit des Auftretens eines interessierenden Ereignisses beschrieben durch eine Bernoulli-Variable
$E(Y)$	Erwartungswert der Zufallsvariablen Y
$Var(Y)$	Varianz der Zufallsvariablen Y
$N(\mu, \sigma)$	Normalverteilung mit Erwartungswert μ und Standardabweichung σ
$N(0,1)$	Standardnormalverteilung
Φ	Verteilungsfunktion der Standardnormalverteilung

Kapitel 4
Verteilungen

Inhaltsübersicht

Im letzten Kapitel wurden Zufallsvariablen eingeführt. Kann man einer Zufallsvariable eine Dichtefunktion – z. B. die der Normalverteilung – zuordnen, spricht man davon, dass die Zufallsvariable die angegebene Verteilung besitzt oder auch, dass sie z. B. normalverteilt ist. Hierfür ist das Zeichen $\sim$ eingeführt worden, um zu kennzeichnen, dass eine Zufallsvariable Y eine bestimmte Verteilung besitzt. Beispielsweise besagt $Y \sim N(100, 15)$, dass die Zufallsvariable Y eine Normalverteilung besitzt mit $\mu = 100$ und $\sigma = 15$.

$\sim$ steht für „ist verteilt wie"

Besitzen unterschiedliche Zufallsvariablen die gleiche Dichtefunktion, die sich lediglich durch unterschiedliche Werte für bestimmte Parameter unterscheidet, fasst man die die entsprechenden Wahrscheinlichkeitsverteilungen als Mitglieder einer Familie auf. Drei Beispiele solcher Familien von Wahrscheinlichkeitsverteilungen hatten wir bereits im letzten Kapitel kennengelernt, die diskrete und stetige Gleichverteilung sowie die Normalverteilung. In diesem Kapitel stellen wir weitere wichtige Familien von diskreten und stetigen Zufallsvariablen dar.

4.1 Spezielle diskrete Wahrscheinlichkeitsverteilungen

4.1.1 Die Binomialverteilung

Neben der diskreten Gleichverteilung, die bereits im Kapitel 3.2 diskutiert wurde, bildet die Familie der Binomialverteilungen die wichtigste Verteilungsfamilie unter den diskreten Verteilungen. Zur Einführung der Binomialverteilung gehen wir von einer Zufallsvariable Y aus, die ein Zufallsexperiment mit genau zwei möglichen Ausgängen beschreibt. Eine solche Variable wurde im Kapitel 3.5.1 eingeführt. Diese Zufallsvariable heißt Bernoulli-Variable und das zugehörige Zufallsexperiment *Bernoulli-Experiment*. Die beiden Ausgänge werden häufig als Erfolg (E) bzw. Misserfolg (M) bezeichnet und durch die Zahlen 1 (Erfolg) bzw. 0 (Misserfolg) repräsentiert. Die zugehörige Verteilung heißt Bernoulli-Verteilung.

Bernoulli-Experiment

Die Bernoulli-Verteilung ist durch die Angabe der Erfolgswahrscheinlichkeit $\pi = P(Y = 1)$ vollständig festgelegt. Für die Bernoulli-Variable Y mit Erfolgswahrscheinlichkeit π gilt $E(Y) = \pi$ und $Var(Y) = \pi(1 - \pi)$, wie wir bereits in Abschnitt 3.5.1 gesehen haben.

Bei n unabhängigen Wiederholungen/Durchführungen eines Bernoulli-Experimentes besteht jeweils das Ergebnis der Wiederholung aus einer von zwei Alternativen (Erfolg, Misserfolg) und die Erfolgswahrscheinlichkeit π ist bei jeder dieser Wiederholungen gleich. Weiterhin hängt das Ergebnis eines bestimmten Durchgangs nicht von dem Ergebnis eines anderen Durchgangs ab. Eine solche Unabhängigkeit liegt z. B. beim mehrfachen Wurf einer Münze vor, hingegen ist die Wahrscheinlichkeit, dass es an einem bestimmten Tag regnet, nicht unabhängig davon, ob es am Vortag geregnet hat.

Gibt es bei einem Zufallsexperiment eine feste Anzahl von n unabhängigen Wiederholungen/Durchführungen eines Bernoulli-Experimentes, so interessiert man sich häufig für die Anzahl der Erfolge. Die (diskrete) Wahrscheinlichkeitsverteilung dieser Anzahl der Erfolge ist unter den genannten Voraussetzungen eine *Binomialverteilung* mit den Parametern n und π (in Zeichen: $B(n,\pi)$*-Verteilung*). Diese Verteilung soll nun im Folgenden entwickelt werden.

Binomialverteilung

$B(n,\pi)$-Verteilung

Gibt eine Zufallsvariable Y die Anzahl der Erfolge bei n Wiederholungen an, so kann Y die Werte $0,1,\ldots,n$ annehmen. Es ist also die Wahrscheinlichkeit $P(Y=y)$ für jeden möglichen Wert y von Y festzulegen, das heißt für $0,1,\ldots,n$.

Für diese Festlegung stellen wir zunächst einige Vorüberlegungen an. Jeder Anzahl von y Erfolgen entsprechen bestimmte Ergebnismuster bei den n Wiederholungen. Mögliche Ergebnismuster sind für $y=3$ bei $n=5$ Wiederholungen beispielsweise (M,E,E,M,E) oder (E,E,E,M,M). Dabei haben alle Muster mit y Erfolgen die gleiche Wahrscheinlichkeit, wenn wir davon ausgehen, dass die Ergebnisse in jedem Durchgang unabhängig von den vorhergehenden Ergebnissen erzielt werden. Die Wahrscheinlichkeit $P(Y=y)$ ergibt sich als die Summe der Wahrscheinlichkeiten aller Muster mit y Erfolgen.

Zu klären ist nun: Welche Wahrscheinlichkeit besitzt ein Muster mit y Erfolgen und wie viele dieser Muster gibt es?

Um diese Frage zu beantworten, wird an dieser Stelle die Binomialverteilung über die Summe von Bernoulli-Variablen entwickelt. Die einzelnen Wiederholungen der Bernoulli-Experimentes können durch die Zufallsvariablen $Y_1,\ldots,Y_n$ beschrieben werden. Diese Zufallsvariablen sind unabhängig und besitzen jeweils eine Bernoulli-Verteilung mit derselben Erfolgswahrscheinlichkeit π. Unabhängige, identisch verteilte Zufallsvariablen werden häufig auch kurz bezeichnet als *iid* oder *i.i.d.* als Abkürzungen der englischen Bezeichnung *independent, identically distributed*. Der Gesamtzahl der Erfolge entspricht dann die binomialverteilte Zufallsvariable Y als Summe der einzelnen Bernoulli-verteilten Zufallsvariablen:

i.i.d.

$$Y = Y_1 + \ldots + Y_n$$

Die Wahrscheinlichkeit für ein bestimmtes Muster, wie z. B. $(1,0,\ldots,1)$, hat die Form:

$$P(Y_1 = 1, Y_2 = 0, \ldots, Y_n = 1)$$

Im Folgenden soll die Berechnung dieser Wahrscheinlichkeit in einzelnen Schritten dargelegt werden. Wir starten mit der Wahrscheinlichkeit eines Ergebnismusters aus zwei unabhängigen Bernoulli-Experimenten.

Beispiel: Wahrscheinlichkeit von Ergebnismustern aus zwei unabhängigen Bernoulli-Experimenten

Die Wahrscheinlichkeit für zwei Erfolge bei zwei unabhängigen Wiederholungen eines Bernoulli-Experiments, d. h. für $P(Y_1 = 1,\ Y_2 = 1)$, berechnet sich aufgrund der Unabhängigkeit mittels

$$\begin{aligned} P(Y_1 = 1,\ Y_2 = 1) &= P(Y_1 = 1) \cdot (Y_2 = 1) \\ &= \pi \cdot \pi \\ &= \pi^2 \end{aligned}$$

Beispiel: Wahrscheinlichkeit von Ergebnismustern bei Wiederholungen von unabhängigen Bernoulli-Experimenten

Beispiele für Ergebnismuster mit zwei Erfolgen und zwei Misserfolgen bei vier unabhängigen Wiederholungen eines Bernoulli-Experiments sind (1,0,1,0), (1,1,0,0) und (0,0,1,1). Die Wahrscheinlichkeit für solche Ergebnismuster mit jeweils k Erfolgen und $n-k$ Misserfolgen bei n unabhängigen Wiederholungen eines Bernoulli-Experiments) ist immer identisch. Für das Ergebnismuster (1,0,0,1) resultiert:

$$\begin{aligned} P(Y_1 = 1,\ Y_2 = 0,\ Y_3 = 0,\ Y_4 = 1) &= \pi \cdot (1-\pi) \cdot (1-\pi) \cdot \pi \\ &= \pi^2 \cdot (1-\pi)^2 \end{aligned}$$

Dieses Ergebnis gilt auch für alle anderen Ergebnismuster mit zwei Erfolgen und zwei Misserfolgen bei vier unabhängigen Wiederholungen eines Bernoulli-Experiments.

Allgemein berechnet sich die Wahrscheinlichkeit eines Musters mit y Erfolgen bei n unabhängigen Wiederholungen durch

$$\pi^y \cdot (1-\pi)^{n-y}$$

Nachdem wir nun die Wahrscheinlichkeit eines Ergebnismusters berechnen können, geht es im Folgenden um die Frage, wie viele verschiedene Muster mit y Erfolgen es bei n Wiederholungen gibt.

Bei den einzelnen Mustern geht es lediglich um die Anzahl der Erfolge, nicht darum, in welcher Reihenfolge sie auftreten. Formal geht es also um die Menge aller Teilmengen mit y Elementen, die aus einer Gesamtmenge mit n Elementen gebildet werden können. Diese Situation entspricht dem im Kapitel 2.9 dargestellten Urnenexperiment ohne Zurücklegen/ohne Beachtung der Reihenfolge.

Die gewünschte Anzahl der Muster mit y Erfolgen bei n Wiederholungen liefert uns damit der Binomialkoeffizient $\binom{n}{y}$.

Beispiel: Berechnung der Anzahl der Ergebnismuster bei einem Bernoulli-Experiment mit n=4 und y=2

Ergebnismuster

$(1,1,0,0)$
$(1,0,1,0)$
$(1,0,0,1)$
$(0,1,1,0)$
$(0,1,0,1)$
$(0,0,1,1)$

$$\binom{n}{y} = \binom{4}{2} = \frac{4!}{2!(4-2)!} = \frac{24}{2 \cdot 2} = 6$$

Damit können wir zusammenfassend festhalten: Eine Zufallsvariable Y, die Anzahl der Erfolge bei n unabhängigen Wiederholungen eines Bernoulli-Experiments mit Erfolgswahrscheinlichkeit π repräsentiert, besitzt eine Binomialverteilung mit den Parametern n und π, das heißt eine $B(n,\pi)$-Verteilung.

Die Wahrscheinlichkeitsfunktion $P(Y = y)$ für $0 \leq y \leq n$ Erfolge einer $B(n,\pi)$-Verteilung ist gegeben durch:

$$f(y) \quad = P(Y = y) = \begin{cases} \binom{n}{y} \cdot \pi^y \cdot (1-\pi)^{n-y} \text{ für } y \in \{0,1,2,\ldots,n\} \\ 0, \text{ sonst} \end{cases}$$

Beispiel: Die B(5,.2)-Verteilung

y	$P(Y=y)$		
0	$1\cdot(.2)^0\cdot(.8)^5$	=	.3277
1	$5\cdot(.2)^1\cdot(.8)^4$	=	.4096
2	$10\cdot(.2)^2\cdot(.8)^3$	=	.2048
3	$10\cdot(.2)^3\cdot(.8)^2$	=	.0512
4	$5\cdot(.2)^4\cdot(.8)^1$	=	.0064
5	$1\cdot(.2)^5\cdot(.8)^0$	=	.0003
Σ			1.0000

Wie üblich können nun Wahrscheinlichkeiten für beliebige Ereignisse bestimmt werden, z. B.:

$$\begin{aligned} P(Y\leq 2) &= P(Y=0)+P(Y=1)+P(Y=2) \\ &= .3277+.4096+.2048=.9421 \\ P(1\leq Y\leq 3) &= P(Y=1)+P(Y=2)+P(Y=3) \\ &= .4096+.2048+.0512=.6656 \end{aligned}$$

Auch bei binomialverteilten Zufallsvariablen lassen sich Erwartungswert und Varianz bestimmen. Dafür stellen wir zunächst die folgenden Vorüberlegungen an.

Wir wissen, dass eine Zufallsvariable Y mit einer $B(n,\pi)$-Verteilung als Summe $Y = Y_1 + \ldots + Y_n$ von unabhängigen Bernoulli-Variablen $Y_1,\ldots,Y_n$ mit jeweils identischer Erfolgswahrscheinlichkeit π dargestellt werden kann. Für die Erwartungswerte gilt die Beziehung

$$E(Y) = E(Y_1) + \ldots + E(Y_n)$$

und bei wechselseitiger Unabhängigkeit der Variablen $Y_1,\ldots,Y_n$ berechnet sich die Varianz als

$$Var(Y) = Var(Y_1) + \ldots + Var(Y_n)$$

(vgl. Kap. 3.9). Für jede Bernoulli-Variable gilt außerdem $E(Y_i) = \pi$ und $Var(Y_i) = \pi\cdot(1-\pi)$. Daraus folgt für die Zufallsvariable Y mit einer $B(n,\pi)$-Verteilung:

$$\begin{aligned} E(Y) &= n\cdot\pi \\ Var(Y) &= n\cdot\pi\cdot(1-\pi) \end{aligned}$$

Beispiel: Grafische Darstellung der Wahrscheinlichkeitsfunktion von Binomialverteilungen mit unterschiedlichen Erfolgswahrscheinlichkeiten π

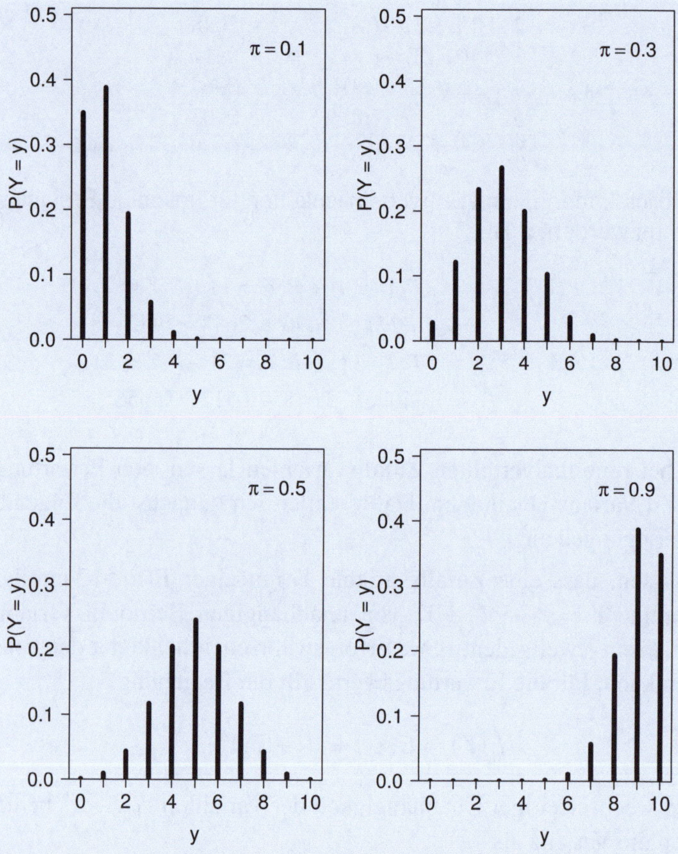

Beispiel: Anwendung der Binomialverteilung

Es soll überprüft werden, ob eine Versuchsperson (Vp) einen Lichtstimulus, der 100 Millisekunden dargeboten wird, wahrnehmen kann. Dazu wird das folgende Experiment durchgeführt. Eine Vp sitzt vor einem Bildschirm, der in vier Felder eingeteilt ist. Sie erhält die Information, dass sehr kurze Lichtreize präsentiert werden, die zufällig in einem der vier Felder auftreten.

Die Vp soll dann das Feld benennen, in dem der Lichtreiz aufgetreten ist. Diese Aufgabe wird insgesamt zehnmal durchgeführt.

Wenn die Vp den Lichtreiz überhaupt nicht wahrnehmen kann, ist sie auf reines Raten angewiesen. Um eine solche Hypothese zu überprüfen, interessiert die Wahrscheinlichkeit für die Anzahl der richtigen Antworten unter der Annahme, dass die Vp lediglich rät. Hat die Vp eine (sehr hohe) Anzahl von richtigen Antworten erzielt, die unter dieser Hypothese sehr unwahrscheinlich ist, dann gehen wir davon aus, dass die Vp die Lichtreize wahrgenommen hat.

Damit stellt sich die Frage: Welche Wahrscheinlichkeitsverteilung resultiert für die Anzahl richtiger Antworten bei einer zehnmaligen Darbietung des Lichtreizes, unter der Annahme, dass die Person lediglich rät?

Falls die Person rät, ergibt sich *pro Durchgang* (richtige Antwort = 1; falsche Antwort = 0) die folgende Wahrscheinlichkeitsfunktion :

$$f(x) = \begin{cases} .25 & \text{, falls } x = 1 \\ .75 & \text{, falls } x = 0 \end{cases}$$

Gegeben sind: $n = 10$ und $\pi = .25$, da angenommen wird, dass die Person rät und jedes Mal zufällig eines der vier Felder auswählt.

Damit resultiert die folgende Wahrscheinlichkeitsfunktion für die Zufallsvariable Y:

$$f(y) = \binom{10}{y} .25^y \cdot .75^{10-y}, \quad y = 0, \ldots, 10$$

Für die Berechnung der Wahrscheinlichkeit der Anzahl der richtigen Lösungen, gegeben die Vp rät, ist im obigen Beispiel also die Binomialverteilung für $n = 10$ und $\pi = .25$, d. h. die $B(10, .25)$-Verteilung anzuwenden (vgl. Tab. 4.1).

Beispiel: Anwendung der Binomialverteilung (Fortsetzung)

Nach der (wahrscheinlichkeitstheoretischen) Analyse der Situation analysieren wir das Ergebnis eines Experiments.

In diesem Experiment seien sechs richtige Antworten (bei zehn Durchführungen) aufgetreten. Wie ist dieses Ergebnis vor dem Hintergrund der Hypothese, dass die Vp rät, zu beurteilen?

Falls die Person rät, ist die Wahrscheinlichkeit für ein solches oder noch „extremeres“ Ergebnis gegeben durch:

$$\begin{aligned} P(Y \geq 6) &= P(Y=6)+P(Y=7)+P(Y=8)+ \\ &\quad P(Y=9)+P(Y=10) \\ &= .0197 \end{aligned}$$

Es ist also sehr unwahrscheinlich, dass die Person, wenn sie lediglich rät, eine solch hohe Anzahl an richtigen Lösungen erzielt. Damit spricht dieser Befund dafür, dass sie den Lichtreiz wahrgenommen und nicht lediglich geraten hat.

Wie im nächsten Band gezeigt wird, erfolgt das Überprüfen von Hypothesen vielfach analog zu dem Vorgehen, das in diesem Beispiel angewendet wurde. Ausgehend von einer Hypothese – und von den spezifischen Bedingungen einer Studie – leitet man die Wahrscheinlichkeitsverteilung für aufgrund der Hypothese interessierende Ereignisse her. Dann kann man entscheiden, ob das in der Studie aufgetretene Ereignis ausgehend von der aufgestellten Hypothese hinreichend wahrscheinlich oder zu unwahrscheinlich ist. Dementsprechend hält man die ursprüngliche Hypothese bei oder verwirft sie.

Tabelle 4.1: Die $B(10,.25)$-Verteilung

y	$P(Y=y)$		
0	$1\cdot(.25)^0\cdot(.75)^{10}$	=	.0563
1	$10\cdot(.25)^1\cdot(.75)^9$	=	.1877
2	$45\cdot(.25)^2\cdot(.75)^8$	=	.2816
3	$120\cdot(.25)^3\cdot(.75)^7$	=	.2503
4	$210\cdot(.25)^4\cdot(.75)^6$	=	.1460
5	$252\cdot(.25)^5\cdot(.75)^5$	=	.0584
6	$210\cdot(.25)^6\cdot(.75)^4$	=	.0162
7	$120\cdot(.25)^7\cdot(.75)^3$	=	.0031
8	$45\cdot(.25)^8\cdot(.75)^2$	=	.0004
9	$10\cdot(.25)^9\cdot(.75)^1$	=	.00003
10	$1\cdot(.25)^{10}\cdot(.75)^0$	=	$9.54\cdot10^{-7}$

4.1.2 Die hypergeometrische Verteilung

Die Binomialverteilung setzt voraus, dass die Wahrscheinlichkeit für das Auftreten von Erfolg bei jedem Bernoulli-Versuch identisch ist, d. h. der Parameter π bleibt bei allen Durchgängen unverändert. Diese Voraussetzung ist z.B. beim Münzwurf erfüllt. Hier bleibt die Wahrscheinlichkeit für das Ereignis Kopf bei jedem Wurf d. h. für jedes Stichprobenelement gleich. Zieht man jedoch aus einer endlich großen Population eine Stichprobe, bei der man sich für eine dichotomes Merkmal, wie z. B. Geschlecht, interessiert, dann sind die Voraussetzungen für die Binomialverteilung nicht mehr erfüllt. Mit jedem ausgewählten Stichprobenelement verändert sich die Wahrscheinlichkeit dafür, ein männliches bzw. weibliches Stichprobenmitglied zu ziehen. Bei sehr großen Populationen, wie z. B. 100 Millionen Personen und Stichproben von z. B. 50 oder 1 000 Personen, ist diese Veränderung der Wahrscheinlichkeit für die Ausprägungen männlich bzw. weiblich so gering, dass sie gar nicht ins Gewicht fällt und vernachlässigt werden kann. Zieht man also eine Stichprobe von n Personen aus einer Population, die unendlich groß ist oder zumindest so groß, dass sich die relative Häufigkeit der Ausprägungen eines dichotomen Merkmals nicht bei jedem der n Züge gravierend ändert, kann die Binomialverteilung angewendet werden.

Ziehen wir hingegen n Elemente ohne Zurücklegen aus einer Population von N Elementen und ist N im Verhältnis zu n relativ klein, ist die Binomialverteilung nicht mehr die adäquate Wahrscheinlichkeitsverteilung. Dann können sich die Wahrscheinlichkeiten für das Auftreten der Merkmalsausprägungen mit jedem Zug bedeutend verändern.

Beispiel: Stichproben aus einer kleinen Population

In einer Firma (Population) mit $N = 50$ Personen sind $M = 10$ Mitarbeiterinnen und $N - M = 40$ Mitarbeiter beschäftigt. Es wird eine Stichprobe der Größe $n = 20$ gezogen. Wie groß ist nun die Wahrscheinlichkeit, dass k Mitarbeiterinnen in die Stichprobe gezogen werden. Dabei kann k von 0 bis 10 reichen.

Die Voraussetzungen für die Anwendung der Binomialverteilung sind hier nicht erfüllt, da sich die Wahrscheinlichkeit, eine Mitarbeiterin zu ziehen, mit jeder Ziehung eines Stichprobenmitglieds merklich verändert, da der Umfang der Population im Verhältnis zum Umfang der Stichprobe relativ klein ist. Anfangs beträgt die Wahrscheinlichkeit, eine Mitarbeiterin zu ziehen, $\pi = 10/50 = .200$.

Wird nun als erstes Stichprobenelement eine Frau gezogen, verändert sich diese Wahrscheinlichkeit zu $9/49 = .183$. Wird hingegen als erstes Stichprobenelement ein Mann gezogen, beträgt die Wahrscheinlichkeit $\pi = 10/49 = .204$.

Die Frage ist nun, wie wahrscheinlich es ist, dass eine bestimmte Anzahl von k Mitarbeiterinnen in eine Stichprobe der Größe n gelangt.

Mittels kombinatorischer Überlegungen kann das obige bzw. ein analoges Problem gelöst werden. Insgesamt gibt es

$$\binom{N}{n}$$

mögliche Stichproben, d. h. Teilmengen von n Personen aus der Population von N Personen. Aus den M Mitarbeiterinnen können wiederum

$$\binom{M}{k}$$

Teilmengen mit k Mitarbeiterinnen gebildet werden und aus den $N-M$ Mitarbeitern können

$$\binom{N-M}{n-k}$$

$n-k$ Teilmengen (Stichproben) mit Mitarbeitern gebildet werden. Die Anzahl der $\binom{M}{k}$ Möglichkeiten, k Mitarbeiterinnen aus den M Mitarbeiterinnen zu ziehen, ist mit der Anzahl der $\binom{N-M}{n-k}$ Möglichkeiten, $n-k$ Mitarbeiter aus allen Mitarbeitern zu ziehen, zu multiplizieren, um alle Möglichkeiten der Bildung von Stichproben des Umfangs n mit k Mitarbeiterinnen und $n-k$ Mitarbeitern zu berechnen. Diese Anzahl der Möglichkeiten $\binom{M}{k}\binom{N-M}{n-k}$ ist zu der Gesamtanzahl der Möglichkeiten, Stichproben des Umfangs n zu bilden, in Beziehung zu setzen. Damit resultiert die Wahrscheinlichkeitsfunktion:

$$f(y) \quad = P(Y=y|N,M,n) = \begin{cases} \dfrac{\binom{M}{y}\binom{N-M}{n-y}}{\binom{N}{n}} & \text{für } y \in \mathscr{T} \\ 0, \text{ sonst} & \end{cases}$$

Dabei ist $\mathscr{T}$ durch $\{\max(0, n-(N-M)), \ldots, \min(n,M)\}$ festgelegt.

hypergeometrische Verteilung

Eine Zufallsvariable Y mit der oben angegebenen Dichte folgt der sogenannten *hypergeometrischen Verteilung*, die mit $H(N,M,n)$ bezeichnet wird. Für den Träger $\mathscr{T}$ der hypergeometrischen Verteilung gelten besondere Einschränkungen. Im obigen Beispiel besteht der Träger aus den natürlichen Zahlen von 0 bis 10. Dabei besteht die Stichprobe aus insgesamt $n = 20$ Personen. Da es aber lediglich $M = 10$ Mitarbeiterinnen in der Population gibt, können auch nicht mehr Mitarbeiterinnen in die Stichprobe gezogen werden. Daher ist das Maximum des Trägers M, wenn $M \leq n$, andernfalls (wenn $M > n$ gilt) ist das Maximum n.

Bestünde die Population aus $M = 10$ Mitarbeitern und $N - M = 40$ Mitarbeiterinnen und würde wiederum eine Stichprobe von $n = 20$ gezogen, so würden immer mindestens $n - M = 10$ Mitarbeiterinnen in die Stichprobe einbezogen. Damit ist das Minimum des Trägers gleich $n - M$, wenn $n > M$, andernfalls ist das Minimum gleich 0.

Für das obige Beispiel können wir jetzt die Binomialverteilung mit der hypergeometrischen Verteilung vergleichen (vgl. Tab. 4.2).

Der Vergleich zeigt: Ist die Stichprobe im Vergleich zur Grundgesamtheit groß, dann ist die Binomialverteilung nicht gut geeignet, die Ergebnisse solcher Zufallsvorgänge zu beschreiben. Die Wahrscheinlichkeitsfunktion der Binomialverteilung ist zu „breit", da die Wahrscheinlichkeitsfunktion der hypergeometrischen Verteilung enger um den Erwartungswert konzentriert ist.

Tabelle 4.2: Vergleich einer hypergeometrischen Verteilung mit einer Binomialverteilung

Wahrscheinlichkeitsfunktion			**Verteilungsfunktion**		
	$B(20,.2)$	$H(50,10,20)$		$B(20,.2)$	$H(50,10,20)$
$Y = 0$	.0115	.0029	$Y \leq 0$	.0115	.0029
$Y = 1$	.0576	.0279	$Y \leq 1$	.0692	.0308
$Y = 2$	.1369	.1083	$Y \leq 2$	.2061	.1390
$Y = 3$	.2054	.2259	$Y \leq 3$	.4114	.3650
$Y = 4$	.2182	.2801	$Y \leq 4$	.6296	.6450
$Y = 5$	.1746	.2151	$Y \leq 5$	.8042	.8601
$Y = 6$	.1091	.1034	$Y \leq 6$	.9133	.9635
$Y = 7$	.0545	.0306	$Y \leq 7$	.9679	.9942
$Y = 8$	.0222	.0053	$Y \leq 8$	.9900	.9995
$Y = 9$	.0074	.0005	$Y \leq 9$	.9974	1.0000
$Y > 9$	.0026	.0000	$Y \leq 20$	1.0000	1.0000

Diese Eigenschaft zeigt sich auch bei der Berechnung des Erwartungswertes und der Varianz der hypergeometrischen Verteilung. Ist Y hypergeometrisch verteilt und setzen wir $\pi = M/N$, so gilt für den Erwartungswert und die Varianz von Y:

$$\begin{aligned} E(Y) &= n \cdot \frac{M}{N} = n \cdot \pi \\ Var(Y) &= n \cdot \frac{M}{N}\left(1 - \frac{M}{N}\right)\frac{N-n}{N-1} = n \cdot \pi(1-\pi)\frac{N-n}{N-1} \end{aligned}$$

Der Erwartungswert ist somit für die Binomialverteilung und die hypergeometrische Verteilung identisch. Die Varianz der hypergeometrischen Verteilung ist jedoch um den Faktor $\frac{N-n}{N-1}$ kleiner. Ist N im Verhältnis zu n groß ($N > 20n$), dann unterscheiden sich die hypergeometrische Verteilung und die Binomialverteilung kaum. In diesem Fall kann deshalb die Binomialverteilung verwendet werden und eine Korrektur der Varianz ist in der Regel unnötig. Daher wird diese Korrektur der Varianz auch *Endlichkeitskorrektur* genannt.

Endlichkeitskorrektur

4.1.3 Die geometrische Verteilung

Während die bisher betrachteten diskreten Wahrscheinlichkeitsverteilungen einen endlichen Träger besitzen, bilden die natürlichen Zahlen den (abzählbar unendlich) großen Träger der drei nun zu behandelnden diskreten Wahrscheinlichkeitsverteilungen.

geometrische Verteilung

Bei der *geometrischen Verteilung* gehen wir – wie bei der Binomialverteilung – von einer Folge von Bernoulli-Experimenten aus. Dabei wird nun die Anzahl der Durchgänge betrachtet, bis zum ersten Mal Erfolg eintritt. So stellt sich z. B. beim Würfeln die Frage nach der Anzahl der Würfe, bis zum ersten Mal sechs Augen geworfen werden. Damit geht es um die Wahrscheinlichkeit dafür, dass beim ersten, zweiten, etc. Durchgang zum ersten Mal ein Erfolg eintritt.

Allgemein gilt für das Auftreten des gewünschten Ereignisses im $n+1$-ten Durchgang, dass es in den n vorhergehenden Durchgängen nicht aufgetreten ist. Wird die Wahrscheinlichkeit für einen erfolgreichen Ausgang wiederum mit π und für einen nicht erfolgreichen Ausgang mit $1-\pi$ bezeichnet, so gilt bei Unabhängigkeit der einzelnen Bernoulli-Experimente für die Zufallsvariable Y, die angibt, wann zum ersten Mal Erfolg auftritt, die folgende Wahrscheinlichkeitsfunktion:

$$f(y) \quad = P(Y=y) \quad = \begin{cases} \pi(1-\pi)^{y-1} & \text{für } y = 1,2,\ldots \\ 0, \text{ sonst} \end{cases}$$

Diese Wahrscheinlichkeitsverteilung wird geometrische Verteilung genannt. Der Erwartungswert und die Varianz einer Zufallsvariablen, die einer geometrischen Verteilung folgt, sind:

$$\begin{aligned} E(Y) &= \frac{1}{\pi} \\ Var(Y) &= \frac{1-\pi}{\pi^2} = \frac{1}{\pi^2} - \frac{1}{\pi} \end{aligned}$$

Die geometrische Verteilung wird auch als gedächtnislose Verteilung bezeichnet. Für sie gilt:

$$P(Y = n + k \mid Y > n) = P(Y = k) \quad n = 0, 1, 2, \ldots, \; k = 1, 2, \ldots$$

Wenn also bis zu einem bestimmten Durchgang das gewünschte Ereignis noch nicht aufgetreten ist – z. B. bis zum 30. Wurf noch keine 6 gewürfelt wurde – und die Bernoulli-Folge ab dann ohne Berücksichtigung der bisherigen Durchgänge als neue Folge betrachtet wird, gilt für diese Folge wiederum die geometrische Wahrscheinlichkeitsverteilung.

4.1.4 Die negative Binomialverteilung

negative Binomialverteilung

Die *negative Binomialverteilung* stellt eine Verallgemeinerung der geometrischen Wahrscheinlichkeitsverteilung dar. Sie ist eng verwandt mit der Binomialverteilung. Während die Binomialverteilung ein Modell für die Wahrscheinlichkeit von k Erfolgen in n Durchgängen ist (n fest und k variabel), geht es bei der negativen Binomialverteilung um die Frage, wann zum ersten Mal der k-te Erfolg bei einer Folge von unabhängigen Bernoulli-Experimenten auftritt (n variabel und k fest). So stellt sich z. B. die Frage, wie wahrscheinlich es ist, dass beim achten Wurf eines Würfels das dritte Mal sechs Augen geworfen werden. Bezeichnen wir wieder mit π die Wahrscheinlichkeit für einen erfolgreichen Ausgang und $1 - \pi$ die Wahrscheinlichkeit für einen nicht erfolgreichen Ausgang. Damit im n-ten Durchgang zum k-ten Mal Erfolg eintritt, müssen in den zuvor erfolgten $n - 1$ Durchgängen genau $k - 1$ Erfolge aufgetreten sein. Die Wahrscheinlichkeit dafür ergibt sich aus der schon bekannten Binomialverteilung $B(\pi; n-1, k-1)$. Diese Wahrscheinlichkeit ist dann noch mit der Wahrscheinlichkeit für den Erfolg im k-ten Durchgang zu multiplizieren. Damit resultiert als Wahrscheinlichkeitsfunktion einer Zufallsvariablen Y, die den k-ten Erfolg beim n-ten Durchgang unabhängiger Bernoulli-Experimente repräsentiert:

$$f(y) = P(Y = y) = \begin{cases} \binom{y-1}{k-1} \pi^k (1-\pi)^{y-k} & \text{für } y \in \{k, k+1, \ldots\} \\ 0, & \text{sonst} \end{cases}$$

Die Verteilung einer Zufallsvariable mit dieser Dichte heißt negativen Binomialverteilung. Erwartungswert und Varianz einer Zufallsvariablen Y, die einer negativen Binomialverteilung folgen, sind:

$$E(Y) = \frac{k}{\pi}$$
$$Var(Y) = \frac{k(1-\pi)}{\pi^2}$$

4.1.5 Die Poissonverteilung

Poissonverteilung

Während die geometrische Verteilung und die negative Binomialverteilung eher selten angewendet werden, ist die *Poissonverteilung*, die auf Simeon Poisson (1781–1840) zurückgeht, von größerer Bedeutung. Hier geht es um die Frage, wie häufig eine bestimmte Ausprägung eines binären Merkmals auftritt. Den Träger bilden die natürlichen Zahlen einschließlich der 0.

Typische Beispiele für (approximativ) poissonverteilte Merkmale sind:

- Anzahl der Unfälle pro Zeiteinheit an einer Kreuzung,
- Anzahl der Druckfehler pro Seite in einem Buch,
- Anzahl von Personen, die in einem Jahr an einer seltenen Krankheit erkranken,
- Anzahl an alkoholischen Getränken, die Studierende einer Universität an einem Abend konsumieren,
- Anzahl der Personen, die am gleichen Tag Geburtstag haben.

Eine Zufallsvariable Y heißt poissonverteilt mit Parameter $\lambda > 0$, wenn sie die folgende Dichte besitzt:

$$f(y) = P(Y = y) = \begin{cases} \frac{\lambda^y}{y!} \exp(-\lambda) \text{ für } y \in \{0, 1, \ldots\} \\ 0, \text{ sonst} \end{cases}$$

Der Parameter λ stellt zugleich den Erwartungswert der Poissonverteilung dar. Weiterhin hat die Poissonverteilung die bemerkenswerte Eigenschaft, dass der Erwartungswert und die Varianz identisch sind. Ist Y poissonverteilt, so gilt für den Erwartungswert und die Varianz von Y:

$$E(Y) = \lambda$$
$$Var(Y) = \lambda$$

Auch die Poissonverteilung kann als gedächtnislos bezeichnet werden. Betrachten wir dazu die Anzahl von Unfällen an einer Kreuzung innerhalb eines bestimmten Zeitintervalls, z. B. innerhalb von einer Woche. Die Wahrscheinlichkeit für eine bestimmte Anzahl von Unfällen innerhalb der darauf folgenden Woche ist unabhängig von der Anzahl der Unfälle, die sich in der Woche zuvor ereignet haben. Damit gilt z. B.: Haben sich in den ersten 20 Wochen kein Unfall, ein oder mehrere Unfälle ereignet, ist die Wahrscheinlichkeit für einen Unfall innerhalb der 21. Woche davon unberührt. Für viele Situationen gilt eine solche Unabhängigkeit nicht. So ist die Wahrscheinlichkeit, dass eine Person innerhalb eines bestimmten Zeitraums eine Mahlzeit einnimmt, nicht unabhängig davon, wie viele Mahlzeiten diese Person zuvor eingenommen hat. Damit kann dieses Merkmal nicht adäquat anhand der Poissonverteilung beschrieben werden.

Die Poissonverteilung kann auch als Approximation der Binomialverteilung verwendet werden, wenn die Anzahl der Durchgänge n hinreichend groß ($n > 100$) und die Erfolgswahrscheinlichkeit π hinreichend klein ist ($\pi < .1$), oder π sehr klein ist $\pi \leq .01$. Dann kann die $B(n, \pi)$-Verteilung durch die Poissonverteilung mit dem Parameter $\lambda = n\pi$ approximiert werden.

Das folgende Beispiel (vgl. Tab. 4.3) zeigt die Güte der Approximation einer $B(20, .01)$-Verteilung durch die Poissonverteilung mit $\lambda = 0.2$.

Tabelle 4.3: Approximation der $B(20, .01)$-Verteilung durch $Po(0.2)$

	$B(20, .01)$	$Po(0.2)$
$P(Y = 0)$	.81791	.81873
$P(Y = 1)$	.16523	.16375
$P(Y = 2)$	.01586	.01637
$P(Y = 3)$	.00096	.00109
$P(Y > 3)$	.00004	.00006

Wegen der hier demonstrierten guten Approximationseigenschaft im Fall von kleinen Wahrscheinlichkeiten π wird die Poissonverteilung häufig als Approximation der Binomialverteilung verwendet, da sich hierdurch eine erhebliche Recheneinsparung ergibt. (Eine solche Einsparung war früher insbesondere dann wichtig, wenn kein entsprechendes EDV-Programm zur Verfügung stand.) Darüber hinaus wird die Poissonverteilung in vielen Fällen eingesetzt, in denen n unbekannt und relativ groß ist und weiterhin eine relative kleine Erfolgswahrscheinlichkeit gegeben ist.

Beispiel: Das Geburtstagsproblem

Wie hoch ist die Wahrscheinlichkeit, dass in einem Vorlesungsraum, der mit 150 Personen besetzt ist, (a) keine Person, (b) eine Person, (c) zwei Personen oder (d) drei Personen an einem bestimmten Tag Geburtstag haben?

Wir sehen dass $\pi = \frac{1}{365}$ sehr klein ist. Wir nutzen deshalb die Approximation der Binomialverteilung durch die Poissonverteilung mit $\lambda = n\pi = 150 \cdot \frac{1}{365} = 0.411$.

Wir erhalten

a) $P(Y = 0) = \frac{\lambda^0 exp(-\lambda)}{0!} = 0.663$

b) $P(Y = 1) = \frac{\lambda^1 exp(-\lambda)}{1!} = 0.272$

c) $P(Y = 2) = \frac{\lambda^2 exp(-\lambda)}{2!} = 0.056$

d) $P(Y = 3) = \frac{\lambda^3 exp(-\lambda)}{3!} = 0.0077$

4.1.6 Die Multinomialverteilung

Bisher haben wir diskrete Wahrscheinlichkeitsverteilungen für binäre Merkmale betrachtet. Eine wichtige Wahrscheinlichkeitsverteilung für nominalskalierte Merkmale mit mehr als zwei Ausprägungen stellt die Multinomialverteilung dar.

Multinomialverteilung

Die *Multinomialverteilung* ist eine Generalisierung der Binomialverteilung. Bei der Binomialverteilung interessiert die Wahrscheinlichkeit für die Anzahl von Erfolgen (und somit auch von Misserfolgen) bei einer bestimmten Anzahl von Bernoulli-Experimenten. Erfolg und Misserfolg sind die Ausprägungen eines binären Merkmals. Besitzt ein Merkmal hingegen $k \geq 2$ Ausprägungen, stellt sich die Frage, mit welcher Wahrscheinlichkeit die k Ausprägungen des Merkmals auftreten. Ziehen wir zur Veranschaulichung dieses Problems das Urnenmodell heran.

Für die Ziehung von Kugeln mit Zurücklegen aus einer Urne mit zwei unterschiedlichen Arten von Kugeln, z. B. roten und schwarzen Kugeln, stellt die Binomialverteilung die adäquate Wahrscheinlichkeitsverteilung dar. Enthält die Urne mehrere unterschiedliche Arten von Kugeln, z. B. rote, blaue, grüne und schwarze Kugeln und wird jede Kugel nach einer Ziehung zurückgelegt, ist die Multinomialverteilung zu verwenden. Sie erlaubt es, die Wahrscheinlichkeit z. B. dafür zu berechnen, dass nach 20 Ziehungen aus der Urne genau zwei rote, sieben blaue, drei grüne und acht schwarze Kugeln gezogen wurden.

Allgemein geht es um die Wahrscheinlichkeit, bei n Ziehungen eine Anzahl von n_1 Einheiten mit der Merkmalsausprägung 1 (z. B. zwei rote

Kugeln), eine Anzahl von n_2 Einheiten mit der Merkmalsausprägung 2 (z. B. sieben blaue Kugeln) $\ldots$, und eine Anzahl von n_k Einheiten mit der Merkmalsausprägung k (z. B. acht schwarze Kugeln) zu ziehen. Hierbei muss $n_1 + n_2 + \ldots + n_k = n$ gelten. Weiterhin sei π die Wahrscheinlichkeit, die i-te Ausprägung des Merkmals zu ziehen. Bei der Herleitung gehen wir nun – wie bei der Binomialverteilung im Kapitel 4.1.1 – zweistufig vor.

Im ersten Schritt berücksichtigen wir die Reihenfolge, in der die Elemente gezogen werden. Als Ergebnisse könnten z. B. bei vier Ausprägungen eines Merkmals auftreten: $(1,1,3,\ldots,4)$, $(3,1,1,\ldots,4)$ oder $(2,1,2,\ldots,2)$. Die Wahrscheinlichkeit, die i-te Merkmalsausprägung zu ziehen, bezeichen wir mit π_i. Dann ist z. B. bei viermaligen Ziehen (mit Zurücklegen) die Wahrscheinlichkeit für die beiden Ereignisse $(1,2,3,1)$ und $(3,1,1,2)$ gleich, da die Reihenfolge des Ziehens der einzelnen Merkmalsausprägungen keine Rolle spielt. Es kommt lediglich darauf an, wie häufig die einzelnen Merkmalsausprägungen gezogen werden. Daher bezeichnen wir mit $Y_1, Y_2, \ldots, Y_k)$ die Zufallsvariablen für die Häufigkeit, die erste, zweite bzw. k-te Merkmalsausprägung zu ziehen.

Bei unabhängigen Wiederholungen eines solchen Experimentes ist die Wahrscheinlichkeit für ein Ereignis, dass n_1-mal die erste Merkmalsausprägung, n_2-mal die zweite Merkmalsausprägung, ... und n_k-mal die k-te Merkmalsausprägung mit einer bestimmten Reihenfolge auftritt, $\pi_1^{n_1} \cdot \pi_2^{n_2} \cdot \ldots \cdot \pi_k^{n_k}$.

Möchten wir nun die Wahrscheinlichkeit für ein Ereignis $\{Y_1 = n_1, Y_2 = n_2, \ldots, Y_k = n_k\}$, bei dem die Reihenfolge der Ziehung der einzelnen Merkmalsausprägungen keine Rolle spielt, ermitteln, ist in einem zweiten Schritt auszuzählen, wie viele unterschiedliche Reihenfolgen es für ein bestimmtes Elementarereignis gibt, so z. B. für das Ereignis $\{(Y_1 = 3, Y_2 = 1, Y_3 = 1, Y_4 = 2)\}$. Diese Anzahl ist durch den sogenannten *Multinomialkoeffizienten* gegeben (vgl. Internetsupplement).

Multinomialkoeffizient

$$\binom{n}{n_1, \ldots, n_k} = \frac{n!}{n_1! \cdot \ldots \cdot n_k!}$$

Multiplizieren wir die Wahrscheinlichkeit für ein Elementarereignis, bei dem die Reihenfolge beachtet wird, mit der Anzahl der möglichen Reihenfolgen der Elemente dieses Elementarereignisses, erhalten wir die Dichte der Multinomialverteilung mit $n, k \in \mathbb{N}_0$ (natürliche Zahlen einschließlich der 0) sowie $\pi_1, \ldots, \pi_k \in [0,1]$ und $\pi_1 + \ldots + \pi_k = 1$:

$$f(y_1, y_2, \ldots, y_k) =$$
$$P(Y_1 = y_1, Y_2 = y_2, \ldots, Y_k = y_k | n, \pi_1, \ldots, \pi_k) =$$
$$\begin{cases} \binom{n}{y_1, \ldots, y_k} \pi_1^{y_1} \cdot \ldots \cdot \pi_k^{y_k} & \text{wenn } y_1, \ldots, y_k \in \{0, \ldots, n\} \\ & \text{und } y_1 + \ldots + y_k = n \\ 0 & \text{sonst} \end{cases}$$

Die Verteilung der Multinomialverteilung bezeichnen wir kurz mit $M(n, (\pi_1, \ldots, \pi_k))$.

Beispiel: Anwendung der Multinomialverteilung

Wie wahrscheinlich ist es, bei 20 Ziehungen zwei rote, sieben blaue, drei grüne und acht schwarze Kugeln zu erhalten, wenn die Wahrscheinlichkeit für die Entnahme einer roten Kugel $\pi_1 = .25$, einer blauen Kugel $\pi_2 = .40$, einer grünen Kugel $\pi_2 = .25$ und einer schwarzen Kugel $\pi_3 = .10$ ist?

$$\begin{aligned} P(Y_1 = 2, Y_2 = 7, Y_3 = 3, Y_4 = 8) &= \frac{20!}{2!7!3!8!} \cdot .25^2 \cdot .40^7 \cdot .25^3 \cdot .10^8 \\ &= 0.000907 \end{aligned}$$

Ist $(Y_1, Y_2 \ldots, Y_k)$ multinomialverteilt, so ist jedes Y_i als einzelne Zufallsvariable betrachtet binomialverteilt mit $Y_i \sim B(n, \pi_i)$. Damit handelt es sich im Fall von $M(n(\pi_1, \pi_2))$ um eine binomialverteilte Zufallsvariable, da hier der Erfolg und Misserfolg für eine binäre Variable modelliert wird. Erwartungswert und Varianz für eine Zufallsvariable Y_i sind somit (vgl. Kap. 4.1.1):

$$\begin{aligned} \mathrm{E}(Y_i) &= n\pi_i \\ \mathrm{Var}(Y_i) &= n\pi_i(1 - \pi_i) \end{aligned}$$

Da im Fall einer multinomialverteilten Zufallsvariablen mehrere binomialverteilte Zufallsvariablen vorliegen, kann die Kovarianz bzw. die Korrelation zwischen diesen Variablen berechnet werden. Im Fall von zwei Kategorien handelt es sich bei einer multinomialverteilten Zufallsvariablen – wie oben bemerkt – um eine binomialverteilte Zufallsvariablen, wobei Y_1 die Erfolge und Y_2 die Misserfolge repräsentiert. Damit sind Y_1 und Y_2 abhängig und perfekt mit $\rho(Y_1, Y_2) = -1$ korreliert. Liegen mehr als zwei Kategorien vor, sind die Zufallsvariablen Y_i und Y_j mit $i \neq j$ nicht unabhängig, da ja die „Erfolge" für Y_i Teil der „Misserfolge" für Y_j und umgekehrt die „Erfolge" für Y_j Teil der „Misserfolge" für Y_i sind. Es lässt sich zeigen (vgl. Internetsupplement), dass für die Kovarianz und Korrelation der Zufallsvariablen folgende Berechnungsformeln gelten:

$$\begin{aligned} \text{Cov}(Y_i, Y_j) &= -n\pi_i\pi_j \\ \rho(Y_i, Y_j) &= -\sqrt{\frac{\pi_i}{1-\pi_i}\frac{\pi_j}{1-\pi_j}} \end{aligned}$$

4.2 Spezielle stetige Wahrscheinlichkeitsverteilungen

4.2.1 Die stetige Gleichverteilung

Die einfachste stetige Verteilung ist die *stetige Gleichverteilung (uniform distribution)*. Sie ist durch eine rechteckförmige Dichte festgelegt. stetige Gleichverteilung

Die Werte einer stetig gleichverteilten Zufallsvariablen liegen in einem Intervall mit den Grenzen a und b ($a < b$). Bezeichnet wird die stetige Gleichverteilung mit $U(a,b)$. In der Abbildung 4.1 wird als Beispiel eine $U(2,7)$-Verteilung dargestellt.

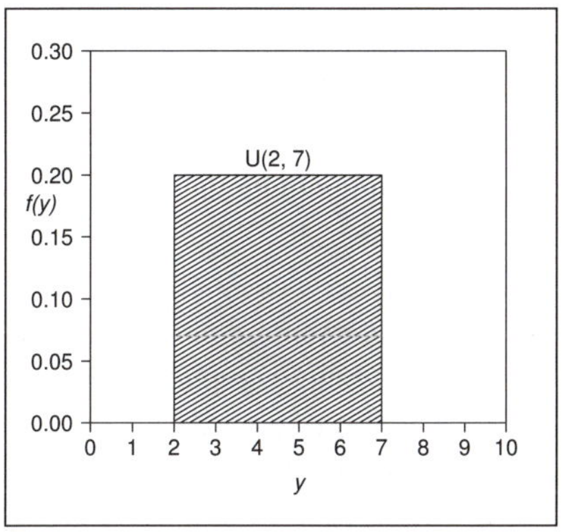

Abbildung 4.1: Eine stetige Gleichverteilung

Die Dichtefunktion der stetigen Gleichverteilung ist gegeben durch

$$f(y) = \begin{cases} \frac{1}{b-a}, \text{ mit } b > a \text{ und } y \in [a,b] \\ 0, \text{sonst} \end{cases}$$

Der Erwartungswert und Varianz einer stetigen Gleichverteilung betragen

$$\begin{aligned} \text{E}(Y) &= (a+b)/2 \\ \text{Var}(Y) &= (b-a)^2/12 \end{aligned}$$

Bei der stetigen Gleichverteilung verläuft die Dichtefunktion symmetrisch um den Erwartungswert $(a+b)/2$. Die stetige Gleichverteilung hat einen engen Bezug zur diskreten Gleichverteilung. Teilt man das Intervall $[a,b]$ in n gleich große Intervalle unterteilt, deren Vereinigung das gesamte Intervall ergeben, resultiert als Wahrscheinlichkeit für jedes Intervall $1/n$. Ein einfaches Anwendungsbeispiel für die stetige Gleichverteilung ist das Drehen eines Glückrades. Das Ergebnis dieses Zufallsvorganges stellt der Teil des Umfangs des Glückrads dar, der von einem (willkürlich) bestimmten Nullpunkt bis zu der Stelle reicht, an dem das Glücksrad nach dem Drehen stehen bleibt.

Die stetige Gleichverteilung spielt insbesondere im Rahmen des subjektiven Wahrscheinlichkeitsansatzes (vgl. Kap. 2.4.1) eine größere Rolle. Sie dient hier insbesondere zur Modellierung von Unsicherheit bzw. Hypothesen. Nehmen wir an, dass eine Person weiß, dass ein Bus einmal innerhalb einer Stunde an einer Bushaltestelle stoppt, sie aber nicht weiß, wann dieser Bus innerhalb einer Stunde ankommt. Dann ist die stetige Gleichverteilung eine Möglichkeit, die Unsicherheit über die Wartezeit zu beschreiben.

4.2.2 Die Betaverteilung

Zur Modellierung der Unsicherheit, wann ein Bus kommt, der einmal pro Stunde an einer Haltestelle hält, kann beispielsweise die stetige Gleichverteilung auf dem Intervall $[0,1]$ herangezogen werden. Damit wird angenommen, dass das Ereignis innerhalb jeder Minute (oder auch Sekunde) mit der gleichen Wahrscheinlichkeit eintrifft. Eine vielfältigere Modellierung der Unsicherheit innerhalb des Intervalls $[0,1]$ erlaubt die Betaverteilung. Diese Verteilung wird insbesondere im Rahmen der Parameterschätzung und Hypothesentestung bayesianischer Ansätze verwendet (vgl. Kap. 6.5).

Die Betaverteilung ist auf dem Träger $[0,1]$ definiert und ihre Dichtefunktion wird durch zwei Parameter $p > 0$ und $q > 0$ festgelegt. Da die Dichtefunktion recht aufwändig zu erklären ist, verweisen wir für ihre Darstellung auf das Internetsupplement.

Im Falle $p = q = 1$ stimmt die Betaverteilung mit der stetigen Gleichverteilung überein. Die Abbildung 4.2 zeigt Dichten von Betaverteilungen für unterschiedliche Kombinationen von p und q.

Generell gilt: Eine Erhöhung des Parameters p führt zu größeren Werten für die Dichtefunktion auf der rechten Intervallhälfte und zu geringeren Werten auf der linken Intervallhälfte. Der umgekehrte Effekt folgt aus der Erhöhung des Parameters q. Für $p = q$ liegt eine symmetrische Dichte vor. Je größer die Differenz zwischen p und q bei fester Summe $p+q$ ist, desto asymmetrischer wird die Dichtefunktion.

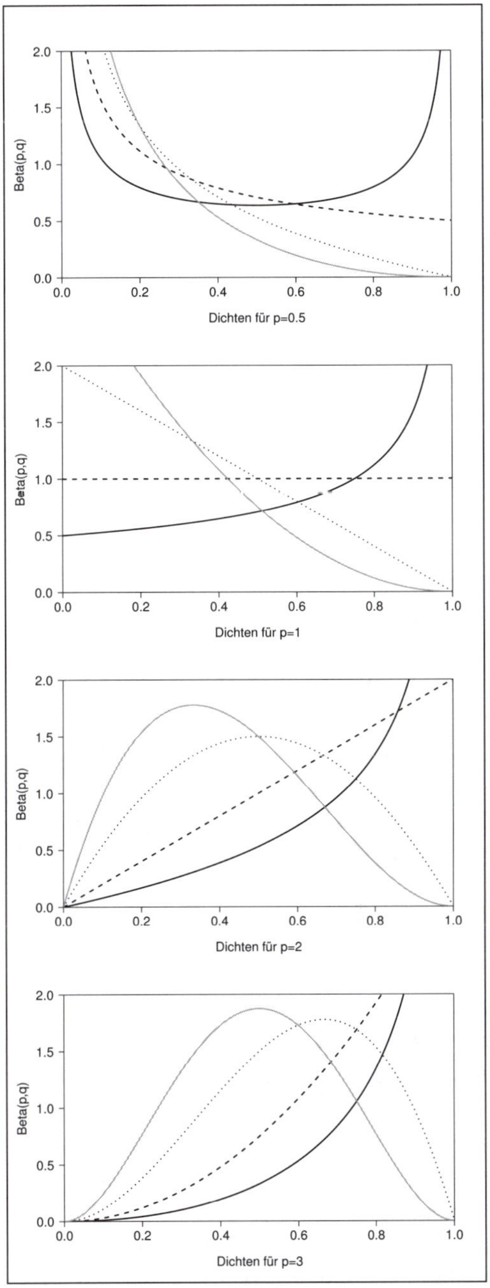

Abbildung 4.2: Betaverteilungen (schwarz: $q = 0.5$; gestrichelt: $q = 1$; gepunktet: $q = 2$, grau: $q = 3$)

Ist $Y \sim Beta(p,q)$, gilt für den Erwartungswert und die Varianz:

$$\begin{aligned} \mathrm{E}(Y) &= \frac{p}{p+q} \\ \mathrm{Var}(Y) &= \frac{pq}{(p+q+1)(p+q)^2} \end{aligned}$$

4.2.3 Die χ^2-Verteilung

Im Folgenden werden Wahrscheinlichkeitsverteilungen vorgestellt, die vorwiegend im Rahmen der Parameterschätzung und Überprüfung statistischer Hypothesen benutzt werden. Diese Verteilungen werden auch Test- oder Prüfverteilungen genannt und basieren auf der Normalverteilung. Die Normalverteilung selbst wiederum wird auch als Prüfverteilung verwendet.

Um die Erweiterung der Normalverteilung auf die χ^2-Verteilung (chi-square distribution) zu motivieren, beginnen wir mit einem typischen Problem, für das die χ^2-Verteilung benötigt wird.

Beispiel: Weicht die Variation eines Merkmals in der Stichprobe von einem bestimmten Standard ab?

Stichproben sollen in der Regel repräsentativ für eine bestimmte Population sein, so z. B. im Rahmen einer Untersuchung zur Intelligenz. Ist die Intelligenz in der Population normalverteilt mit dem Erwartungswert 100 und der Standardabweichung 15, sollten Erwartungswert und Streuung in einer Stichprobe, die repräsentativ für eine solche Population ist, nicht systematisch von den entsprechenden Werten in der Population abweichen.

Die χ^2-Verteilung kann nun zur Überprüfung der Frage genutzt werden, wie wahrscheinlich es ist, dass die Streuung der IQ-Werte in einer Stichprobe, die aus einer bestimmten Population stammt, einen bestimmten Wert übertrifft. Als Streuungsmaß können die Variation (Summe der Abweichungsquadrate), Varianz oder Standardabweichung z-standardisierter Variablen herangezogen werden. Im vorliegenden Zusammenhang bietet es sich zunächst an, als Maß für die Streuung der standardisierten IQ-Werte in der Stichprobe die Variation zu betrachten. (Die damit erzielten Resultate gelten gleichermaßen für die Varianz und die Standardabweichung.)

Gehen wir der Einfachheit halber von einer Zufallsstichprobe mit drei Personen aus, die aus einer Population mit einem bekannten Erwartungswert von 100, aber einer unbekannten Streuung gezogen wurden. Es wurden die folgenden IQ-Werte erzielt:
$y_1 = 70$, $y_2 = 100$ und $y_3 = 130$.

Nun stellt sich die Frage, wie wahrscheinlich es ist, dass diese drei Personen aus einer Population gezogen wurden, die eine Standardabweichung von 15 besitzt. Mit den bisherigen Kenntnissen können wir dieses Problem nicht lösen. Wir wissen, dass IQ-Werte von 70 und 130 recht extrem ausgeprägt sind, andererseits entspricht der Wert 100 genau dem Erwartungswert. Anhand der nun abzuleitenden χ^2-Verteilung können wir eine Antwort auf diese Frage geben.

Wir berechnen zunächst für die drei IQ-Werte aus dem obigen Beispiel die z-Werte basierend auf dem Erwartungswert 100 und der Standardabweichung 15. Anhand der Transformation

$$z_i = \frac{y_i - 100}{15}$$

resultieren die drei z-Werte: $z_1 = -2$, $z_2 = 0$, $z_3 = 2$. Werden die z-Werte quadriert und aufsummiert, resultiert die Variation als Maß für die Streuung:

$$(-2)^2 + 0^2 + 2^2 = 8$$

Für jede einzelne Beobachtung können wir anhand der Standardnormalverteilung beurteilen, wie wahrscheinlich es ist, einen solch großen oder noch größeren Wert zu erzielen. So beträgt die Wahrscheinlichkeit, einen z-Wert von größer/gleich 2 zu erzielen, .023. Eine Wahrscheinlichkeitsverteilung für die Bewertung der Summe von quadrierten standardnormalverteilten Variablen kennen wir jedoch bisher nicht.

Für die Ableitung einer Wahrscheinlichkeitsverteilung für die Variation betrachten wir zunächst v unabhängige Zufallsvariablen $Z_1, \ldots, Z_v$, die jeweils standardnormalverteilt sind. Ausgehend von diesen Zufallsvariablen definieren wir eine neue Zufallsvariable χ^2 als Summe der Quadrate von $Z_1, \ldots, Z_v$:

$$\chi^2 = \sum_{i=1}^{v} Z_i^2$$

Die Wahrscheinlichkeitsverteilung für diese Zufallsvariable wird zentrale *χ^2-Verteilung* mit v Freiheitsgraden – oder einfach χ^2-Verteilung mit v Freiheitsgraden (*degrees of freedom* oder kurz *df*) – genannt. χ^2-Verteilung

Abbildung 4.3 zeigt die Dichten einiger χ^2-Verteilungen mit verschiedenen Freiheitsgraden. Auch hier verzichten wir – wegen der Komplexität – auf die Darstellung der Formel für die Dichtefunktion und verweisen auf das Internetsupplement.

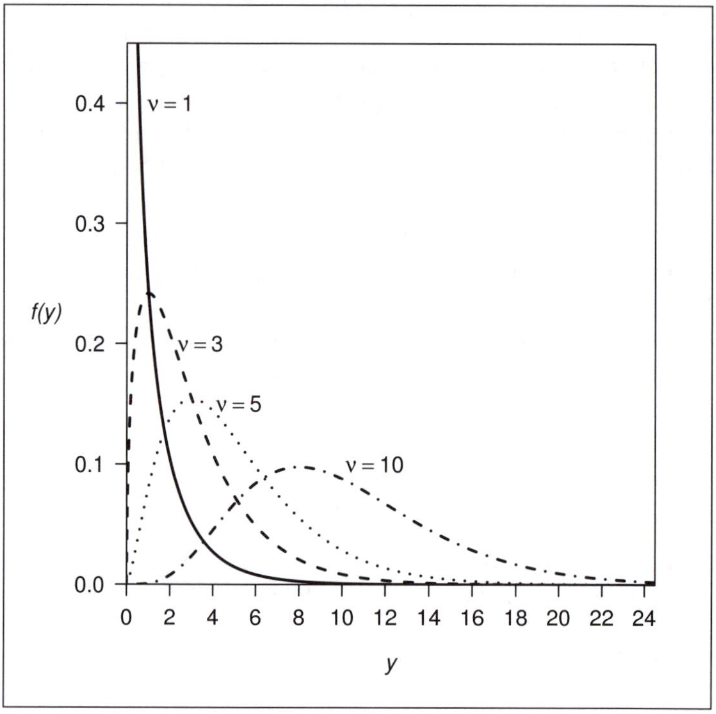

Abbildung 4.3: χ^2-Verteilungen mit unterschiedlichen Freiheitsgraden

Wird die Zufallsvariable χ^2, d. h. die Summe der Abweichungsquadrate, durch die Anzahl der Freiheitsgrade v geteilt, erhält man mit χ^2/v das mittlere standardisierte Abweichungsquadrat, das einen Schätzer der Varianz darstellt. Warum man hier durch ν und nicht durch $\nu - 1$ teilt, wird im nächsten Abschnitt besprochen.

Die wichtigsten Werte der χ^2-Verteilungen werden häufig in tabellierter Form dargestellt. Ein Ausschnitt aus solchen Tabellen zu χ^2-Verteilungen sieht wie folgt aus. In der Tabelle bezeichnet $\chi^2_p(\nu)$ das p-Quantil der χ^2-Verteilung mit ν Freiheitsgraden.

Beispiel: Auszug aus einer Tabelle zu χ^2-Verteilungen

	Quantile der χ^2-Verteilung für $v = 1,2,3$ Freiheitsgrade							
v	.7	.75	.8	.85	.9	.95	.975	.99
1	1.07	1.32	1.64	2.07	2.71	3.84	5.02	6.63
2	2.41	2.77	3.22	3.79	4.61	5.99	7.38	9.21
3	3.66	4.11	4.64	5.32	6.25	7.81	9.35	11.34

Ablesebeispiel: $\chi^2_{.95}(3) = 7.81$

Für eine Zufallsvariable Y, die einer $\chi^2(v)$-Verteilung folgt, lassen sich Erwartungswert und Varianz wie folgt bestimmen:

$$E(Y) = v$$
$$Var(Y) = 2v$$

Für $v > 100$ kann man die χ^2-Verteilung durch eine $N(v, 2v)$-Verteilung, also durch eine Normalverteilung, ersetzen, ohne dass ein erwähnenswerter Fehler auftritt. Deshalb liegen in der Regel für $v > 100$ keine vertafelten χ^2-Werte vor.

Zusammenfassend stellen wir fest: Ist eine Zufallsvariable $N(\mu, \sigma)$-verteilt, so sind die entsprechenden Z-Werte standardnormalverteilt und die Summe der quadrierten Z-Werte ist χ^2-verteilt. Mit diesem Wissen kann jetzt die Aufgabe aus dem einleitenden Beispiel gelöst werden.

Beispiel: Weicht die Variation eines Merkmals in der Stichprobe von einem bestimmten Standard ab? (Fortsetzung)

Frage: Wie wahrscheinlich ist es, dass die Variation in der Stichprobe einen bestimmten Wert übertrifft? Dabei gehen wir von einer normalverteilten Population mit einem bestimmten Erwartungswert und einer bestimmten Varianz aus.

Weiterhin sei vorausgesetzt, dass die drei Personen zufällig und unabhängig voneinander aus einer Population gezogen wurden, d. h. dass die drei IQ-Werte jeweils unabhängig normalverteilte Zufallsvariablen repräsentieren. Zunächst werden nun die z-Werte der drei Personen berechnet, basierend auf den für die Population geltenden Werten für den Erwartungswert und die Standardabweichung.

Damit erhalten wir: $z_1 = -2$, $z_2 = 0$, $z_3 = 2$. Jetzt kann der Wert für die χ^2-verteilte Zufallsvariable berechnet werden: $(-2)^2 + 0^2 + 2^2 = 8$.

Nun stellt sich die Frage, wie wahrscheinlich es ist, einen Wert von größer/gleich 8 zu erhalten, wenn die drei Stichprobenwerte aus einer normalverteilten Population mit dem Erwartungswert 100 und der Standardabweichung 15 stammen. Dazu ziehen wir die Verteilungsfunktion der χ^2-Verteilung mit drei Freiheitsgraden heran und stellen fest, dass die gesuchte Wahrscheinlichkeit .046 beträgt.

Im Rahmen der Hypothesentestung kennt man die Population nicht. Daher nimmt man für die Population bestimmte Parameter an. Wenn nun die Wahrscheinlichkeit für eine Statistik, wie z. B. die Variation, ausgehend von einer Population mit bestimmten angenommenen Parametern zu gering ist, geht man davon aus, dass die angenommenen Parameter falsch sind.

Das oben dargelegte Vorgehen zur Entscheidung über eine Fragestellung entspricht dem typischen Vorgehen beim Hypothesentesten. Hier wird die χ^2-Verteilung als Prüfverteilung genutzt. Ausgangspunkt sind bestimmte Zufallsvariablen, hier normalverteilte Zufallsvariablen, und eine bestimmte Annahme über die Parameter dieser Verteilung, hier die Standardabweichung bzw. Varianz. Dann bildet man eine neue Zufallsvariable, im vorliegenden Beispiel eine als χ^2-verteilt angenommene Zufallsvariable, die in diesem Kontext Prüf- oder auch Teststatistik genannt wird. Der in einer Studie erzielte Wert für diese Prüfstatistik hängt unmittelbar von dem Parameter ab, über den eine Entscheidung getroffen wird. Nun kann man feststellen, wie wahrscheinlich es ist, einen solchen oder extremeren Wert für die Prüfstatistik zu erhalten. Man legt dazu vorher ein bestimmtes Quantil für die Prüfverteilung fest, so z. B. das 95 %-Quantil, um festzustellen, ob der empirisch erzielte Wert zu den 5 % unwahrscheinlichsten Werten gehört. Für einen solchen Hypothesentest hätten wir im obigen Beispiel z. B. das .95-Quantil der $\chi^2(3)$-Verteilung bestimmen können, das 7.81 beträgt. Wird wie in unserer (hypothetischen) Studie ein Wert jenseits von $\chi^2_{.95}(\nu)$ beobachtet, so entscheidet man sich gegen die Annahme, dass die Stichprobe aus der angenommenen Population stammt, ansonsten behält man die Annahme bei. Die Nutzung von Prüfverteilungen wird erst in der Inferenzstatistik von Bedeutung sein und daher an dieser Stelle nicht weiter vertieft.

Die Bedeutung der χ^2-Verteilung für die Beurteilung der Hypothese, ob eine aus Stichprobendaten berechnete Varianz mit einer bestimmten angenommenen Varianz einer normalverteilten Population vereinbar ist, folgt aus dem folgenden Zusammenhang. Sind die Stichprobenvariablen $Y_1, Y_2, \ldots, Y_n$ unabhängig und normalverteilt mit dem nicht notwendigerweise bekannten Erwartungswert μ und der angenommenen

Varianz σ^2, dann gilt für die Zufallsvariable der Stichprobenvarianz $S^2 = \sum_{i=1}^{n} \frac{(Y_i - \bar{Y})^2}{n-1}$:

$$X^2 = \frac{(n-1)S^2}{\sigma^2} \sim \chi^2(n-1)$$

Dieser Zusammenhang wird im Folgenden gezeigt:

$$\begin{aligned}
\frac{(n-1)S^2}{\sigma^2} &= \frac{\sum_{i=1}^{n}(Y_i - \bar{y})^2}{\sigma^2} \\
&= \frac{\sum_{i=1}^{n}(Y_i - \mu + \mu - \bar{y})^2}{\sigma^2} \\
&= \frac{\sum_{i=1}^{n}[(Y_i - \mu)^2 + 2(Y_i - \mu)(\mu - \bar{y}) + (\mu - \bar{y})^2]}{\sigma^2} \\
&= \frac{\sum_{i=1}^{n}(Y_i - \mu)^2 + 2(\mu - \bar{y})\sum_{i=1}^{n}(Y_i - \mu) + \sum_{i=1}^{n}(\mu - \bar{y})^2}{\sigma^2} \\
&= \frac{\left(\sum_{i=1}^{n}(Y_i - \mu)^2\right) + 2(\mu - \bar{y}) \cdot n(\bar{y} - \mu) + n(\mu - \bar{y})^2}{\sigma^2} \\
&= \frac{\left(\sum_{i=1}^{n}(Y_i - \mu)^2\right) - n(\mu - \bar{y})^2}{\sigma^2} \\
&= \frac{\sum_{i=1}^{n}(Y_i - \mu)^2}{\sigma^2} - \frac{n(\mu - \bar{y})^2}{\sigma^2} \\
&= \sum_{i=1}^{n}\left(\frac{Y_i - \mu}{\sigma}\right)^2 - \frac{(\mu - \bar{y})^2}{\sigma^2/n} \\
&= \sum_{i=1}^{n} Z_i^2 - \left(\frac{\mu - \bar{y}}{\sigma/\sqrt{n}}\right)^2 \\
&\sim \chi^2(n-1)
\end{aligned}$$

Der Übergang von der vorletzten zur letzten Zeile in dem obigen Beweis lässt sich wie folgt begründen:

- Der erste Term in der vorletzten Zeile $\sum_{i=1}^{n} Z_i^2$ stellt eine Summe von quadrierten, unabhängigen standardnormalverteilten Zufallsvariablen dar und somit $\chi^2(n)$-verteilt.
- Der Term $(\mu - \bar{y})/(\sigma/\sqrt{n})$ ist standardnormalverteilt. Wird er quadriert, entspricht er dem zweiten Term in der vorletzten Zeile und ist $\chi^2(1)$-verteilt.
- Die letzte Zeile folgt aus der der Additivität der χ^2-Quadratverteilung: $\chi^2(n) - \chi^2(1) = \chi^2(n-1)$.

Die Verteilung von $X^2 = \frac{(n-1)S^2}{\sigma^2}$ besitzt somit $n-1$ Freiheitsgrade. Zur allgemeinen Bedeutung und Berechnung der Freiheitsgrade vgl. das folgende Kapitel 4.2.4.

Im Rahmen der Hypothesentestung gibt es zahlreiche Fragestellungen, die eine Prüfverteilung benötigen, die nicht auf der Summe von quadrierten unabhängigen $N(0,1)$-verteilten Zufallsvariablen beruht, sondern auf der Summe quadrierter, unabhängiger normalverteilter Zufallsvariablen mit den Verteilungen $N(\delta_1, 1)$,..., $N(\delta_v, 1)$. Diese Zufallsvariablen haben ebenfalls eine Standardabweichung von 1, wobei die Erwartungswerte von 0 verschieden sein können.

Gehen wir nun von v unabhängigen, standardnormalverteilten Zufallsvariablen $Z_1, \ldots, Z_v$ sowie den Konstanten $\delta_1, \ldots, \delta_v$ aus. Dann besitzen die Variablen $Z_i + \delta_i$ eine $N(\delta_i, 1)$-Verteilung. Die Verteilung von

$$\sum_{i=1}^{v} (Z_i + \delta_i)^2$$

nicht zentrale χ^2-Verteilung

heißt *nicht zentrale χ^2-Verteilung (non-central chi-square distribution)* mit v Freiheitsgraden und Nichtzentralitätsparameter *(non-centrality parameter)* λ (sprich: Lambda), wobei

$$\lambda = \sum_{i=1}^{v} \delta_i^2.$$

Die Verteilung wird durch $\chi'^2(v, \lambda)$ symbolisiert.

Abbildung 4.4 zeigt einige Beispiele für nicht zentrale χ^2-Verteilungen mit den Nichtzentralitätsparametern $\lambda = 3$ und $\lambda = 5$.

Erwartungswert und Varianz einer Zufallsvariablen Y, die einer nicht zentralen $\chi'^2(v, \lambda)$-Verteilung folgt, ergeben sich als (vgl. Internetsupplement):

$$\begin{aligned} E(Y) &= v + \lambda \\ Var(Y) &= 2(v + 2\lambda) \end{aligned}$$

Der Erwartungswert einer nicht zentralen χ^2-Verteilung ist somit um den Wert λ größer als der Erwartungswert der entsprechenden zentralen χ^2-Verteilung. Die Varianz vergrößert sich um den Wert 4λ. Nicht zentrale Verteilungen liegen aufgrund ihrer Vielfältigkeit nicht in tabellierter Form vor, können aber anhand von Programmen – wie z. B. R oder SPSS (vgl. Kap. 4.3) – berechnet werden.

Abschließend sei hier angemerkt, dass die χ^2-Verteilung nicht nur als Prüfverteilung für Hypothesen über die Varianz von Merkmalen eingesetzt wird, sondern auch zur Prüfung zahlreicher anderer Hypothesen, wie z. B. zur Unabhängigkeit von nominalskalierten Merkmalen oder zu Regressionskoeffizienten in nicht linearen Regressionsmodellen.

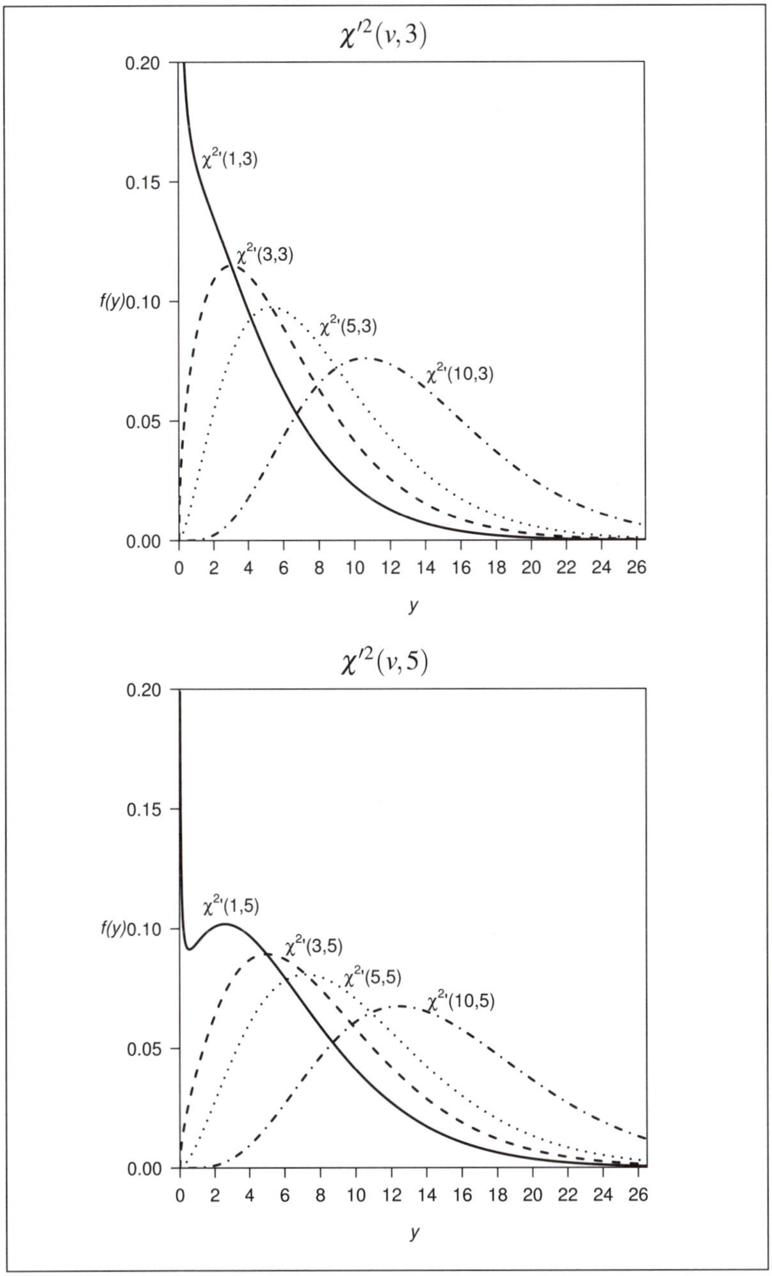

Abbildung 4.4: Beispiele für nicht zentrale χ^2-Verteilungen

4.2.4 Zur Bedeutung der Freiheitsgrade

Freiheitsgrade

Die *Freiheitsgrade* (*degrees of freedom* oder *df*) stellen den Parameter der χ^2-Verteilung dar. Auch die beiden weiteren Verteilungen, die t- und F-Verteilung, die eng mit der χ^2-Verteilung zusammenhängen, besitzen Freiheitsgrade als Parameter. Was bedeuten nun diese Freiheitsgrade?

Die Zufallsvariable χ^2 mit n Freiheitsgraden kann – wie oben dargestellt – als die Quadratsumme von n standardisierten normalverteilten Zufallsvariablen dargestellt werden:

$$\chi^2 = \sum_{i=1}^{n} (Y_i - \mu)^2 / \sigma^2$$

Hierzu müssen μ und σ^2 bekannt sein.

Im Rahmen der Testung von Hypothesen zur Varianz wird eine bestimmte Varianz angenommen und damit die Varianz als bekannt vorausgesetzt. Der Erwartungswert der Population ist jedoch in der Regel nicht bekannt. Dann wird anstelle des Erwartungswerts der Mittelwert der Stichprobenelemente zur Z-Standardisierung und damit die oben dargestellte Statistik X^2 berechnet:

$$X^2 = \frac{\sum_{i=1}^{n} (Y_i - \bar{y})^2}{\sigma^2}.$$

Wie gezeigt wurde, folgt X^2 nicht einer χ^2-Verteilung mit n, sondern $n-1$ Freiheitsgraden.

Gegenüber der Zufallsvariablen $\chi^2 = \sum_{i=1}^{n} (Y_i - \mu)^2 / \sigma^2$ geht – wie man sagt – ein Freiheitsgrad verloren. Dieser Verlust geht darauf zurück, dass anstelle des Parameters μ der Stichprobenmittelwert $\overline{Y}$ verwendet wird.

Intuitiv kann der Verlust dieses Freiheitsgrades und damit die Verwendung einer Prüfgröße mit einer größeren Varianz folgendermaßen verdeutlicht werden: Zieht man aus einer Population z. B. 100 Stichproben mit jeweils v Stichprobenelementen, so variiert der Mittelwert von Stichprobe zu Stichprobe und stimmt in der Regel nicht mit dem Erwartungswert der Population überein. Da der Mittelwert die Summe der Abweichungsquadrate minimiert, ist die Summe der Abweichungsquadrate basierend auf dem Mittelwert immer kleiner/gleich der Summe der Abweichungsquadrate basierend auf dem Erwartungswert.

Beträgt der Erwartungswert beispielsweise 100 und resultieren die drei Beobachtungen 95, 105 und 115, so beträgt die Abweichungsquadratsumme vom Erwartungswert 275 und die Abweichungsquadratsumme vom Mittelwert 200. Stammen die Stichprobenelemente aus einer normalverteilten Population, ist die Summe der quadrierten Abweichungen vom Erwartungswert χ^2-verteilt mit n Freiheitsgraden, im obigen Beispiel mit drei Freiheitsgraden. Hingegen fällt die Summe der quadrierten Abweichungen vom Stichprobenmittelwert in der Regel kleiner aus. Wie gezeigt wurde, ist die Summe der quadrierten Abweichungen vom Stichprobenmittelwert ebenfalls χ^2-verteilt ist, aber lediglich mit $n-1$ Freiheitsgraden, d. h. für das obige Beispiel mit 2 Freiheitsgraden. Die freie Variation eines Stichprobenelementes vom Erwartungswert geht gewissermaßen dadurch verloren, dass nun die Abweichung zum Mittelwert betrachtet wird.

Wenn also bei der Berechnung der Variation der Stichprobenwerte, die aus einer normalverteilten Population gezogen werden, anstelle des Erwartungswertes der Mittelwert verwendet wird, ist die Summe der standardisierten Z-Werte nicht mit n, sondern $n-1$ Freiheitsgraden χ^2-verteilt. Bei der Berechnung der Summe der quadrierten Z-Werte wird ein Parameter, der Erwartungswert, geschätzt. Allgemein kann gezeigt werden, dass sich die Berechnung der Freiheitsgrade als Anzahl der Stichprobenelemente minus Anzahl der geschätzten Parameter berechnet. Daher wird bei der Berechnung der Residuen in der einfachen Regression die Summe der quadrierten Abweichungen durch $n-2$ geteilt, da hier zwei Parameter β_0 und β_1 geschätzt werden durch b_0 und b_1 (vgl. Internetsupplement).

4.2.5 Die t-Verteilung

Auch die t-Verteilung kommt für viele Fragestellungen als Prüfverteilung zum Einsatz, so z. B. als Prüfverteilung für Regressionskoeffizienten im linearen Modell. Ein Beispiel, in dem die t-Verteilung benötigt wird, ist die Fragestellung, ob eine Stichprobe, bei der ein bestimmter Mittelwert für ein interessierendes Merkmal ermittelt wurde, aus einer Population stammt, in der das Merkmal normalverteilt ist, wobei der Erwartungswert bekannt ist, während die Populationsvarianz unbekannt ist. Dazu betrachten wir folgendes Beispiel: Die Intelligenz von drei, unabhängig voneinander aus einer Population gezogenen Personen wurde ermittelt. Nehmen wir an, dass die folgenden drei Werte für die Intelligenz resultierten: $80, 90, 100$. Die Frage ist nun, wie plausibel es ist, dass der Stichprobenmittelwert von 90 aus einer Populationsverteilung mit Erwartungswert 100 stammt. Über die Varianz des Merkmals in der Population wird nichts ausgesagt.

Wäre die Varianz des Merkmals Y in der Population bekannt, könnten wir die bereits abgeleitete Stichprobenverteilung für den Stichprobenmittelwert $\overline{Y}$ als Maß für den Abstand des Stichprobenmittelwerts vom angenommenen Erwartungswert und damit als Prüfverteilung verwenden. Ist ein Merkmal Y in der Population normalverteilt mit Erwartungswert μ und Varianz σ^2, dann gilt für die Stichprobenverteilung des Stichprobenmittelwerts $\overline{Y}$ für n gleichermaßen normalverteilte Stichprobenvariablen:

$$\overline{Y} \sim N(\mu, \sigma/\sqrt{n})$$

Oftmals ist jedoch, wie im obigen Beispiel, die Varianz bzw. die Standardabweichung des Merkmals in der Population nicht bekannt. Ersetzt man in diesem Fall die Standardabweichung $\sigma/\sqrt{n}$ durch $S = \sqrt{S^2}$, die Wurzel aus der Stichprobenvarianz, resultiert eine Zufallsvariable, die einer t-Verteilung folgt und mit T bezeichnet wird:

$$T = \frac{\overline{Y} - \mu}{S}$$

Um zu einer Verteilung für T zu gelangen, teilen wir bei der oben angegebenen Formel für die Zufallsvariable T Zähler und Nenner jeweils durch die (unbekannte) Standardabweichung des Merkmals in der Population. Damit resultiert:

$$T = \frac{\frac{y_i - \mu}{\sigma}}{\frac{S}{\sigma}}$$

Der Zähler ist damit N(0,1)-verteilt. Der Nenner kann – nach einiger Rechnung – umgeformt werden in eine Größe, die durch eine Verteilung der Form $\sqrt{\frac{\chi^2(n-1)}{n-1}}$ beschrieben werden kann (vgl. Internetsupplement).

T setzt sich nun aus zwei unabhängigen Zufallsvariablen Z und Y zusammen, wobei Z eine $N(0,1)$-Verteilung aufweist und Y $\chi^2(v)$-verteilt ist. Die Verteilung von

$$\frac{Z}{\sqrt{\frac{Y}{v}}}$$

t-Verteilung

heißt zentrale *t-Verteilung* mit v Freiheitsgraden, oder kurz t-Verteilung und wird durch $t(v)$ symbolisiert.

Die zentrale t-Verteilung (Student's t distribution) wurde von William Gosset (alias „Student", 1876–1937) eingeführt. Diese Verteilung kommt in der Inferenzstatistik u. a. als Prüfverteilung beim Vergleich von Mittelwerten zum Einsatz.

Abbildung 4.5 zeigt die t-Verteilung mit unterschiedlichen Freiheitsgraden. Ab $v > 30$ wird die zentrale t-Verteilung durch die Standardnormalverteilung gut approximiert. Aus diesem Grund wird die t-Verteilung oft nur für Freiheitsgrade $v \leq 30$ tabelliert.

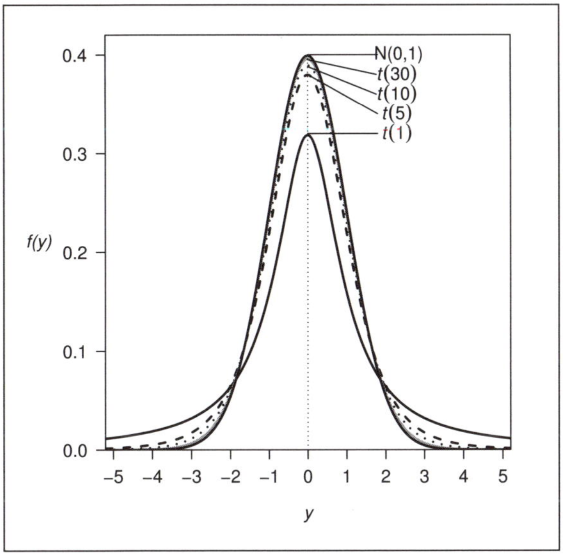

Abbildung 4.5: t-Verteilungen mit unterschiedlichen Freiheitsgraden und die Standardnormalverteilung

Im Folgenden findet sich ein Ausschnitt aus der Tabelle zur t-Verteilung:

Beispiel: Auszug aus einer Tabelle zur t-Verteilung

	Quantile der t-Verteilung für $v = 1,2,3$ Freiheitsgrade					
v	.6	.8	.9	.95	.975	.99
1	0.3249	1.3764	3.0777	6.3138	12.706	31.821
2	0.2887	1.0607	1.8856	2.9200	4.3027	6.9646
3	0.2767	0.9785	1.6477	2.3534	3.1824	4.5407

Ablesebeispiel: $t_{.95}(3) = 2.3534$

Auch für die t-Verteilung gibt es eine nicht zentrale Version. Hier werden wiederum unabhängige Zufallsvariablen Z und Y betrachtet, wobei $Z \sim N(0,1)$ und $Y \sim \chi^2(v)$-verteilt ist und δ eine Konstante ist. Die Verteilung von

$$\frac{Z+\delta}{\sqrt{\frac{Y}{v}}}$$

heißt *nicht zentrale t-Verteilung* mit v Freiheitsgraden und Nichtzentralitätsparameter δ. Die Verteilung wird durch $t'(v,\delta)$ symbolisiert.

nicht zentrale t-Verteilung

In Abbildung 4.6 sind einige $t'(v,\delta)$-Verteilungen dargestellt. Die obere Abbildung zeigt nicht zentrale t-Verteilungen mit $\delta = 1$. Ab $v > 30$ wird die t-Verteilung mit $\delta = 1$ noch sehr gut durch die Grenzverteilung $N(\delta,1) = N(1,1)$ approximiert. Für größere δ-Werte (vgl. Abb. 4.6

unten mit $\delta = 3$) kann die Approximation durch die Normalverteilung auch für $\nu > 30$ schlecht ausfallen.

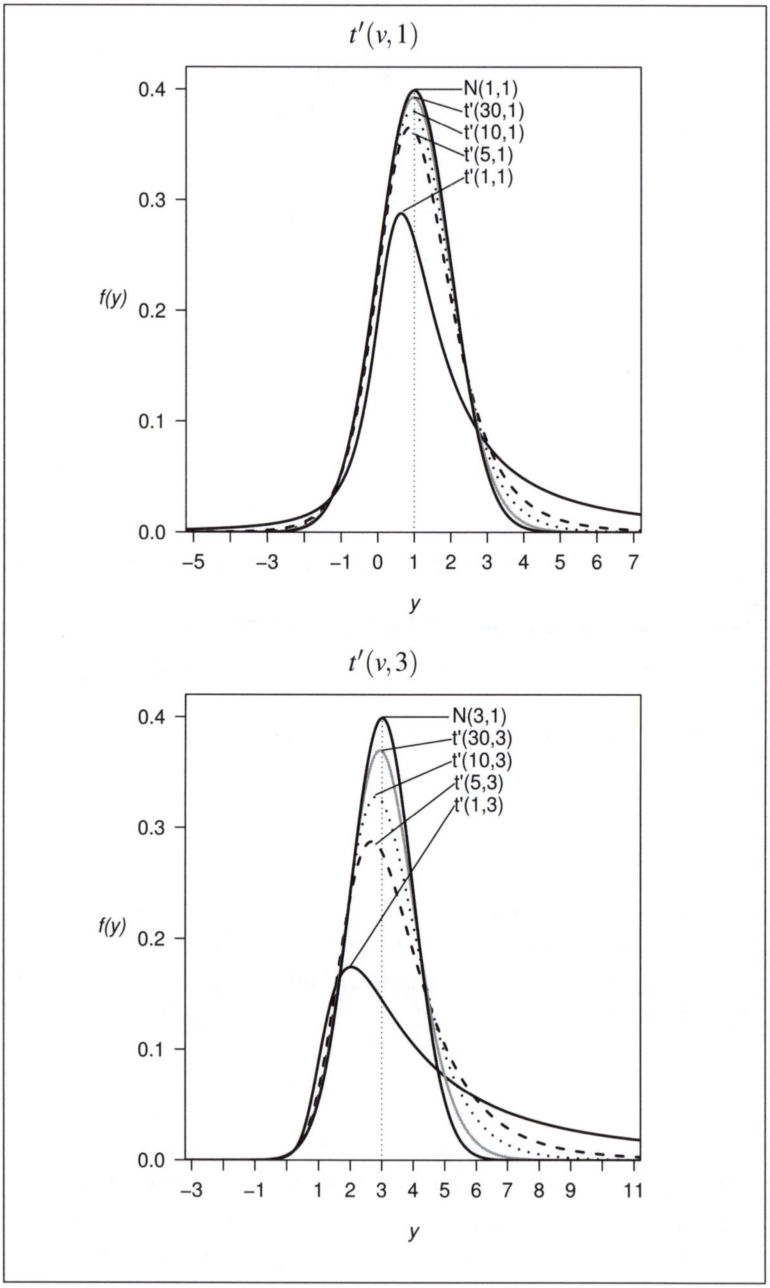

Abbildung 4.6: Beispiele für nicht zentrale t-Verteilungen

Erwartungswert und Varianz der nicht zentralen $t'(\nu, \delta)$-Verteilung erfordern komplizierte Berechnungen, sie sind deshalb im Internetsupplement zu finden. Für $Y \sim t(\nu)$ ergeben sich folgende Werte:

$$
\begin{aligned}
E(Y) &= 0, \text{ für } \nu > 1 \\
Var(Y) &= \frac{\nu}{\nu - 2}, \text{ für } \nu > 2
\end{aligned}
$$

Für die nicht zentralen t-Verteilungen liegen keine tabellierten Werte vor. Sie können jedoch z. B. mit den Programmsystemen R oder SPSS berechnet werden.

4.2.6 Die F-Verteilung

Die F-Verteilung ist ebenso wie die Normal-, χ^2- oder die t-Verteilung eine häufig verwendete Prüfverteilung. Diese Verteilung wird z. B. benutzt, um festzustellen, ob zwei anhand von Stichprobendaten gewonnene Varianzen aus derselben Population stammen.

Das Kürzel F wurde zu Ehren des Statistikers Sir Ronald Fisher (1890–1962) gewählt, dem große Verdienste bei der Herleitung der F-Verteilung zukommen.

Zur Herleitung der F-Verteilung betrachten wir unabhängige Zufallsvariablen Y_1 und Y_2, wobei Y_1 einer $\chi^2(\nu_1)$-Verteilung folgt und Y_2 einer $\chi^2(\nu_2)$-Verteilung.

Die Verteilung von

$$\frac{Y_1/\nu_1}{Y_2/\nu_2}$$

heißt zentrale *F-Verteilung* (F distribution) mit ν_1 und ν_2 Freiheitsgraden, oder auch einfach F-Verteilung mit ν_1, ν_2 Freiheitsgraden. Hier ist zwischen Zähler- bzw. Nennerfreiheitsgraden ν_1 bzw. ν_2 zu unterscheiden. F-Verteilung

Wird für eine Stichprobe von ν_1 unabhängig, identisch normalverteilten ($N(\mu, \sigma)$)-Zufallsvariablen die Varianz dieser Stichprobe $S_1^2 = \sum_{i=1}^{\nu}(Y_i - \mu)^2/\nu_1)$ berechnet und für eine weitere Stichprobe von ν_2 solcher Zufallsvariablen die Varianz S_2^2, so sind, wie oben bereits dargestellt, die Größen $\nu_1 S_1^2/\sigma$ bzw. $\nu_2 S_2^2/\sigma$ jeweils χ^2-verteilt mit ν_1 bzw. ν_2 Freiheitsgraden. Somit stellt das Verhältnis

$$\frac{S_1^2}{S_2^2} = \frac{(\nu_1 S_1^2/\sigma)/\nu_1}{(\nu_2 S_2^2/\sigma)/\nu_2}$$

eine F-verteilte Zufallsvariable dar.

Da μ und σ in der Praxis bei der Berechnung der Varianz für Stichproben zumeist nicht bekannt sind, wird üblicherweise die folgende Formel für die Berechnung der Varianz für n Stichprobenmitglieder herangezogen:

$$S^2 = \sum_{i=1}^{n} (Y_i - \bar{y})^2 / (n-1)$$

Auch das Verhältnis zweier anhand dieser Formel berechneter Varianzen ist F-verteilt mit $n_1 - 1$ Zähler- und $n_2 - 1$ Nennerfreiheitsgraden (vgl. Internetsupplement).

Abbildung 4.7 zeigt eine Auswahl von F-Verteilungen.

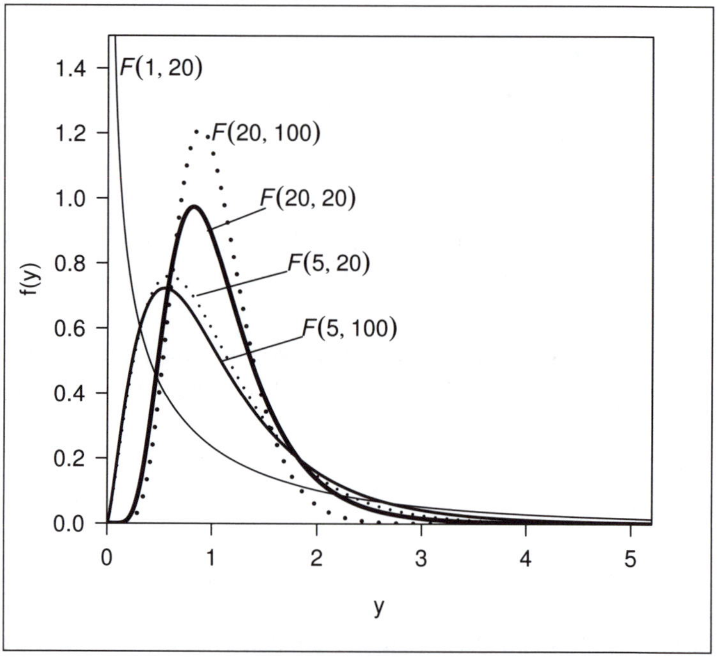

Abbildung 4.7: F-Verteilungen mit unterschiedlichen Freiheitsgraden

Beispiel: .95-Quantile der F-Verteilung

ν_2 (Nenner)	ν_1 (Zähler)					
x	1	2	3	4	5	6
1	161.45	199.50	215.71	224.58	230.16	233.99
2	18.51	19.00	19.16	19.25	19.30	19.33
3	10.13	9.55	9.28	9.12	9.01	8.94
4	7.71	6.94	6.59	6.39	6.26	6.16
5	6.61	5.79	5.41	5.19	5.05	4.95

Ablesebeispiel: $F_{.95}(6,5) = 4.95$

Die F-Verteilung ist zumeist – wegen des großen Umfangs – nur für wenige wichtige Quantile (z. B. das .95-Quantil) vertafelt.

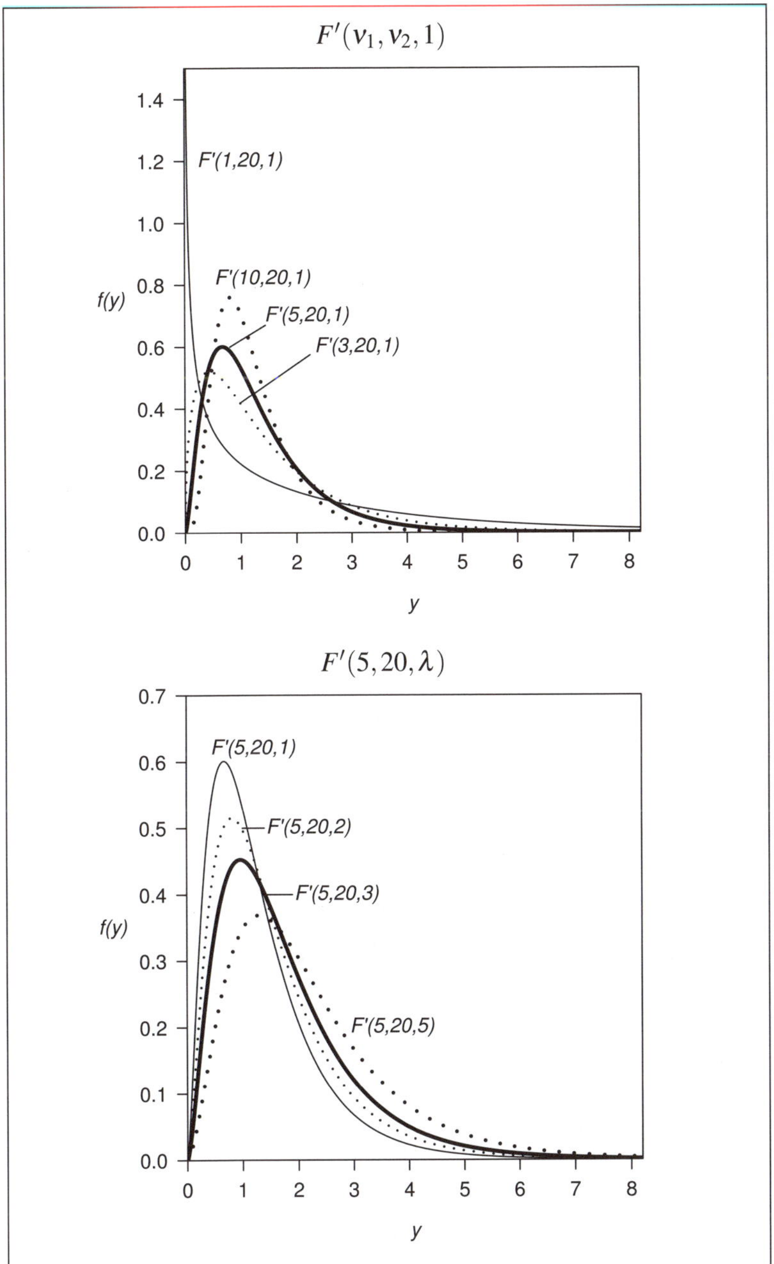

Abbildung 4.8: Beispiele für nicht zentrale F-Verteilungen

Neben der zentralen F-Verteilung gibt es nicht zentrale F-Verteilungen. Hier werden unabhängige Zufallsvariablen Y_1 und Y_2 betrachtet, wobei $Y_1' \sim \chi'^2(\nu_1, \lambda)$- und $Y_2 \sim \chi^2(\nu_2)$-verteilt sind.

Die Verteilung von

$$\frac{Y_1'/\nu_1}{Y_2/\nu_2}$$

nicht zentrale F-Verteilung

heißt *nicht zentrale F-Verteilung* mit ν_1, ν_2 Freiheitsgraden und Nichtzentralitätsparameter λ. Auch hier ist zwischen Zähler- und Nennerfreiheitsgraden zu unterscheiden. Die nicht zentrale F-Verteilung wird symbolisiert durch $F'(\nu_1, \nu_2, \lambda)$.

Abbildung 4.8 zeigt Beispiele für nicht zentrale F-Verteilungen.

Erwartungswert und Varianz einer Zufallsvariablen, die eine nicht zentrale $F'(\nu_1, \nu_2, \lambda_1)$-Verteilung oder eine zentrale F-Verteilung besitzt, berechnen sich wie folgt:

$$\begin{aligned} E(Y) &= \frac{\nu_2(\nu_1 + \lambda)}{\nu_1(\nu_2 - 2)} \quad \text{, für } \nu_2 > 2 \\ Var(Y) &= 2\left(\frac{\nu_2}{\nu_1}\right)^2 \frac{(\nu_1 + \lambda)^2 + (\nu_1 + 2\lambda)(\nu_2 - 2)}{(\nu_2 - 2)^2(\nu_2 - 4)}, \text{ für } \nu_2 > 4 \end{aligned}$$

4.2.7 Zusammenhänge zwischen der Normal-, χ^2-, t-, und F-Verteilung

In Tabelle 4.4 werden die hier behandelten Prüfverteilungen noch einmal zusammenfassend dargestellt.

Tabelle 4.4: Übersicht zu den behandelten stetigen Prüfverteilungen

Verteilung	**Symbol**	**Träger**	**Parameter**	Form
Normal-verteilung	$N(\mu, \sigma)$	alle reellen Zahlen	μ und σ	symmetrisch
χ^2-Verteilung	$\chi^2(\nu)$	nicht negative reelle Zahlen	Freiheitsgrade ν	asymmetrisch
t-Verteilung	$t(\nu)$	alle reellen Zahlen	Freiheitsgrade ν	symmetrisch
F-Verteilung	$F(\nu_1, \nu_2)$	nicht negative reelle Zahlen	Freiheitsgrade ν_1 und ν_2	asymmetrisch

In der Tabelle 4.5 sind abschließend die Beziehungen zwischen der Normalverteilung und den zentralen χ^2-, t-, und F-Verteilungen dargestellt.

Tabelle 4.5: Beziehungen zwischen der Standardnormalverteilung (N) und den zentralen χ^2-, t-, und F-Verteilungen. Die Zufallsvariablen Y, X_i und Y_i seien identisch und unabhängig $N(0,1)$-verteilt

	χ^2	F	t
N	$\sum_{i=1}^{\nu} Y_i^2 \sim \chi^2(\nu)$	$\frac{\sum_{i=1}^{\nu_1} X_i^2}{\sum_{i=1}^{\nu_2} Y_i^2} \sim F(\nu_1,\nu_2)$	$Y/\sqrt{1/\nu \sum_{i=1}^{\nu} X_i^2} \sim t(\nu)$
χ^2		$F(\nu_1,\nu_2) = \frac{\chi^2(\nu_1)}{\chi^2(\nu_2)}$	$t(\nu) = N(0,1)/\sqrt{\chi^2(\nu)/\nu}$
F			$t(\nu)^2 = F(1,\nu)$

4.3 Software

4.3.1 SPSS

Im SPSS-System können vier unterschiedliche Arten von Funktionen im Zusammenhang mit der Berechnung von Wahrscheinlichkeitsverteilungen genutzt werden. Wichtig ist dabei, dass SPSS die angegebenen Funktionen nur ausführt, wenn Daten vorhanden sind. Dann dienen diese Daten als Argumente für die jeweilige Funktion.

Bei der Erzeugung von Zufallsvariablen ist es aber generell unnötig, dass solche Daten vorliegen. Dazu kann man jedoch mit folgendem Trick einen Datensatz mit z. B. hundert Zufallszahlen erstellen. Man trägt in der ersten Zeile der ersten Spalte und in der hundertsten Zeile dieser Spalte eine willkürliche Zahl ein.

Alle Funktionen kann man folgendermaßen über das Menü aufrufen:

Menü

Transformieren

↓

Variable berechnen...

Im Dialogfeld lassen sich unter *Funktionsgruppe* die entsprechenden Funktionen aufrufen.

Die Funktionen zur Berechnung der *Wahrscheinlichkeitsdichte* beginnen mit dem Kürzel PDF (probability distribution function), die Funktionen zur Berechnung der *Verteilungsfunktion* mit CDF (cumulative distribution function), die Funktionen zur Berechnung der *Quantilsfunktion* mit IDF (inverse distribution function) und die Funktionen zur Erzeugung von *Zufallszahlen* mit RV (random variables). Es gibt zwei Parameter, die in diesen Funktionen regelmäßig auftauchen, dabei steht p für Wahrscheinlichkeit und q für Quantil. In den Tabellen 4.6 und 4.7 werden die Funktionen, die im Kapitel besprochen wurden, im Einzelnen vorgestellt.

Tabelle 4.6: Funktionen zur Berechnung von diskreten Verteilungen mit SPSS

Verteilung	Funktion	Parameter
Bernoulli-Verteilung	PDF.BERNOULLI(q,pi) CDF.BERNOULLI(q,pi) RV.BERNOULLI(pi)	pi=Erfolgswahrscheinlichkeit
Binomialverteilung	PDF.BINOM(q,n,pi) CDF.BINOM(q,n,pi) RV.BINOM(n,pi)	n=Anzahl der Wiederholungen pi=Erfolgswahrscheinlichkeit
negative Binomialverteilung	PDF.NEGBIN(q,k,pi) CDF.NEGBIN(q,k,pi) RV.NEGBIN(k,pi)	k=Anzahl der Erfolge pi=Erfolgswahrscheinlichkeit
geometrische Verteilung	PDF.GEOM(q,pi) CDF.GEOM(q,pi) RV.GEOM(pi)	pi=Erfolgswahrscheinlichkeit
Poissonverteilung	PDF.POISSON(q,mean) CDF.POISSON(q,mean) RV.POISSON(mean)	mean=Erwartungswert=λ
hypergeom. Verteilung	PDF.HYPER(q,gesamt, stichpr,treffer) CDF.HYPER(q,gesamt, stichpr,treffer) RV.HYPER(gesamt,stichpr, treffer)	gesamt=Grundgesamtheit stichpr=Größe der Stichprobe treffer=Anzahl de Treffer

Tabelle 4.7: Funktionen zur Berechnung von stetigen Verteilungen mit SPSS

Verteilung	Funktion	Parameter
Normalverteilung	PDF.NORMAL(q,mean,sd) CDF.NORMAL(q,mean,sd) IDF.NORMAL(p,mean,sd) RV.NORMAL(mean,sd)	mean=Erwartungswert sd=Standardabweichung
Gleichverteilung	PDF.UNIFORM(q,min,max) CDF.UNIFORM(q,min,max) IDF.UNIFORM(p,min,max) RV.UNIFORM(min,max)	min bzw. max sind Minimum bzw. Maximum der Verteilung
χ^2-Verteilung	PDF.CHISQ(q,df) CDF.CHISQ(q,df) IDF.CHISQ(p,df) RV.CHISQ(df)	df=Anzahl der Freiheitsgrade
nicht zentrale χ^2-Verteilung	NCDF.CHISQ(q,df,ncp)	df=Anzahl der Freiheitsgrade ncp=Nichtzentralitätsparameter
t-Verteilung	PDF.T(q,df) CDF.T(q,df) IDF.T(p,df) RV.T(df)	df=Anzahl der Freiheitsgrade
nicht zentrale t-Verteilung	NCDF.T(q,df,ncp)	df=Anzahl der Freiheitsgrade ncp=Nichtzentralitätsparameter
F-Verteilung	PDF.F(q,df1,df2) CDF.F(q,df1,df2) IDF.F(p,df1,df2) RV.F(df1,df2)	df1=Anzahl der Zählerfreiheitsgrade df2=Anzahl der Nennerfreiheitsgrade
nicht zentrale F-Verteilung	NCDF.F(q,df1,df2,ncp)	df1=Anzahl der Zählerfreiheitsgrade df2=Anzahl der Nennerfreiheitsgrade ncp=Nichtzentralitätsparameter

4.3.2 R

R bietet ebenfalls eine Vielzahl von Funktionen zur Berechnung von Dichten, Verteilungsfunktionen, Quantilen und Zufallszahlen an. Viele Funktionen lassen sich auch mithilfe des R-Commanders menügestützt unter dem Menüpunkt *Verteilungen* abrufen. Für jede Verteilung gibt es vier unterschiedliche Funktionen:

- Funktionen, die mit `d` starten und den Wert der Dichtefunktion ausgeben.
- Funktionen, die mit `p` starten und den Wert der Verteilungsfunktion ausgeben.
- Funktionen, die mit `q` starten und den Wert der Quantilsfunktion ausgeben.
- Funktionen, die mit `r` starten und eine vorgegebene Anzahl von bestimmten Zufallszahlen ausgeben.

So sind beispielsweise für die Familie der Normalverteilungen die folgenden Funktionen vorhanden:

Syntax

`dnorm(x,mean,sd)`	Wert der Dichte der Normalverteilung für den Wert x mit dem Erwartungswert *mean* und der Standardabweichung *sd*.
`pnorm(q,mean,sd)`	Wert der Verteilungsfunktion der Normalverteilung für das Quantil q mit dem Erwartungswert *mean* und der Standardabweichung *sd*.
`qnorm(p,mean,sd)`	Quantil der Normalverteilung für die Wahrscheinlichkeit p mit dem Erwartungswert *mean* und der Standardabweichung *sd*.
`rnorm(n,mean,sd)`	Es werden n Zufallszahlen erzeugt, die $N(mean, sd)$-verteilt sind.

Für alle weiteren Verteilungen aus diesem Kapitel sind die in den Tabellen 4.8, 4.9 und 4.10 zusammengestellten Funktionen vorhanden.

Die jeweils ersten Parameter `x, q, p` haben in allen Funktionen die gleiche Bedeutung wie bei der Normalverteilung. Der Parameter `n` ist nur bei den Funktionen für die hypergeometrische Verteilung anders belegt.

Tabelle 4.8: Funktionen zur Berechnung von diskreten Verteilungen mit R

Verteilung	Funktion	Parameter

Binomial-verteilung	`dbinom(x,size,prob)`
	`pbinom(q,size,prob)`
	`qbinom(p,size,prob)`
	`rbinom(n,size,prob)`
		`size`=Anzahl der Wiederholungen
		`prob`=Erfolgs-wahrscheinlichkeit

hypergeo-metrische Verteilung	`dhyper(x,m,n,k)`
	`phyper(q,m,n,k)`
	`qhyper(p,m,n,k)`
	`rhyper(nn,m,n,k)`
		`n`=Anzahl der Elemente mit der interessierenden Ausprägung (weiße Kugeln)
		`m`=Anzahl der Elemente mit der nicht interessierenden Ausprägung (schwarze Kugeln)
		`k`=Anzahl der Ziehungen
		nn = Anzahl der Beobachtungen

geometrische Verteilung	`dgeom(x,prob)`
	`pgeom(q,prob)`
	`qgeom(p,prob)`
	`rgeom(n,prob)`
		`prob`=Erfolgs-wahrscheinlichkeit

negative Binomial-verteilung	`dnbinom(x,size,prob)`
	`pnbinom(q,size,prob)`
	`qnbinom(p,size,prob)`
	`rnbinom(n,size,prob)`
		`size`=Anzahl der Erfolge
		`prob`=Erfolgs-wahrscheinlichkeit

Poisson-verteilung	`dpois(x,lambda)`
	`ppois(q,lambda)`
	`qpois(p,lambda)`
	`rpois(n,lambda)`
		`lambda`=Parameter der Poissonverteilung

Multinomial-verteilung	`dmultinom(x,prob)` `rmultinom(n,size, prob)`	`size`=Stichprobenumfang `prob`=Vektor der Auftretenswahrscheinlichkeiten

Eine Reihe von Funktionen für stetige Verteilungen besitzen einen optionalen Parameter `ncp`. Wird dieser Parameter nicht genutzt oder 0 gesetzt, so handelt es sich jeweils um die zentralen Verteilungen. Ansonsten werden die nicht zentralen Verteilungen berechnet.

Tabelle 4.9: Funktionen zur Berechnung von stetigen Verteilungen mit R

Verteilung	Funktion	Parameter

Normal-verteilung	`dnorm(x,mean,sd)`
	`pnorm(q,mean,sd)`
	`qnorm(p,mean,sd)`
	`rnorm(n,mean,sd)`
		`mean`=Erwartungswert
		`sd`=Standardabweichung

Gleich-verteilung	`dunif(x,min,max)`
	`punif(q,min,max)`
	`qunif(p,min,max)`
	`runif(n,min,max)`
		`min` bzw. `max` sind das Minimum bzw. Maximum der Verteilung

χ^2-Verteilung bzw. χ'^2-Verteilung	`dchisq(x,df,ncp=0)`
	`pchisq(q,df,ncp=0)`
	`qchisq(p,df,ncp=0)`
	`rchisq(n,df,ncp=0)`
		`df`=Anzahl der Freiheitsgrade

t-Verteilung bzw. t'-Verteilung	`dt(x, df)`
	`pt(q,df,ncp=0)`
	`qt(p,df,ncp=0)`
	`rt(n,df,ncp=0)`
		`df`=Anzahl der Freiheitsgrade

F-Verteilung bzw. F'-Verteilung	`df(x,df1,df2,ncp=0)`
	`pf(q,df1,df2,ncp=0)`
	`qf(p,df1,df2,ncp=0)`
	`rf(n,df1,df2,ncp=0)`
		`df1`=Anzahl der Zählerfreiheitsgrade
		`df2`=Anzahl der Nennerfreiheitsgrade

Mit dem Paket mvnorm können bivariat bzw. multivariat normalverteilte Zufallsvariablen erzeugt werden sowie die Dichte dieser Zufallsvariablen berechnet werden (vgl. Tab. 4.10).

Tabelle 4.10: Funktionen zur Berechnung von bi- und multivariaten Normalverteilungen mit R

Verteilung	Funktion	Parameter
multivariate Normalverteilung	`dmvnorm(x,m,s)` `rmvnorm(n,m,s)`	`x`=Vektor der x-Werte `m`=Vektor der Erwartungswerte `s`=Kovarianzmatrix

Zusammenfassung

In diesem Kapitel wurden verschiedene spezielle diskrete und stetige Wahrscheinlichkeitsverteilungen dargestellt. Die folgenden diskreten Verteilungen wurden behandelt: Binomialverteilung, negative Binomialverteilung, Poissonverteilung, geometrische und hypergeometrische Verteilung. All diese diskreten Verteilungen modellieren die Wahrscheinlichkeit des Eintritts eines Ereignisses. Weiterhin wurde als Verallgemeinerung der Binomialverteilung die Multinomialverteilung für ein polytomes Merkmal (mit mehr als zwei Ausprägungen) vorgestellt.

Einige Verteilungen lassen sich unter bestimmten Umständen durch andere Verteilungen approximieren. Sehr häufig werden bestimmte Verteilungen durch die Normalverteilung approximiert. Es gibt aber auch andere Formen der Approximation, z. B. die Approximation der Binomialverteilung durch die Poissonverteilung.

Bei den stetigen Verteilungen wurden im Wesentlichen Prüfverteilungen dargestellt, die Funktionen normalverteilter Zufallsvariablen darstellen. Diese Prüfverteilungen werden vor allem zur Parameterschätzung und Hypothesentestung verwendet. Häufig verwendete Prüfverteilungen sind die χ^2-, t- und F-Verteilung. Als Parameter dieser Verteilungen fungieren Freiheitsgrade. Die Anzahl der Freiheitsgrade ergibt sich im Allgemeinen aus der Differenz der Anzahl der Beobachtungen und der Anzahl der geschätzten Parameter.

Für die χ^2-, t- und F-Verteilung gibt es einen sogenannten Nichtzentralitätsparameter. Ist dieser Nichtzentralitätsparameter ungleich 0, liegt eine entsprechende nicht zentrale Verteilung vor. Nicht zentrale Verteilung werden in der Hypothesentestung benötigt, um systematische Effekte abzubilden.

Zentrale Begriffe

Diskrete Gleichverteilung: Wahrscheinlichkeitsverteilung für eine diskrete Zufallsvariable mit endlich vielen Ausprägungen, die jeweils eine identische Wahrscheinlichkeit besitzen.

Bernoulli-Verteilung: Wahrscheinlichkeitsverteilung für ein dichotomes Merkmal. Die Wahrscheinlichkeit für die interessierende Ausprägung, häufig mit Erfolg bezeichnet, stellt den Parameter π dar.

Binomialverteilung: Wahrscheinlichkeitsverteilung für die Summe von Bernoulli-verteilten Zufallsvariablen. Der Parameter π stellt die Wahrscheinlichkeit für die interessierende Merkmalsausprägung dar („Erfolgswahrscheinlichkeit“), n repräsentiert die Anzahl der Bernoulli-Variablen bzw. Versuche.

Hypergeometrische Verteilung: Wahrscheinlichkeitsverteilung für die Anzahl von Stichprobenelementen mit der interessierenden Ausprägung eines dichotomen Merkmals für eine endliche Population, die relativ klein im Vergleich zur Stichprobe ist. Der Erwartungswert der hypergeometrische Verteilung ist identisch mit dem Erwartungswert der entsprechenden Binomialverteilung, die Varianz ist jedoch geringer.

Endlichkeitskorrektur: Faktor, um den die Varianz der hypergeometrischen Verteilung kleiner ist als die Varianz der Binomialverteilung. Dieser Faktor kann genutzt werden, um die Varianz der Binomialverteilung bei einer Population, die relativ klein im Vergleich zur Stichprobe ist, zu korrigieren.

Geometrische Verteilung: Wahrscheinlichkeitsverteilung für die Anzahl von Bernoulli-Versuchen, bis zum ersten Mal ein Erfolg auftritt.

Negative Binomialverteilung: Wahrscheinlichkeitsverteilung für die Anzahl von Bernoulli-Versuchen, bis eine vorgegebene Anzahl von Erfolgen auftritt.

Poissonverteilung: Wahrscheinlichkeitsverteilung für die Anzahl von Stichprobenelementen mit der interessierenden Ausprägung eines dichotomen Merkmals. Der Parameter der Poissonverteilung entspricht dem Erwartungswert und der Varianz dieser Verteilung.

Multinomialverteilung: Verallgemeinerung der Binomialverteilung, indem anstelle eines dichotomen Merkmals ein polytomes Merkmal vorliegt.

Stetige Gleichverteilung: Wahrscheinlichkeitsverteilung für eine Zufallsvariable mit einer konstanten Dichte für ein bestimmtes Intervall $[a,b]$.

Freiheitsgrade: Parameter der χ^2-, t- und F-Verteilung.

χ^2-Verteilung: Wahrscheinlichkeitsverteilung für die Summe von quadrierten standardnormalverteilten Zufallsvariablen.

t-Verteilung: Wahrscheinlichkeitsverteilung für das Verhältnis einer standardnormalverteilter Zufallsvariablen zur Wurzel aus einer χ^2-verteilten Zufalsvariablen.

F-Verteilung: Wahrscheinlichkeitsverteilung für das Verhältnis von zwei χ^2-verteilten Zufallsvariablen.

Notation

Notation	Bedeutung
$Y \sim V$	Die Zufallsvariable Y verteilt sich wie die vorgegebene Verteilung V
$B(n,\pi)$	Binomialverteilung; n=Stichprobengröße; π=Erfolgswahrscheinlichkeit
$H(N,M,n)$	Hypergeometrische Verteilung; N=Umfang der Population; M=Anzahl der Elemente mit der interessierenden Ausprägung; n = Anzahl der gezogenen Elemente mit der interessierenden Ausprägung ($0 \leq n \leq M$)
$Po(\lambda)$	Poissonverteilung mit Parameter λ
$\binom{n}{n_1,\ldots,n_k}$	Multinomialkoeffizient
$U(a,b)$	Gleichverteilung auf dem Intervall $[a,b]$
$\chi^2(v)$	χ^2-Verteilung mit v Freiheitsgraden
$\chi'^2(v,\lambda)$	Nicht zentrale χ^2-Verteilung mit v Freiheitsgraden und Parameter λ, der die Nichtzentralität beschreibt
$t(v)$	t-Verteilung mit v Freiheitsgraden
$t'(v,\lambda)$	Nicht zentrale t-Verteilung mit v Freiheitsgraden und Parameter λ, der die Nichtzentralität beschreibt
$F(v_1,v_2)$	F-Verteilung mit v_1 Zähler- und v_2 Nennerfreiheitsgraden
$F'(v_1,v_2,\lambda)$	Nicht zentrale F-Verteilung mit v_1 Zähler-, v_2 Nennerfreiheitsgraden und Parameter λ, der die Nichtzentralität beschreibt

Kapitel 5

Stichprobenverteilungen

Inhaltsübersicht

5.1 Stichprobenverteilung einer Statistik

Bisher hatten wir Zufallsvariablen zur Beschreibung der Merkmale von Mitgliedern einer Population betrachtet, wie z. B. die Parteipräferenz einzelner Wähler. Im Folgenden beschäftigen wir uns mit Zufallsvariablen, die auf Stichproben beruhen, wie z. B. dem Stimmenanteil einer Partei basierend auf einer Stichprobe von $n = 100$ Wählern. Ziel ist es, die Wahrscheinlichkeitsverteilungen für solche Statistiken, wie relative Häufigkeit, Mittelwert oder Varianz, abzuleiten.

Statistiken dienen im Wesentlichen zur Schätzung von Parametern und damit korrespondierend zur Testung von Hypothesen. Im Rahmen einer Bundestagswahl sind die Mitglieder einer Partei an Schätzungen (Hochrechnungen) des Stimmenanteils, den ihre Partei erhalten wird, interessiert. Weiterhin mag die Annahme (Hypothese) im Raume stehen, dass eine Partei wiederum das Ergebnis der vorhergehenden Bundestagswahl von 30 % erzielt.

Für solche Schätzvorgänge und Hypothesenprüfungen zieht man repräsentative Stichproben und ermittelt als Statistik den relativen Stimmenanteil für eine bestimmte Partei. Ergibt die Auszählung der Stimmen für eine repräsentative Stichprobe von 20 Wählern einen Anteil von 25 % für eine bestimmte Partei, so kann man dieses Ergebnis von 25 % als eine Schätzung für das Endergebnis heranziehen. Jedoch ist diese Schätzung nicht so verlässlich wie ein Stimmenanteil von 25 %, der auf einer (repräsentativen) Stichprobe von 10 000 Personen beruht.

Geht man von der Hypothese aus, dass eine Partei das Ergebnis der vorhergehenden Bundestagswahl von 30 % erzielt, so dürfte man das angenommene Endergebnis von 30 % angesichts eines Stimmenanteil von 25 % bei einer Stichprobe von 20 Personen nicht ernsthaft in Zweifel ziehen. Anders verhält es sich sicherlich, wenn ein Anteil von 25 % Stimmen an einer Stichprobe von 10 000 Personen ermittelt wurde. Dann würde man wohl nicht weiterhin von einem späteren Endergebnis von 30 % ausgehen.

Der relative Stimmenanteil bzw. die relative Häufigkeit der Stimmen in einer Stichprobe dient zur Schätzung des Endergebnisses und damit zur Beurteilung der Hypothese, ob ein bestimmtes Endergebnis erzielt wird. Im Rahmen von Schätzungen werden Statistiken von Stichproben, wie die relative Häufigkeit, zumeist als Schätzstatistik, Schätzer oder Schätzfunktion bezeichnet, im Zusammenhang mit der Überprüfung von Hypothesen als Teststatistik oder auch Prüfgröße.

Wie sind nun in statistischer Hinsicht die oben dargelegten Schlussfolgerungen zu rechtfertigen, denen zufolge die relative Häufigkeit basierend auf einer größeren Stichprobe eine verlässlichere Schätzung und bessere Beurteilung einer Hypothese zulässt als die relative Häufigkeit basierend auf einer kleineren Stichprobe? Dazu betrachtet man alle (theoretisch) möglichen Stichproben aus der Population mit dem Umfang $n = 20$ und $n = 10000$. Man bestimmt für all diese Stichproben jeweils die relative Häufigkeit der Stimmen für eine bestimmte Partei und erstellt dann die relative Häufigkeits- bzw. Wahrscheinlichkeitsverteilung zum einen für Stichproben des Umfangs $n = 20$ und zum anderen für Stichproben des Umfangs $n = 10000$. Diese Wahrscheinlichkeitsverteilungen stellen die Stichprobenverteilungen für die relative Häufigkeit dar.

Wie wir später sehen werden, besitzt die Stichprobenverteilung basierend auf einem Stichprobenumfang von $n = 10000$ eine weitaus geringere Streuung als die Stichprobenverteilung basierend auf einem Stichprobenumfang von $n = 20$. Die relativen Häufigkeiten basierend auf einem Stichprobenumfang von $n = 10000$ liegen weitaus näher am Endergebnis, der relativen Häufigkeit in der Population, als die Stimmenanteile basierend auf einem Stichprobenumfang von $n = 20$. Damit ist ein Stichprobenumfang von 10000 eine weitaus bessere Grundlage für die Schätzung und Hypothesenprüfung als eine Stichprobe von 20 Personen.

In diesem Kapitel behandeln wir die Entwicklung solcher Stichprobenverteilungen, die grundlegend für die Parameterschätzung und Hypothesentestung sind. Wir werden dabei drei unterschiedliche Verfahren zur Ableitung von Stichprobenverteilungen kennenlernen:

- In einigen Fällen kann die Stichprobenverteilung exakt hergeleitet werden.
- In anderen Fällen ist lediglich eine approximative Bestimmung möglich. Dazu dient ein wichtiges Theorem der Statistik, der zentrale Grenzwertsatz, den wir ausführlicher darstellen werden.
- Im Weiteren behandeln wir Simulationsmethoden, wie z. B. das Bootstrap-Verfahren, für die Herleitung von Stichprobenverteilungen.

Wir beginnen im folgenden Abschnitt mit der Ableitung der Stichprobenverteilung für den Mittelwert.

5.2 Stichprobenverteilung des Mittelwerts einer normalverteilten Zufallsvariablen

Die Stichprobenverteilung von Mittelwerten eines Merkmals hängt von der Wahrscheinlichkeitsverteilung dieses Merkmals in der zugrunde liegenden Population ab. Wir unterschieden hier zwei Fälle. Zunächst nehmen wir an, dass die Stichproben aus einer Population stammen, in der das Merkmal normalverteilt ist, später gehen davon aus, dass das Merkmal in der Population eine beliebige Verteilung besitzt.

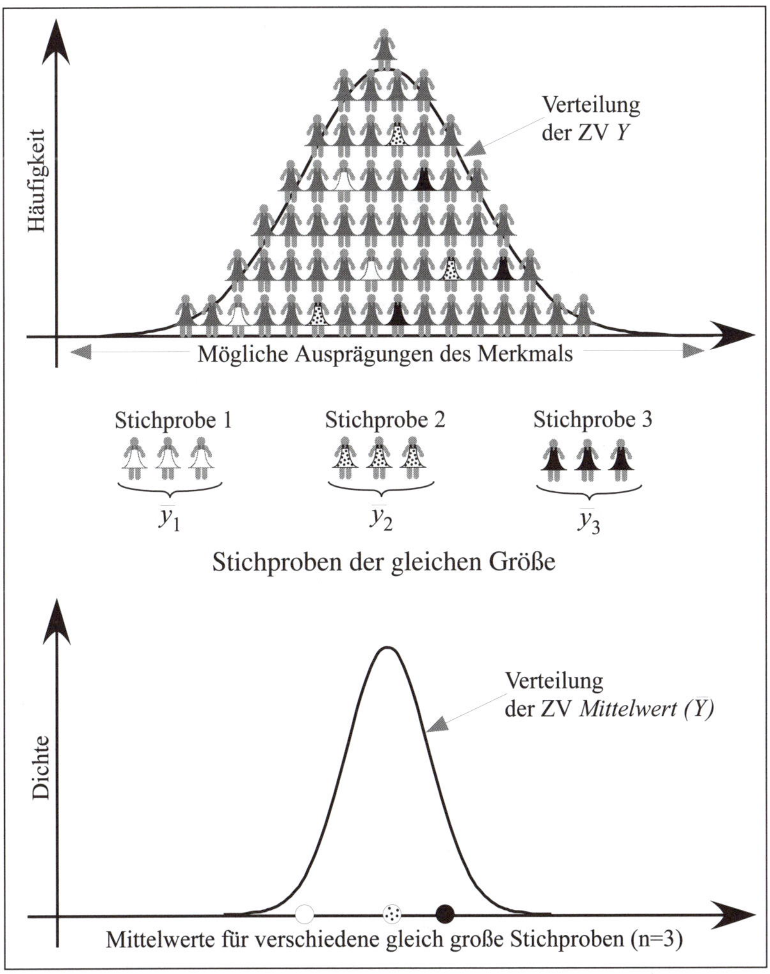

Abbildung 5.1: Veranschaulichung der Stichprobenverteilung des Mittelwerts. Die verschiedenen Stichproben der Größe $n = 3$ sind farbig markiert (ZV = Zufallsvariable).

Die Ziehung von Stichproben aus einer Population mit einem normalverteilten Merkmal veranschaulicht Abbildung 5.1. Hier werden aus einer Population, in der das interessierende Merkmal durch eine normalverteilte Zufallsvariable Y beschrieben wird (vgl. oberer Teil der Abb. 5.1), drei Stichproben mit einem Umfang von $n = 3$ gezogen. Bei diesen drei Stichproben werden jeweils die Mittelwerte berechnet, die im unteren Teil der Abbildung dargestellt sind. Dabei variiert der Mittelwert von Stichprobe zu Stichprobe.

Zieht man nun alle (theoretisch) möglichen Stichproben mit einem Umfang von $n = 3$ und berechnet jeweils den Mittelwert, resultiert die im unteren Teil der Abbildung dargestellte Dichte einer normalverteilten Zufallsvariable. Generell stellt die Ziehung einer Stichprobe mit anschließender Berechnung des Mittelwertes eine Zufallsvariable dar, die wir hier als die Zufallsvariable $\bar{Y}$ bezeichnen. Der Mittelwert, der anhand einer bereits gezogenen Stichprobe berechnet wird, stellt dementsprechend eine Realisierung dieser Zufallsvariable dar.

Die Werte der Zufallsvariablen $\bar{Y}$ stellen nicht Merkmalsausprägungen einzelner Mitglieder der Population dar, sondern die Mittelwerte von Stichproben mit einer bestimmten Anzahl von Mitgliedern der Population. Dabei nehmen wir an, dass die Mitglieder einer Stichprobe unabhängig voneinander gezogen werden. Es handelt sich also bei den Beobachtungen $y_1, \ldots, y_n$ in einer Stichprobe um Realisierungen von *unabhängigen Zufallsvariablen* $Y_1, \ldots, Y_n$, die auch als Stichprobenvariablen bezeichnet werden. Zusätzlich nehmen wir hier an, dass alle Stichprobenvariablen derselben Normalverteilung $N(\mu, \sigma)$ folgen.

Wie in Kapitel 3.9 gezeigt, gilt:

$$E\left(\sum_{i}^{n} Y_i\right) = \sum_{i}^{n} E(Y_i)$$

Für wechselseitig unabhängige Zufallsvariablen $Y_1, ..., Y_n$ wurde nachgewiesen:

$$Var\left(\sum_{i}^{n} Y_i\right) = \sum_{i}^{n} Var(Y_i)$$

Da wir hier annehmen, dass die Zufallsvariablen $Y_1, \ldots, Y_n$ identisch normalverteilt sind und damit jeweils denselben Erwartungswert μ und dieselbe Varianz σ^2 besitzen, folgt:

$$E(Y_1 + \ldots + Y_n) = n\mu$$

und

$$Var(Y_1 + \ldots + Y_n) = n\sigma^2$$

Weiterhin gilt (vgl. Kap. 3.9.2):

$$E\left(\frac{1}{n}(Y_1 + \ldots + Y_n)\right) = \mu$$

$$Var\left(\frac{1}{n}(Y_1 + \ldots + Y_n)\right) = \frac{1}{n}\sigma^2$$

Für die Verteilung der Mittelwerte folgt somit:

$$\begin{aligned} E(\overline{Y}) &= \mu \\ Var(\overline{Y}) &= \frac{\sigma^2}{n} \\ \sigma(\overline{Y}) &= \frac{\sigma}{\sqrt{n}} \end{aligned}$$

Gemäß eines wichtigen Theorems der Statistik gilt, dass die Summe von normalverteilten Variablen wiederum normalverteilt ist (vgl. Internetsupplement). Damit folgt für den speziellen Fall einer (identischen) Normalverteilung der Stichprobenvariablen Y_i, dass die Verteilung der Zufallsvariable *Mittelwert* ebenfalls normalverteilt ist mit dem oben abgeleiteten Parametern μ und $\frac{\sigma}{\sqrt{n}}$.

Die Standardabweichung der Stichprobenverteilung des Mittelwertes ist damit gegeben durch:

$$\sigma_{\overline{Y}} = \frac{\sigma}{\sqrt{n}}$$

Generell wird die Standardabweichung von Stichprobenverteilungen als Standardfehler bezeichnet, hier also als *Standardfehler des Mittelwertes*.

Standardfehler des Mittelwertes

Gegenüber der Standardabweichung des Merkmals in der Population vermindert sich die Standardabweichung der Zufallsvariablen $\bar{Y}$ um den Faktor $\sqrt{1/n}$. Diese Reduktion wird in Abbildung 5.2 für die normalverteilte Variable IQ mit $\mu = 100$ und $\sigma = 15$ anhand von vier Stichprobenverteilungen des Mittelwerts basierend auf einem Stichprobenumfang von 10, 100, 1 000 und 10 000 demonstriert. Anhand dieser Abbildung ist deutlich zu erkennen, wie sich die Streuung des Mittelwertes mit zunehmendem Stichprobenumfang vermindert. Je größer die Stichprobe ist, umso höher ist die Wahrscheinlichkeit, dass ein Mittelwert in der Nähe des wahren Mittelwerts μ liegt. In vielen Situationen ist der wahre Wert μ unbekannt. In diesem Fall können wir auch den Schluss ziehen, dass ein Mittelwert basierend auf einer großen Stichprobe einen besseren Rückschluss auf den Mittelwert der Population zulässt, als es ein Mittelwert einer kleineren Stichprobe vermag.

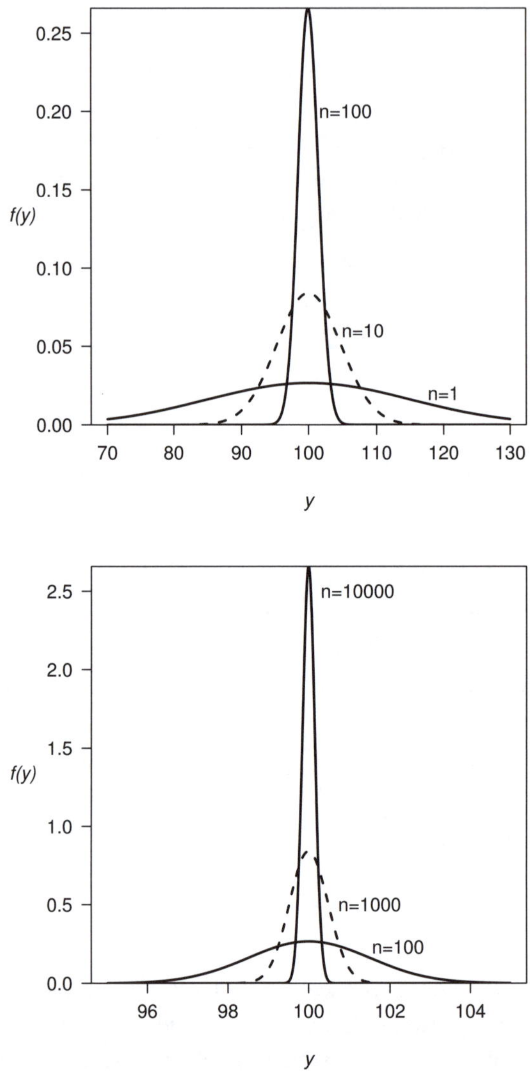

Abbildung 5.2: Vier Stichprobenverteilungen des Mittelwertes mit unterschiedlichem Stichprobenumfang

Beispiel: Die Stichprobenverteilung der Mittelwerte zur Hypothesentestung

Es wird an einer Stichprobe von $n = 36$ Schülern eines Gymnasiums ein Intelligenztest durchgeführt. Es ergibt sich ein Mittelwert von $\bar{y} = 110$. Im Allgemeinen sind Intelligenztests so normiert, dass die Population normalverteilt ist mit $\mu = 100$ und $\sigma = 15$.

Fragestellung: Besitzen die Schüler dieses Gymnasiums einen höheren mittleren IQ als die Gesamtbevölkerung? Oder: Wie wahrscheinlich ist es, dass bei einer Stichprobe von $n = 36$ ein mittlerer IQ von 110 erzielt wird, wenn diese Stichprobe aus der Gesamtbevölkerung (mit $\mu = 100$ und $\sigma = 15$) stammt?

Lösung:

Der Erwartungswert der Stichprobenverteilung des Mittelwerts beträgt:

$$E(\bar{Y}) = 100$$

Für die Standardabweichung der Stichprobenverteilung des Mittelwerts, den Standardfehler $\sigma_{\bar{y}}$, gilt:

$$\sigma_{\bar{Y}} = \frac{\sigma}{\sqrt{n}} = \frac{15}{\sqrt{36}} = \frac{15}{6} = 2.5$$

Zieht man also aus einer normalverteilten Population mit $\mu = 100$ und $\sigma = 15$ eine Stichprobe des Umfangs $n = 36$, so resultiert als Stichprobenverteilung des Mittelwerts die Normalverteilung $N(100, 2.5)$. Es ist extrem unwahrscheinlich, gegeben diese Stichprobenverteilung, einen mittleren IQ von 110 oder höher zu erzielen. Daher wird man die Hypothese, dass diese Stichprobe aus einer Population mit einem mittleren IQ von 100 stammt, wohl kaum aufrechterhalten.

Eine einfachere Abschätzung der Wahrscheinlichkeit unter der gegebenen Stichprobenverteilung einen Wert von 110 oder höher zu erhalten, kann anhand der z-Standardisierung erfolgen:

$$z = \frac{\bar{y} - E(\bar{Y})}{\sigma_{\bar{Y}}} = \frac{110 - 100}{2.5} = \frac{10}{2.5} = 4$$

Einen z-Wert von 4 oder größer zu erzielen, ist extrem unwahrscheinlich (die Wahrscheinlichkeit ist $1 - .99997 = .00003$; vgl. Normalverteilungstabelle im Anhang). Wie dieses Beispiel zeigt, erhält man mit der Größe $\frac{\bar{y} - E(\bar{Y})}{\sigma_{\bar{Y}}}$ eine Basis für die Entscheidung über die Hypothese. Allein aufgrund der Angabe von $\bar{x}$ wäre eine solche Entscheidung nicht möglich.

Fassen wir hier noch einmal kurz die Entwicklung von Stichprobenverteilungen zusammen. Ausgangspunkt ist eine Population, in der das interessierende Merkmal durch eine Zufallsvariable Y, die einer bestimmten Wahrscheinlichkeitsverteilung folgt, beschrieben wird. Im vorliegenden Fall gingen wir von einer normalverteilten Zufallsvariablen Y aus. Aus der Population werden n unabhängige Stichprobenelemente gezogen. Die zugehörigen Stichprobenvariablen $Y_1, ..., Y_n$ sind wie die Zufallsvariable Y verteilt und zudem unabhängig. Man spricht hierbei auch von der i.i.d.-Annahme (i.i.d = independent and identically distributed, vgl. Kap. 4.1.1). Anhand dieser Stichprobenvariablen wird eine Stichprobenfunktion gebildet, die auch Stichprobenstatistik oder Statistik genannt wird. Die Stichprobenfunktion bzw. Statistik im obigen Beispiel bildete der Mittelwert. Die Statistik ist eine Zufallsvariable, deren Verteilung die Stichprobenverteilung der Statistik darstellt.

Je größer der Stichprobenumfang, umso geringer ist in der Regel die Streuung der Stichprobenverteilung einer Statistik. Damit eignet sie sich zur Schätzung von Parametern und zur Hypothesentestung. In diesem Zusammenhang werden die Statistiken auch Schätz- bzw. Teststatistiken genannt.

Oft ist es sinnvoll, wie im letzten Beispiel anhand der Hypothesentestung gezeigt, nicht die Stichprobenverteilung einer Statistik selbst, wie z. B. des Mittelwerts, heranzuziehen, sondern die Stichprobenverteilung von komplexeren Statistiken, wie den z-transformierten Mittelwerten. Die Transformation erfolgt dabei so, dass die transformierten Statistiken einfacheren Wahrscheinlichkeitsverteilungen, wie der Standardnormalverteilung, folgen.

5.3 Stichprobenverteilung des Mittelwerts nicht normalverteilter Zufallsvariablen

Die Ableitung der Stichprobenverteilung des Mittelwerts erfolgte im letzten Abschnitt unter der Annahme, dass die Verteilung des Merkmals in der Population normal ist. Diese Voraussetzung ist jedoch häufig nicht gegeben. Daher nehmen wir im Folgenden an, dass es sich bei den Elementen der Stichprobe um n Realisierungen von unabhängigen, identisch verteilten Zufallsvariablen $Y_1, \ldots, Y_n$ mit einer beliebigen Wahrscheinlichkeitsverteilung handelt. Die Annahme einer Normalverteilung ist hier also nicht erforderlich. Auch hier weisen die Zufallsvariablen $Y_1, \ldots, Y_n$ jeweils denselben Erwartungswert μ und die gleiche Varianz σ^2 auf. Somit folgt für die Stichprobenverteilung der Mittelwerte wiederum:

unabhängige, identisch verteilte Zufallsvariablen

$$E(\overline{Y}) = \mu$$
$$Var(\overline{Y}) = \frac{\sigma^2}{n}$$

Unbekannt ist hingegen die Wahrscheinlichkeitsverteilung der Zufallsvariablen *Mittelwert*. Sie hängt von der Ausgangsverteilung der Stichprobenvariablen ab und kann im Allgemeinen nicht wie im Fall normalverteilter Variablen analytisch bestimmt werden. Jedoch kann gezeigt werden, dass die Stichprobenverteilung des Mittelwerts im Fall von unabhängigen, identisch verteilten Zufallsvariablen ab einem Stichprobenumfang von $n > 30$ approximativ normalverteilt ist.

Die approximative Normalverteilung als Stichprobenverteilung folgt aus einem wichtigen Theorem der mathematischen Statistik, dem *zentralen Grenzwertsatz (central limit theorem)*.

zentraler Grenzwertsatz

Zentraler Grenzwertsatz (ZGS):

Sind $Y_1, \ldots, Y_n$ unabhängige, identisch verteilte Zufallsvariablen mit Erwartungswert μ und Varianz σ^2, so ist die Stichprobenverteilung des Mittelwerts $\overline{Y}$ für $n > 30$ approximativ (d. h. näherungsweise) normalverteilt.

Der Erwartungswert der Stichprobenverteilung des Mittelwerts ist:

$$E(\overline{Y}) = \mu_{\overline{Y}} = \mu$$

Die Varianz der Stichprobenverteilung des Mittelwerts beträgt:

$$Var(\overline{Y}) = \sigma^2_{\overline{Y}} = \frac{1}{n}\sigma^2$$

In der Regel reicht $n > 30$ für eine gute Approximation aus.

Es sei nochmals betont, dass in dieser Formulierung des zentralen Grenzwertsatzes lediglich verlangt wird, dass alle $Y_1, \ldots, Y_n$ unabhängig und identisch verteilt sind. Über die Form dieser Verteilung ist nichts ausgesagt.

Angemerkt sei hier, dass es weitere Versionen dieses Theorems gibt, denen zufolge die Annahme der Unabhängigkeit der Stichproben abgeschwächt werden kann und weiterhin die Stichprobenvariablen nicht identisch verteilt sein müssen (vgl. z. B. Bauer, 2002). Dabei ist aber vorausgesetzt, dass keine der Stichprobenvariablen die anderen dominiert, also die Varianz des Mittelwerts im Wesentlichen nur von einer Stichprobenvariablen abhängt. Etwas salopp formuliert, folgt damit aus dem zentralen Grenzwertsatz, dass Zufallsvariablen, die sich aus vielen einzelnen, nicht zu unterschiedlichen Zufallsvariablen zusammensetzen, eine approximative Normalverteilung aufweisen.

Zur Veranschaulichung des zentralen Grenzwertsatzes betrachten wir als einfache Zufallsvariable das Werfen eines Würfels. Das folgende Beispiel zeigt die Stichprobenverteilung des Mittelwerts der gewürfelten Augen im Fall von $n = 2$ Würfen.

Beispiel : Verteilung der Mittelwerte der Augensummen beim zweimaligen Würfeln

$\bar{y}$	Zugehörige Würfelergebnisse	$P(\bar{Y} = \bar{y})$
1.0	$\{(1,1)\}$	$\frac{1}{36}$
1.5	$\{(1,2),(2,1)\}$	$\frac{2}{36}$
2.0	$\{(1,3),(2,2),(3,1)\}$	$\frac{3}{36}$
2.5	$\{(2,3),(1,4),(3,2),(4,1)\}$	$\frac{4}{36}$
3.0	$\{(1,5),(2,4),(3,3),(4,2),(5,1)\}$	$\frac{5}{36}$
3.5	$\{(1,6),(2,5),(3,4),(4,3),(5,2),(6,1)\}$	$\frac{6}{36}$
4.0	$\{(2,6),(3,5),(4,4),(5,3),(6,2)\}$	$\frac{5}{36}$
4.5	$\{(3,6),(4,5),(5,4),(6,3)\}$	$\frac{4}{36}$
5.0	$\{(4,6),(5,5),(6,4)\}$	$\frac{3}{36}$
5.5	$\{(5,6),(6,5)\}$	$\frac{2}{36}$
6.0	$\{(6,6)\}$	$\frac{1}{36}$

In Abbildung 5.3 sind neben der Verteilung für $n = 1$ (Ausgangsverteilung) die Mittelwertsverteilungen für $n = 2$, $n = 4$ und $n = 8$ grafisch veranschaulicht. Bei einem Würfelwurf sind die Augenzahlen $1, 2, 3, 4, 5, 6$ diskret gleichverteilt (vgl. die Grafik oben links in Abb. 5.3). Die weiteren Abbildungen zeigen, dass bereits der Mittelwert beim zweimaligen Würfeln eine Verteilung aufweist, die relativ gut durch eine Normalverteilung approximiert wird. Für die Mittelwerte bei viermaligem bzw. achtmaligem Würfeln wird die Approximation durch eine Normalverteilung immer besser (vgl. die Verteilungen im unteren Teil der Abb. 5.3).

Die schnelle Approximation der Stichprobenverteilung des Mittelwerts beim mehrmaligen Würfelwurf ist u. a. darin begründet, dass es sich hier um eine symmetrische Verteilung der Stichprobenvariablen handelt. Die Stichprobenverteilung des Mittelwerts für asymmetrische Stichprobenvariablen wird anhand des folgenden Beispiels veranschaulicht. Zugleich wird an diesem Beispiel demonstriert, wie man eine Stichprobenverteilung per Simulation erhält.

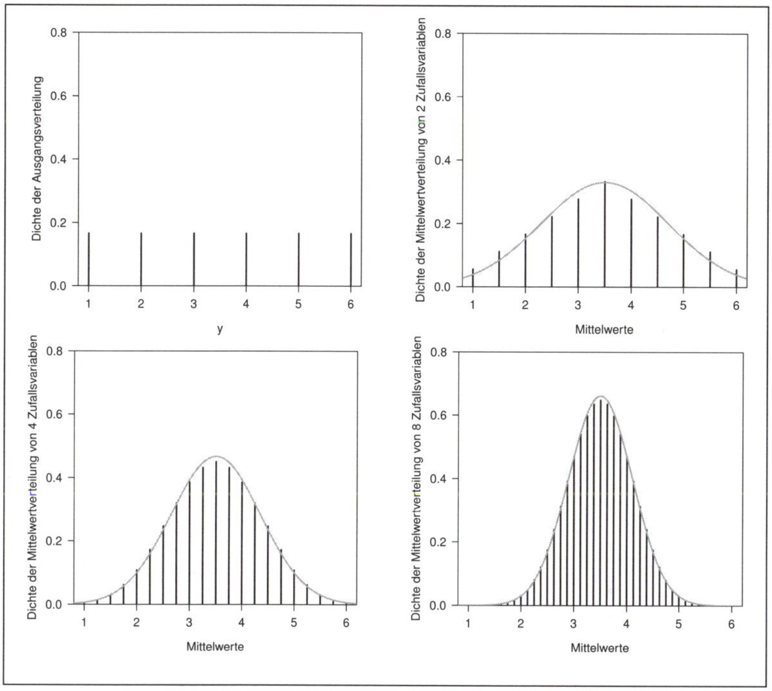

Abbildung 5.3: Stichprobenverteilung des Mittelwertes der Augen beim mehrmaligen Würfeln. Für $n = 2,4$ und 8 ist die Dichte der approximierenden Normalverteilung ebenfalls dargestellt

Für die in Abbildung 5.4 oben links dargestellte, relativ schiefe Verteilung der Stichprobenvariablen kann die Stichprobenverteilung des Mittelwertes nicht analytisch exakt bestimmt werden, sondern es werden dazu Simulationen durchgeführt. Es wurden 5 000 Zufallsstichproben jeweils vom Umfang $n = 10,20$ und 30 gezogen und für jede Zufallsstichprobe der Mittelwert berechnet. Die resultierenden Verteilungen der Mittelwerte für die unterschiedlichen Stichprobenumfänge sind ebenfalls in Abbildung 5.4 dargestellt.

Wie das obige Beispiel zeigt, hängt die Güte der Approximation durch die Normalverteilung neben dem Stichprobenumfang von der Form der Ausgangsverteilung ab. Weiterhin sieht man, dass in der Regel die Stichprobenverteilung des Mittelwerts für $n > 30$ so gut durch die Normalverteilung approximiert, dass sie hierdurch ersetzt werden kann.

Ist die Ausgangsverteilung von Y nicht sehr schief, dann genügen bereits Stichproben vom Umfang $n = 10$ für eine gute Approximation, wie das Beispiel mit den gleichverteilten Würfelergebnissen zeigt. Wenn jedoch so gut wie keine Information über die Ausgangsverteilung von Y

vorliegt, sollte man mindestens einen Stichprobenumfang von $n > 30$ einplanen.

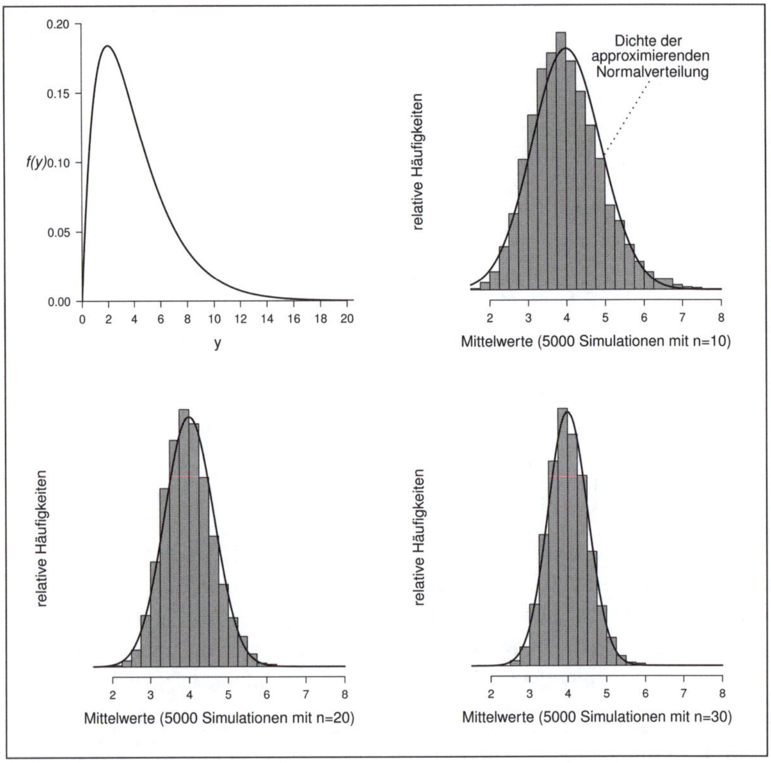

Abbildung 5.4: Stichprobenverteilung der Mittelwerte von Zufallsstichproben aus einer schiefen Verteilung

Bisher wurde angenommen, dass die Stichproben aus einer unendlich oder zumindest sehr großen Grundgesamtheit gezogen wurden. Ist jedoch die Grundgesamtheit im Vergleich zur Stichprobe relativ klein, ist die Annahme einer Stichprobenziehung mit Zurücklegen nicht zulässig. Bei einer dann erforderlichen Stichprobenziehung ohne Zurücklegen ist der Standardfehler des Mittelwertes zu groß. Bezeichnen wir mit N die Größe der Grundgesamtheit, dann ist analog zum Unterschied zwischen Binomialverteilung und hypergeometrischer Verteilung (vgl. Kap. 4.1.2) der Standardfehler des Mittelwertes wie folgt zu korrigieren:

$$\sigma_{\overline{Y}}(\text{korrigiert}) = \frac{\sigma}{\sqrt{n}}\sqrt{\frac{N-n}{N-1}}$$

Endlichkeitskorrektur

Man spricht hier von der sogenannten *Endlichkeitskorrektur*. Ist die Grundgesamtheit mindestens 20-mal so groß wie die Stichprobe, ist eine Endlichkeitskorrektur des Standardfehlers nicht erforderlich.

5.4 Stichprobenverteilung von Anteilswerten

Liegen dichotome Variablen vor, ist man zumeist an relativen Häufigkeiten interessiert, so z. B. an der relativen Häufigkeit von Stimmen für eine bestimmte Partei. Sind die beiden Ausprägungen dichotomer Variablen mit 0 und 1 kodiert, so entspricht die relative Häufigkeit dem arithmetischen Mittel (vgl. Internetsupplement).

Als Verteilung für einzelne dichotome Stichprobenvariablen ist die Bernoulli-Verteilung (vgl. Kap. 3.5.1) adäquat. Sie modelliert die Wahrscheinlichkeit für das mit 1 kodierte Ereignis, das zumeist als „Erfolg" bezeichnet wird. Die Anzahl der Erfolge Y innerhalb von insgesamt n Durchgängen in Abhängigkeit vom Parameter π ist dann binomialverteilt (vgl. Kap. 4.1.1).

Teilt man die Anzahl der Erfolge Y durch n, resultiert die Zufallsvariable $Y' = Y/n$ für die relativen Häufigkeiten, deren Verteilung als skalierte Binomialverteilung eingeführt wurde (vgl. Kap. 4.1.1).

$$
\begin{aligned}
E(Y') &= \pi \\
Var(Y') &= \frac{\pi \cdot (1-\pi)}{n}
\end{aligned}
$$

Betrachten wir dazu das schon bekannte Experiment, bei dem eine Vp angeben soll, in welchem von vier Feldern eines Bildschirms ein Lichtreiz auftritt (vgl. Kap. 4.1.1).

Beispiel: Stichprobenverteilung der relativen Häufigkeit

Gehen wir davon aus, dass eine Versuchsperson lediglich rät, in welchem der vier Felder der Lichtreiz auftritt, liegt für die Stichprobenvariablen eine Bernoulli-Verteilung mit dem Parameter $\pi = .25$ vor. Bei fünf Durchgängen, d. h. einer Stichprobe von $n = 5$, repräsentiert die Summe der Erfolge eine binomialverteilte Zufallsvariable mit Erwartungswert 1.25 und die relative Häufigkeit der Erfolge bildet eine skalierte binomialverteilte Zufallsvariable mit Erwartungswert .25.

y	y/n	$P(Y = y) = P(Y_n = y/n)$	$P(Y \leq y) = P(Y_n \leq y/n)$
0	.00	.2373	.2373
1	.20	.3955	.6328
2	.40	.2637	.8965
3	.60	.0879	.9844
4	.80	.0146	.9990
5	1.00	.0010	1.0000

Für große Stichproben ist die Berechnung der Wahrscheinlichkeitsverteilung für die relative Häufigkeit der Erfolge mittels der skalierten Binomialverteilung aufwändig. Aufgrund des zentralen Grenzwertsatzes kann auch die Verteilung des Mittelwerts Bernoulli-verteilter Zufallsvariablen für hinreichend großes n auch durch eine Normalverteilung approximiert werden. Der Erwartungswert und die Varianz der Verteilung der relativen Häufigkeiten wurden oben bereits bestimmt, somit ist die Verteilung der Anteilswerte durch eine Normalverteilung mit $\mu = \pi$ und $\sigma^2 = \frac{\pi \cdot (1-\pi)}{n}$ zu approximieren.

Um eine hinreichend gute Approximation zu erzielen, ist zu bedenken, dass die Binomialverteilung und damit die skalierte Binomialverteilung relativ schief verteilt sind, wenn π in den Nähe von 0 oder 1 liegt und zugleich n klein ist. In diesen Fällen ist die Approximation durch die Normalverteilung nicht gut genug. Wenn allerdings die Bedingungen $n \cdot \pi > 9$ und $n \cdot (1-\pi) > 9$ erfüllt sind, fällt die Approximation der (skalierten) Binomialverteilung durch die Normalverteilung zufriedenstellend aus.

Die Abbildungen 5.5 und 5.6 zeigen skalierte Binomialverteilungen und ihre jeweilige Normalverteilungsapproximation für die – nach den oben aufgeführten Bedingungen – jeweils kleinste Stichprobengröße in Abhängigkeit der ausgewählten Erfolgswahrscheinlichkeiten. Es zeigt sich, dass eine hinreichende Approximation durch die Normalverteilung gegeben ist, wenn die oben genannten Bedingungen erfüllt sind.

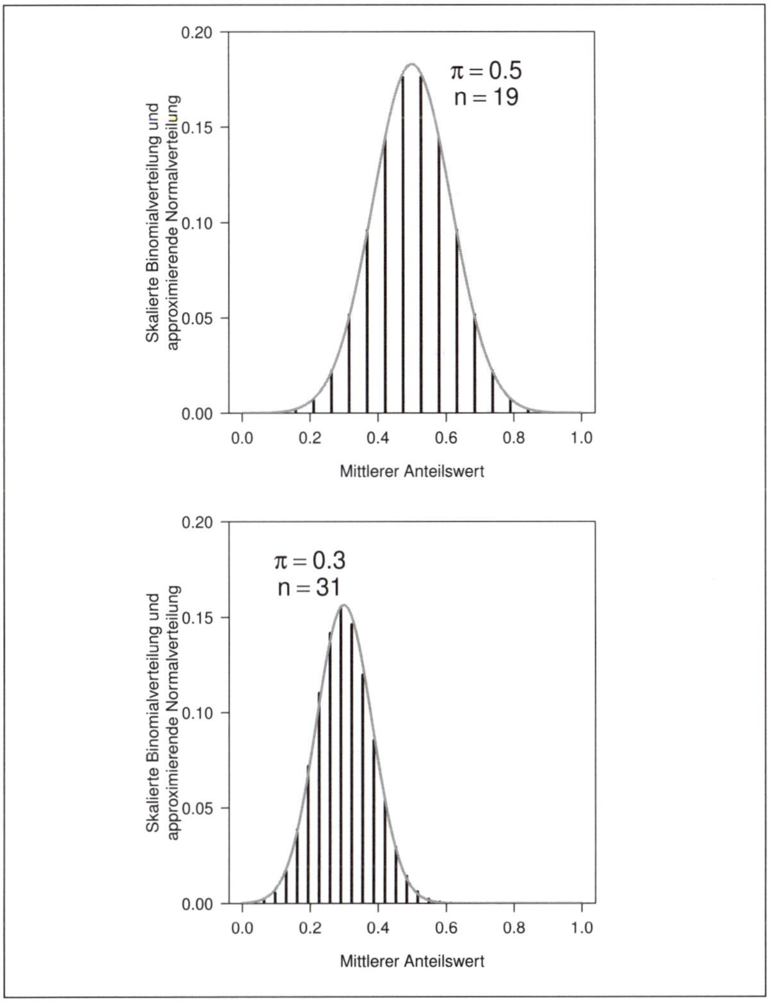

Abbildung 5.5: Veranschaulichung der Bedingungen für eine Approximation der skalierten Binomialverteilung durch die Normalverteilung ($\pi = 0.5$ und $\pi = 0.3$)

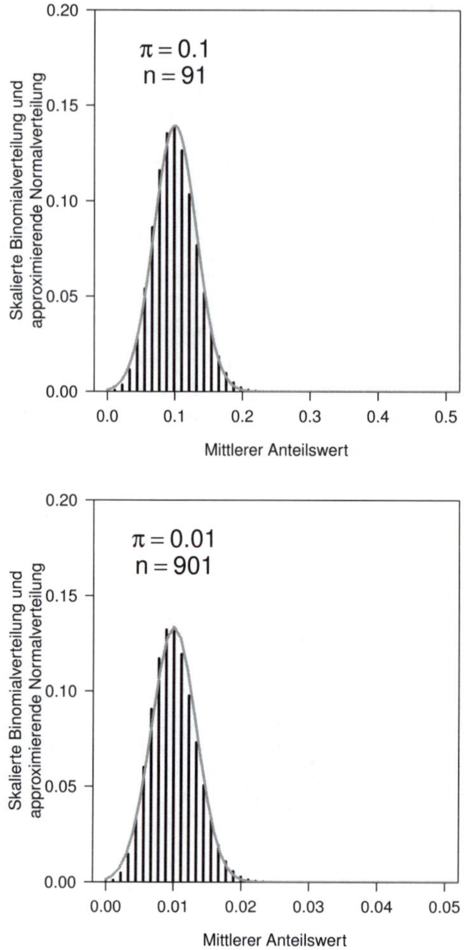

Abbildung 5.6: Veranschaulichung der Bedingungen für eine Approximation der skalierten Binomialverteilung durch die Normalverteilung ($\pi = 0.1$ und $\pi = 0.01$)

In der Literatur finden sich Korrekturformeln, die eine verbesserte Approximation der (skalierten) Binomialverteilung durch die Normalverteilung ergeben, da die Normalverteilung eine stetige Verteilung ist. Hingegen kann die Binomialverteilung nur diskrete Werte annehmen. Diese Korrekturen machen sich nur für Stichprobenumfänge kleiner als 100 bemerkbar. Da heutzutage bis zu einem $n < 100$ eine exakte Berechnung der Binomialverteilung mittels Computerprogrammen vorgenommen werden kann, sollte man in Fällen, bei denen es auf eine hohe Genauigkeit ankommt, keine korrigierte Approximation nutzen, sondern direkt die exakten Werte berechnen. (Weitere Ausführungen dazu finden sich im Internetsupplement.)

Beispiel: für die Approximation von Anteilswerten durch die Normalverteilung

An einer Schule mit 300 hochbegabten Schülern wird bei 15 Schülern ADHS (Aufmerksamkeitsdefizit-/Hyperaktivitätsstörung) diagnostiziert. In der Gesamtpopulation aller Schüler sind 4% von ADHS betroffen.

Fragestellung: Stammen die hochbegabten Schüler aus einer Population mit einer erhöhten ADHS-Rate? Oder: Wie wahrscheinlich ist es, 15 Schüler mit ADHS in einer Stichprobe von 300 Schülern zu diagnostizieren, wenn in der zugrunde liegenden Population 4% der Schüler von ADHS betroffen sind?

Lösung: Es gilt:

$$
\begin{aligned}
E\left(\frac{Y}{n}\right) &= 0.04 \\
Var\left(\frac{Y}{n}\right) &= \frac{0.04(1-0.04)}{300} = 0.00013 \\
\sigma &= \sqrt{0.00013} = 0.0114
\end{aligned}
$$

Y/n ist hinreichend gut normalverteilt mit $\mu = 0.04$ und $\sigma = 0.0114$, wenn $n \cdot \pi > 9$ und $n \cdot (1 - \pi) > 9$ gelten. Mit $300 \cdot 0.04 = 12$ und $300 \cdot 0.96 = 288$ sind diese Bedingungen erfüllt. Als relative Häufigkeit für ADHS in der Stichprobe resultiert:

$$\bar{x} = \frac{15}{300} = 0.05$$

Die z-Standardisierung der relativen Häufigkeiten ergibt:

$$z = \frac{\bar{x} - \mu}{\sigma} = \frac{0.05 - 0.04}{0.0114} = 0.877$$

Einen standardnormalverteilten z-Wert von 0.877 oder höher zu erzielen, entspricht einer Wahrscheinlichkeit von .19. Damit ist der in der Stichprobe erhobene Anteilswert nicht als auffällig zu werten. Demnach ist nicht davon auszugehen, dass bei Hochbegabten eine erhöhte ADHS-Rate vorliegt. (Dabei entspricht das Ergebnis dieser fiktiven Studie dem Forschungsstand zum Zusammenhang von Hochbegabung und ADHS, vgl. Stapf, 2003.)

Schließlich sei hier darauf hingewiesen, dass auch für Anteilswerte bei kleinen Populationen eine Endlichkeitskorrektur des Standardfehlers durchzuführen ist (vgl. Kap. 4.1.2):

Wenn $n > N/20$, dann gilt:

$$\sigma_{Y/n}(\text{korrigiert}) = \frac{\pi(1-\pi)}{\sqrt{n}}\sqrt{\frac{N-n}{N-1}}$$

5.5 Stichprobenverteilung der Varianz

Die Stichprobenverteilungen weiterer Statistiken lassen sich unter gewissen Voraussetzungen ebenfalls ableiten. In diesem Kapitel soll die Stichprobenverteilung der Varianz angegeben werden.

Ausgangspunkt seien hier ein normalverteiltes Merkmal Y in der Population und Stichproben des Umfangs n. Gesucht ist die Stichprobenverteilung für die Stichprobenvarianz

$$S_Y^2 = \sum_{i=1}^{n} \frac{(Y_i - \overline{Y})^2}{n-1}.$$

Wie bei der Herleitung der χ^2-Verteilung ausgeführt (vgl. Kap. 4.2.3), gilt:

$$\sum_{i=1}^{n} \frac{(Y_i - \overline{Y})^2}{\sigma_Y^2} \sim \chi^2(n-1)$$

Aus

$$\sum_{i=1}^{n} (Y_i - \overline{Y})^2 = (n-1)S_Y^2$$

folgt:

$$\frac{(n-1)S_Y^2}{\sigma_Y^2} \sim \chi^2(n-1)$$

Damit gilt:

$$S_Y^2 \sim \frac{\sigma_Y^2}{n-1}\chi^2(n-1)$$

Die Verteilung der Stichprobenvarianz stellt damit eine um den Faktor $\frac{\sigma_Y^2}{n-1}$ modifizierte χ^2-Verteilung dar.

Für die üblichen Schätz- und Testprobleme wird jedoch, wie wir später zeigen werden, die Statistik $\frac{(n-1)S_Y^2}{\sigma_Y^2}$ verwendet, deren Verteilung keine Modifikation der χ^2-Verteilung benötigt.

Bisher wurden die Stichprobenverteilungen für einige wenige Statistiken (Mittelwert, relative Häufigkeit und Varianz) angegeben, wobei bestimmte Annahmen über die Wahrscheinlichkeitsverteilung für die Stichprobenvariablen getroffen wurden. Einige Stichprobenverteilungen konnten auf analytischem Weg entweder exakt oder zumindest approximativ hergeleitet werden. Eine solche analytische Ableitung existiert auch – ausgehend von bestimmten Annahmen zur Wahrscheinlichkeitsverteilung für die Population – für weitere Statistiken, wie z. B. dem Produkt-Moment-Korrelationskoeffizienten.

Neben der analytischen Herleitung von Stichprobenverteilungen haben wir Stichprobenverteilungen durch Simulation erstellt (vgl. Kap. 5.3), d. h. es wurden aus der als bekannt vorausgesetzten Verteilung des Merkmals in Population jeweils (per Computer) Zufallstichproben gezogen, für jede Stichprobe die entsprechende Statistik berechnet und dann die relative Häufigkeitsverteilung der Statistik erstellt. Mit zunehmender Anzahl an Stichproben kann somit die Stichprobenverteilung beliebig genau erstellt werden. Häufig sind bereits 1 000 Stichproben völlig ausreichend.

Wenn aber die Verteilung des Merkmals in der Population nicht bekannt ist und die Stichprobenverteilung nicht analytisch hergeleitet werden kann, ist es dennoch in vielen Fällen möglich, eine Schätzung der Stichprobenverteilung vorzunehmen. Dazu dient das nun im Folgenden dargestellte Bootstrap-Verfahren.

5.6 Bootstrap-Verfahren

Die Stichprobenverteilung des Mittelwerts bei unbekannter Wahrscheinlichkeitsverteilung des Merkmals in der Population und einem Stichprobenumfang von $n = 20$ kann nicht anhand des zentralen Grenzwertsatzes erstellt werden, da die entsprechenden Voraussetzungen nicht erfüllt sind. Hier kann die Stichprobenverteilung mithilfe des Bootstrap-Verfahrens erstellt werden. Andere Beispiele für die Anwendung des Bootstrap-Verfahrens sind die Erstellung der Stichprobenverteilung für den Median oder den Schiefeindex $QS(25)$ (Quartilskoeffizient der Schiefe, zur Definition vgl. Holling & Gediga, 2011, S. 119) bei einer unbekannten Wahrscheinlichkeitsverteilung des Merkmals in der Population.

Das Bootstrap-Verfahren nutzt zur Schätzung der Stichprobenverteilung die Information, die eine Stichprobe bietet. Diese Stichprobe wird auch als *Basisstichprobe* bezeichnet und als ein repräsentatives Abbild der Population erachtet. Ausgangspunkt des Bootstrap-Verfahrens ist die Basisstichprobe

Basisstichprobe mit n Elementen $(y_1, y_2, \ldots, y_n)$. Diese Stichprobe fungiert nun gewissermaßen als Population, d. h. aus der Basisstichprobe werden wiederum Stichproben des Umfangs n mit Zurücklegen $(y_1^*, y_2^*, \ldots, y_n^*)$ – in aller Regel per Computer – gezogen. Für jede dieser Stichproben, die zur Unterscheidung von der Basisstichprobe *Bootstrap-Stichproben* genannt werden, wird die interessierende Statistik berechnet. Dann kann die relative Häufigkeitsverteilung dieser Statistik erstellt werden, die dann eine Schätzung der Stichprobenverteilung dieser Statistik darstellt. Da bei diesem Verfahren aus einem Sample wiederum Samples gezogen werden, nennt man dieses Verfahren auch Resampling.

Bootstrap-Stichproben

An einem einfachen Beispiel sei dieses Vorgehen demonstriert. Gehen wir von folgender Frage aus: „Wie zufrieden sind Sie alles in allem mit Ihrem Beruf?" Als Antwortskala sei vorgegeben: 1 (sehr zufrieden), ..., 10 (sehr unzufrieden). Die Wahrscheinlichkeitsverteilung für die Antworten der gesamten Population sei unbekannt. Die Ziehung einer Stichprobe des Umfangs $n = 3$ habe die Beobachtungen $y_1 = 1$, $y_2 = 4$, $y_3 = 9$ ergeben. (Ein solcher Stichprobenumfang ist für das Bootstrap-Verfahren viel zu gering, er wurde hier aus rein didaktischen Gründen gewählt.) Die relativen Häufigkeiten von y_1, y_2 und y_3 sind jeweils $1/3$, als Mittelwert resultiert $\bar{y} = 4.667$ und als Median $y_{med} = 4$.

Sind wir nun an der Stichprobenverteilung des Mittelwerts und des Medians für $n = 3$ interessiert, ziehen wir eine bestimmte Anzahl B an Bootstrap-Stichproben mit Zurücklegen aus dieser Stichprobe. In diesem speziellen Fall können wir alle möglichen Bootstrap-Stichproben bestimmen und deren relative Häufigkeit bzw. Wahrscheinlichkeit bestimmen.

Aus einer Basisstichprobe mit n unterschiedlichen Elementen können wir $n^n = 3^3 = 27$ mögliche Bootstrap-Stichproben (der Größe n) bzw. $\binom{2n-1}{n}$ mögliche unterschiedliche Stichproben erzeugen (vgl. Internetsupplement).

Die Bootstrap-Stichproben sowie die zugehörigen Mittelwerte, Mediane und Wahrscheinlichkeiten für die einzelnen Stichproben sind für das obige Beispiel in Tabelle 5.1 dargestellt.

Tabelle 5.1: Bootstrap-Stichproben und zugehörige Mittelwerte, Mediane und Wahrscheinlichkeiten für $n = 3$

Stichprobe	Mittelwert	Median	Wahrscheinlichkeit
$\{1,1,1\}$	3/3	1	1/27
$\{1,1,4\}$	6/3	1	3/27
$\{1,1,9\}$	11/3	1	3/27
$\{1,4,4\}$	9/3	4	3/27
$\{1,4,9\}$	14/3	4	6/27
$\{1,9,9\}$	19/3	9	3/27
$\{4,4,4\}$	12/3	4	1/27
$\{4,4,9\}$	17/3	4	3/27
$\{4,9,9\}$	22/3	9	3/27
$\{9,9,9\}$	27/3	9	1/27

Tabelle 5.2: Bootstrapverteilungsfunktionen für Mittelwert und Median für $n = 3$

Mittelwert	f	F	Median	f	F
3/3	1/27	1/27	1	7/27	7/27
6/3	3/27	4/27	4	13/27	20/27
9/3	4/27	7/27	9	7/27	1.0
11/3	3/27	10/27			
12/3	1/27	11/27			
14/3	6/27	17/27			
17/3	3/27	20/27			
19/3	3/27	23/27			
22/3	3/27	26/27			
27/3	1/27	1.0			

Nun lassen sich die Erwartungswerte und Varianzen für den Mittelwert und Median der Bootstrap-Stichproben berechnen. Als Erwartungswert bzw. Varianz für den Mittelwert resultieren 4.67 und 3.63, die entsprechenden Werte für den Median sind 4.52 und 8.55. Die Wurzeln aus den Varianzen dienen dann als Schätzung für die Standardfehler. Weiterhin können aus den Angaben der Tabelle 5.1 nun die Bootstrap-Verteilungen (f für die Dichte und F für die Verteilungsfunktion) für den Mittelwert und den Median erstellt werden, die in Tabelle 5.2 dargestellt sind.

Damit das Bootstrap-Verfahren zu zuverlässigen Ergebnissen führt, sollte die Stichprobe repräsentativ für die Population sein. Bei einer Stichprobe des Umfangs $n = 3$ ist diese Voraussetzung wohl kaum gegeben. Daher sind auf alle Fälle größere Stichproben für die Anwendung des Bootstrap-Verfahrens indiziert.

Um die Funktionsweise des Bootstrap-Verfahrens zu erläutern, nutzen wir im Folgenden Stichproben der Größe $n = 300$ aus einer rechtsschiefen Verteilung, die wir bereits oben verwendet haben (vgl. Kap. 5.3).

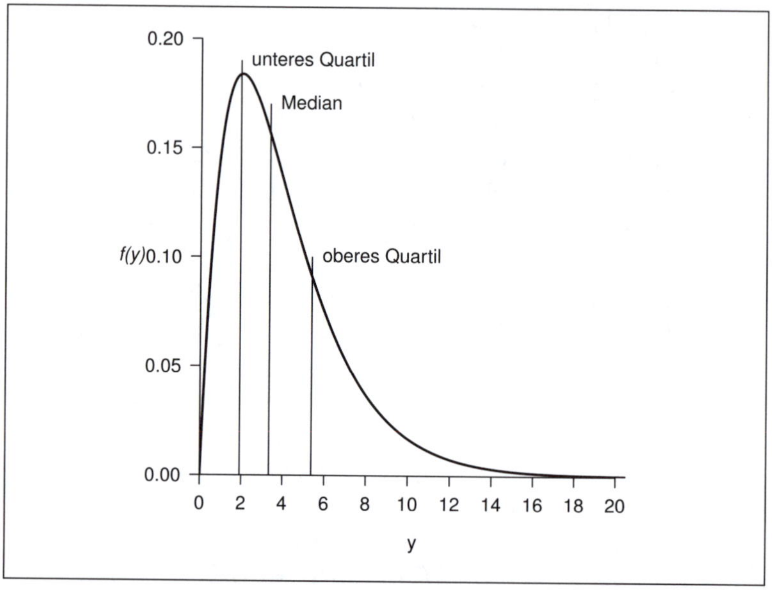

Abbildung 5.7: Rechtsschiefe Verteilung mit Quartilen und Median

Als Statistik nutzen wir den Schiefeindex $QS(25)$ (vgl. Holling & Gediga, 2011, S. 119). Dieser Index ist definiert als

$$QS(25) = \frac{(y_{.75} - y_{.50}) - (y_{.50} - y_{.25})}{y_{.75} - y_{.25}}$$

In Abbildung 5.7 sind zusätzlich die Quartilabstände dargestellt, die die Grundlage für den Schiefeindex $QS(25)$ für die Population bilden. Der Schiefeindex für die Population beträgt:

$$QS(25) = \frac{(5.385 - 3.357) - (3.357 - 1.923)}{5.385 - 1.923} = 0.172$$

Um zu sehen, wie stabil das Bootstrap-Verfahren ist, ziehen wir nicht eine, sondern drei Basisstichproben mit $n = 300$. Aus jeder dieser drei Stichproben ziehen wir dann jeweils 10 000 Bootstrap-Stichproben, sodass wir drei Bootstrap-Verteilungen als Schätzungen für die Stichprobenverteilung erhalten. Des Weiteren ziehen wir 10 000 Stichproben der Größe 300 aus der Ausgangsverteilung und berechnen auch hier die Stichprobenverteilung der Schätzungen für $QS(25)$.

Es interessiert uns, inwieweit die drei Bootstrap-Verteilungen miteinander und mit der Stichprobenziehung aus der Ausgangsverteilung übereinstimmen.

In Abbildung 5.8 ist oben links die Dichtefunktion der Zufallsvariablen dargestellt, die die Verteilung des Merkmals in der Population beschreibt. Rechts daneben befindet sich die Stichprobenverteilung der Schätzungen für $QS(25)$, die auf den 10 000 Stichproben der Größe 300 aus der Ausgangsverteilung beruht. Die weiteren Grafiken auf der linken Seite stellen jeweils die relativen Häufigkeitsverteilungen für $QS(25)$ basierend auf den Basisstichproben dar. Auf der rechten Seite befinden sich die entsprechenden Bootstrap-Verteilungen. In allen Grafiken auf der rechten Seite ist jeweils der wahre Wert von $QS(25)$ (Populationswert) durch eine senkrechte Linie innerhalb des Histogramms dargestellt.

Wie zu sehen ist, stimmen die Bootstrap-Verteilungen von $QS(25)$ relativ gut mit der Verteilung des Merkmals in der Population überein, wenn auch in der Basisstichprobe die Verteilung des Merkmals sich wie in der Population gestaltet. Weicht die Verteilung in der Basisstichprobe allerdings stark von der Verteilung in der Population ab, kann es jedoch bedeutende Differenzen zwischen der Bootstrap-Verteilung und Verteilung des Merkmals in der Population geben. Diese Gefahr wird jedoch durch ein größeres n reduziert.

Wir haben hier das Standard-Bootstrap-Verfahren vorgestellt. Es gibt zahlreiche Varianten, die zu einer verbesserten Bootstrap-Verteilung für bestimmte Statistiken führen (vgl. Davison & Hinkley, 1997; Chernick, 2011).

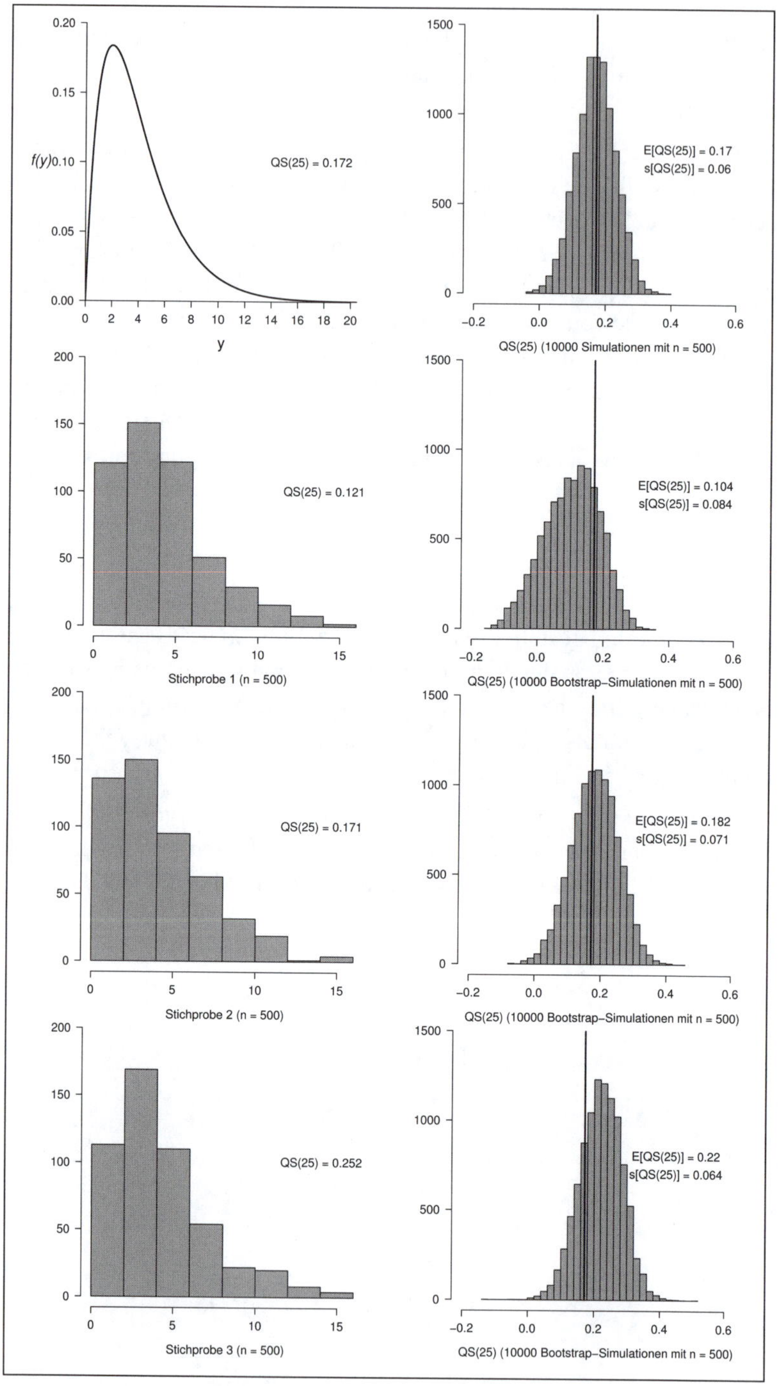

Abbildung 5.8: Dichtefunktion eines Merkmals Y, drei Basisstichproben und zugehörige Bootstrap-Verteilungen für QS(25), s. Text für weitere Erläuterungen

Zusammenfassung

Stichprobenverteilungen stellen die Wahrscheinlichkeitsverteilung für Statistiken dar. Ausgangspunkt ist eine Population, in der das interessierende Merkmal durch eine Zufallsvariable Y mit einer bestimmten Wahrscheinlichkeitsverteilung beschrieben wird. Aus dieser Population werden n unabhängige Stichprobenelemente gezogen. Die zugehörigen Stichprobenvariablen $Y_1, ..., Y_n$ sind wie die Zufallsvariable Y verteilt, d. h. es gilt die i.i.d.-Annahme. Anhand dieser Stichprobenvariablen wird eine Stichprobenfunktion, auch Stichprobenstatistik oder Statistik genannt, gebildet. Die Verteilung dieser Statistik stellt dann die Stichprobenverteilung dar.

Die Stichprobenverteilung von Statistiken besitzt im Allgemeinen eine geringere Streuung als die Verteilung des Merkmals in der Population bzw. einzelner Stichprobenvariablen. Die Stichprobenverteilung dient zur Schätzung von Parametern und der Hypothesentestung. In diesem Zusammenhang werden die Statistiken auch Schätz- bzw. Teststatistiken genannt. Die Standardabweichung der Stichprobenverteilung wird Standardfehler genannt.

Die Stichprobenverteilung des Mittelwertes kann exakt analytisch hergeleitet werden, wenn das Merkmal in der Population normalverteilt ist. Der Standardfehler verringert sich dann gegenüber der Standardabweichung der einzelnen Stichprobenvariablen um den Faktor $\sqrt{1/n}$. Im Falle eines nicht normalverteilten Merkmals ist die Stichprobenverteilung des Mittelwertes ab einem Stichprobenumfang von $n = 30$ approximativ normalverteilt. Dieses Resultat geht auf den zentralen Grenzwertsatz zurück, demzufolge der Mittelwert von i.i.d. Zufallsvariablen ab einem Stichprobenumfang größer 30 approximativ einer Normalverteilung folgt.

Die Stichprobenverteilung von relativen Häufigkeiten kann ebenfalls exakt analytisch hergeleitet werden. Sie stellt eine skalierte Binomialverteilung dar. Die skalierte Binomialverteilung kann durch die Normalverteilung ersetzt werden, wenn bestimmte Bedingungen erfüllt sind.

Die Verteilung von Stichprobenvarianzen ist ebenfalls exakt anhand analytischer Mittel abzuleiten. Sie stellt eine modifizierte χ^2-Verteilung dar.

Ist die Verteilung des Merkmals in der Population bekannt und kann die Stichprobenverteilung nicht analytisch (exakt oder approximativ) hergeleitet werden, kann diese Stichprobenverteilung durch eine Simulation bestimmt werden. Hier zieht man (per Computer) hinreichend viele Zufallsstichproben mit einem bestimmten Umfang, berechnet für jede Stichprobe die Statistik und erstellt dann die relative Häufigkeitsverteilung für diese Statistik.

Ist die Verteilung das Merkmals in er Population unbekannt und besteht weiterhin keine Möglichkeit, eine exakte oder approximative Stichprobenverteilung analytisch zu bestimmen, kann in vielen Fällen das Bootstrap-Verfahren eingesetzt werden. Beim Bootstrap-Verfahren wird aus der unbekannten Population eine Stichprobe gezogen. Aus dieser Stichprobe werden Stichproben mit Zurücklegen, sogenannte Bootstrap-Stichproben, gezogen. Für jede Bootstrap-Stichprobe wird dann die Statistik berechnet. Die relative Häufigkeitsverteilung dieser Statistik ergibt dann eine Schätzung der Stichprobenverteilung.

Zentrale Begriffe

Stichprobenverteilung: Die Verteilung einer Statistik auf der Basis von Zufallsstichproben mit einem bestimmten Stichprobenumfang, die aus einer Population gezogen werden.

Statistik: Eine Funktion von Stichprobenvariablen, die identisch verteilt sind. Statistiken stellen Zufallsvariablen dar. Beispiele sind Mittelwert, relative Häufigkeit oder Varianz.

i.i.d.-Annahme: Die Annahme, dass eine Menge von Zufallsvariablen $Y_1, ..., Y_n$ identisch verteilt und unabhängig ist.

Zentraler Grenzwertsatz: Dieser Satz besagt, dass die Verteilung des Mittelwerts von identisch verteilten, unabhängigen Zufallsvariablen gegen eine Normalverteilung konvergiert. Für $n > 30$ ist die Approximation durch die Normalverteilung zumeist hinreichend gut.

Standardfehler: Die Standardabweichung der Stichprobenverteilung.

Skalierte Binomialverteilung: Eine diskrete Verteilung, die als Träger die Werte $0, 1/n, ..., (n-1)/n, 1$ besitzt. Die Wahrscheinlichkeit von k/n $(0 \leq k \leq n)$ ist durch die Wahrscheinlichkeit der Binomialverteilung für den Wert k gegeben.

Booststrap-Verfahren: Beim Bootstrap-Verfahren wird aus einer Population mit einer unbekannten Wahrscheinlichkeitsverteilung eine Stichprobe, auch Basisstichprobe genannt, gezogen, aus der wiederum sogenannte Bootstrap-Stichproben gezogen werden. Die anhand der

Bootstrap-Stichproben berechneten Statistiken bilden die Grundlage für die Bootstrap-Verteilung, die eine Schätzung der Stichprobenverteilung darstellt.

Notation

Notation	Bedeutung
$\sigma_{\bar{Y}}$	Der Standardfehler des Mittelwerts
$QS(25)$	Quartilskoeffizient der Schiefe

Kapitel 6
Punktschätzung von Parametern

Inhaltsübersicht

Im letzten Kapitel ging es um die Herleitung von Stichprobenverteilungen. Diese Stichprobenverteilungen werden in diesem Kapitel genutzt, um Parameter zu schätzen. Dabei geht es um die Punktschätzung, d. h. die Schätzung eines Wertes für einen unbekannten Parameter, während im nächsten Kapitel Intervalle bestimmt werden, die den Parameter mit einer bestimmten Wahrscheinlichkeit enthalten. Die Länge solcher Intervalle sagt dann etwas über die Genauigkeit der Schätzung aus.

Im Rahmen der Punktschätzung will man ausgehend von Stichprobendaten einen Populationsparameter durch einen Wert schätzen. Beispiele für zu schätzende Parameter sind die Lösungswahrscheinlichkeit für eine bestimmte Multiple-Choice-Aufgabe oder der Erwartungswert der Größe neugeborener Kinder. Andere Parameter als Gegenstand der Punktschätzung sind beispielsweise die Varianz, die Standardabweichung, der Median oder der Korrelations- wie Kontingenzkoeffizient.

In diesem Kapitel führen wir die Parameterschätzung zunächst exemplarisch anhand der Schätzung von Erwartungswerten auf der Grundlage der Stichprobenverteilung des Mittelwerts ein. Neben dem Mittelwert können aber auch andere Statistiken, wie z. B. der Median oder Modus, zur Schätzung des Erwartungswertes herangezogen werden. Daher stellt sich die Frage, welche Statistiken sich am besten zur Schätzung eines bestimmten Parameters eignen. Um diese Frage zu beantworten, werden Gütekriterien entwickelt, die zur Auswahl einer Statistik für die Schätzung eines Parameters dienen. Dann stellen wir verschiedene Verfahren vor, anhand derer Statistiken zur Parameterschätzung gewonnen werden können:

- das Maximum-Likelihood-Verfahren,
- Bayesianische Verfahren,
- Bootstrap-Verfahren.

Zudem gehen wir auf die Kleinste-Quadrate-Schätzung ein, die unter bestimmten Bedingungen ein Spezialfall der Maximum-Likelihood-Schätzung ist.

6.1 Einleitendes Beispiel

Nehmen wir an, in einem bestimmten Staat soll der Mittelwert der Körpergröße aller erwachsenen Frauen ermittelt werden. Dazu wird die Größe aller Frauen gemessen, die sich als normalverteilt mit $\mu = 170$ und $\sigma = 10$ erweist. Eine solche Vollerhebung kann in vielen Fällen schon rein prinzipiell nicht erfolgen, so z. B. bei einem Würfelexperiment. Andererseits ist eine Vollerhebung, auch wenn sie machbar ist, zumeist aus ökonomischen Gründen nicht angebracht. Viel sinnvoller ist es in fast allen Fällen, eine Stichprobe mit einem bestimmten (Mindest-)Umfang zu erheben.

Erhebt man nun zur Schätzung der mittleren Körpergröße in der Population die Körpergröße von n Mitgliedern einer repräsentativen Stichprobe, könnte man den Stichprobenmittelwert als Schätzwert für die mittlere Größe in der Population, dem Erwartungswert, heranziehen. Andererseits könnte man auch auf die Idee kommen, den Median zur Schätzung des Erwartungswerts zu verwenden, zumal der Median nicht so anfällig für Ausreißer ist wie der Mittelwert. Wie wir sehen werden, ist aber der Mittelwert die bessere Wahl. Daher benutzen wir ihn auch in diesem einleitenden Beispiel.

Ausgehend von der Kenntnis, dass die Körpergröße in der Population mit $\mu = 170$ und $\sigma = 10$ normalverteilt ist, können wir die Stichprobenverteilung des Mittelwerts bestimmen. Dazu gehen wir von einem Stichprobenumfang von $n = 100$ aus. Wie aus dem letzten Kapitel bekannt, ist diese Stichprobenverteilung wiederum normalverteilt mit $\mu = 170$ und $\sigma/\sqrt{n} = 10/10 = 1$

Abbildung 6.1 stellt die Verteilung der Körpergröße in der Population dar und weiterhin die entsprechende Stichprobenverteilung des Mittelwerts für $n = 100$.

Aufgrund der Stichprobenverteilung wissen wir, dass der Mittelwert von ca. 95 % aller Stichproben des Umfangs $n = 100$ in den Bereich von 168 bis 172 fällt. Der Mittelwert von ca. 99.93 % aller Stichproben liegt zwischen 167 cm und 173 cm. Will man den Erwartungswert lediglich mit einer solchen Genauigkeit abschätzen, reicht also eine Schätzung anhand eines Stichprobenumfangs von $n = 100$ völlig aus. Ansonsten kann durch eine Erhöhung des Stichprobenumfangs jede beliebige Präzision erzielt werden.

Betrachten wir die Punktschätzung allgemein, so ist der Ausgangspunkt eine Population, in der das interessierende Merkmal durch eine Zufallsvariable, die einer Verteilung mit bestimmten Parametern folgt, beschrieben wird. Diese Parameter gilt es anhand von Statistiken zu schätzen. Statistiken, wie z. B. der Mittelwert oder die Stichprobenvarianz, stellen Funktionen der Stichprobenvariablen $Y_1, \ldots, Y_n$ dar und können hierfür genutzt werden.

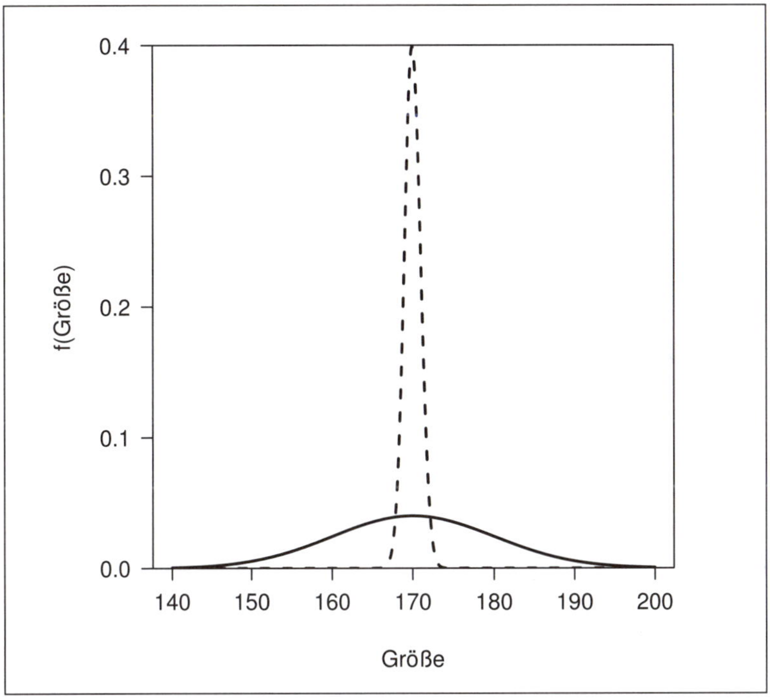

Abbildung 6.1: Verteilung der Größe in der Population (durchgezogene Linie) und der mittleren Größe in Stichproben mit $n = 100$ (gestrichelte Linie)

Allgemein symbolisieren wir eine Statistik, die zur Schätzung von Parametern dient, mit $G(Y_1, \dots, Y_n)$ oder kürzer mit G. Eine solche Schätzfunktion wird auch als Schätzstatistik oder Schätzer *(estimator)* bezeichnet. Wir werden im Folgenden den Begriff *Schätzer* verwenden. Schätzer

Es sei nochmals betont, dass Statistiken und damit Schätzer, wie im letzten Kapitel erwähnt, Zufallsvariablen darstellen, also keine konkreten Werte, sondern gewissermaßen Berechnungsvorschriften sind. Der Mittelwertschätzer als Funktion der Stichprobenvariablen ist gegeben durch $\sum_1^n Y_i/n$. Hingegen stellt der anhand von konkreten Beobachtungen $y_i, \dots, y_n$ einer bereits gezogenen Stichprobe berechnete Mittelwert $\sum_1^n y_i/n$ einen Wert des Schätzers dar. Werte von Schätzern werden auch als *Schätzungen (estimates)* bezeichnet. Schätzer sind also Funktionen von Zufallsvariablen, Schätzungen Realisierungen dieser Zufallsvariablen. Schätzungen

Schätzer als Zufallsvariable werden dementsprechend mit großen Buchstaben und Schätzungen mit Kleinbuchstaben bezeichnet. Beispiele für Schätzer und ihre entsprechenden Schätzungen sind in Tabelle 6.1 dargestellt.

Tabelle 6.1: Parameter, Schätzer und Schätzungen

Parameter	Schätzer (Zufallsvariable)	Schätzung (Wert)
μ	$\bar{Y} = \sum_1^n Y_i/n$	$\bar{y} = \sum_1^n y_i/n$
σ^2	$S^2 = \frac{1}{n-1}\sum_1^n (Y_i - \bar{Y})^2$	$s^2 = \frac{1}{n-1}\sum_1^n (y_i - \bar{y})^2$

Populationsparameter werden üblicherweise mit griechischen Buchstaben bezeichnet. Wie bisher eingeführt, erhält der Erwartungswert die Bezeichnung μ, die Varianz in der Population die Bezeichnung σ^2 und die Erfolgswahrscheinlichkeit die Bezeichnung π. Allgemein wird der griechische Buchstabe θ als Bezeichnung für einen (beliebigen) Parameter genutzt.

Ein Schätzer für einen bestimmten Parameter wird durch den gleichen griechischen Buchstaben – versehen mit einem Dach – gekennzeichnet, so z. B. ist $\hat{\mu}$ ein Schätzer für μ oder $\hat{\sigma^2}$ für σ^2. Allgemein wird dementsprechend ein Schätzer auch durch $\hat{\theta}$ symbolisiert.

6.2 Gütekriterien von Schätzern

Im obigen Beispiel zur Schätzung der Körpergröße wurde der Mittelwert $\bar{Y}$ als Schätzer $\hat{\mu}$ für den Erwartungswert μ herangezogen. Man hätte auch den Median oder Modalwert verwenden können. Der Mittelwert scheint jedoch eine gute Wahl zu sein. Dafür sprechen die folgenden Gründe:

- Der Mittelwert aller möglichen Stichprobenmittelwerte, d. h. der Erwartungswert der Stichprobenverteilung, entspricht dem Parameter μ. Alle Stichprobenmittelwerte verteilen sich um den zu schätzenden Parameter von 170 cm.
- Erhöht man den Stichprobenumfang von z. B. $n = 100$ auf $n = 200$ oder $n = 500$, wird die Streuung der Stichprobenmittelwerte um den wahren Mittelwert geringer. Mit zunehmender Stichprobengröße kann der Parameter immer genauer geschätzt werden.
- Die Varianz der Stichprobenmittelwerte ist insgesamt – auch schon bei einem Stichprobenumfang von $n = 100$ – recht gering. Die Stichprobenmittelwerte liegen also in der Nähe des Parameters.

Die drei oben genannten Kriterien nennt man auch allgemein Erwartungstreue, Konsistenz und Effizienz. Diese Kriterien werden im Folgenden ausführlicher behandelt. Nutzt man den Median als Schätzer, so stellt man fest, dass dieser nicht all diese Kriterien so gut erfüllt wie der Mittelwert (vgl. Internetsupplement).

6.2.1 Erwartungstreue

Ein Schätzer soll den zu schätzenden Parameter nicht systematisch unter- oder überschätzen. Daher soll der Erwartungswert des Schätzers mit dem zu schätzenden Parameter übereinstimmen. Der Schätzer selbst hängt jedoch von dem wahrem Wert für den Parameter ab. Daher fordert man, dass für jeden theoretisch möglichen Parameterwert dieser mit dem Erwartungswert des Schätzers übereinstimmt.

Ein Schätzer $G(Y_1,...,Y_n)$ heißt *erwartungstreu* (engl. *unbiased*) für einen zu schätzenden Parameter θ, wenn sein Erwartungswert immer mit θ übereinstimmt. Es gilt für alle θ: erwartungstreu

$$E_\theta(G(Y_1,...,Y_n)) = \theta$$

Das Subskript θ bei dem Ausdruck $E_\theta(G(Y_1,...,Y_n))$ bedeutet, dass für die Berechnung des Erwartungswerts des Schätzers der Wert θ verwendet wird. Bei erwartungstreuen Schätzern stimmt also der zu schätzende Parameter mit dem Erwartungswert des Schätzers überein (vgl. die oberste Grafik in Abb. 6.2). Erwartungstreue Schätzer werden alternativ auch *unverzerrt* genannt. Wenn ein Schätzer $G(Y_1,...,Y_n)$ nicht erwartungstreu ist, heißt er verzerrt (biased). Verzerrte Schätzer liefern also Schätzungen, die nicht nur zufällig, sondern auch „im Mittel" bzw. systematisch von dem zu schätzenden Parameter θ abweichen. Das Ausmaß der Abweichung wird über den sogenannten *Bias* des Schätzers erfasst: unverzerrt Bias

$$Bias_\theta(G(Y_1,...,Y_n)) = E_\theta(G(Y_1,...,Y_n)) - \theta$$

Man kann den *Bias* auch nutzen, um die Erwartungstreue zu definieren, da ein *Bias* von 0 nur bei erwartungstreuen Schätzern gegeben ist.

Folgende Schätzer sind z. B. erwartungstreu:

$$\begin{aligned}
\hat{\mu} = \bar{Y} &= \frac{1}{n}\sum_{i=1}^{n} Y_i \\
\hat{\sigma}^2 = S^2 &= \frac{1}{n-1}\sum_{i=1}^{n}(Y_i - \bar{Y})^2 \\
\hat{\pi} &= \frac{1}{n}(Y_1 + ... + Y_n)
\end{aligned}$$

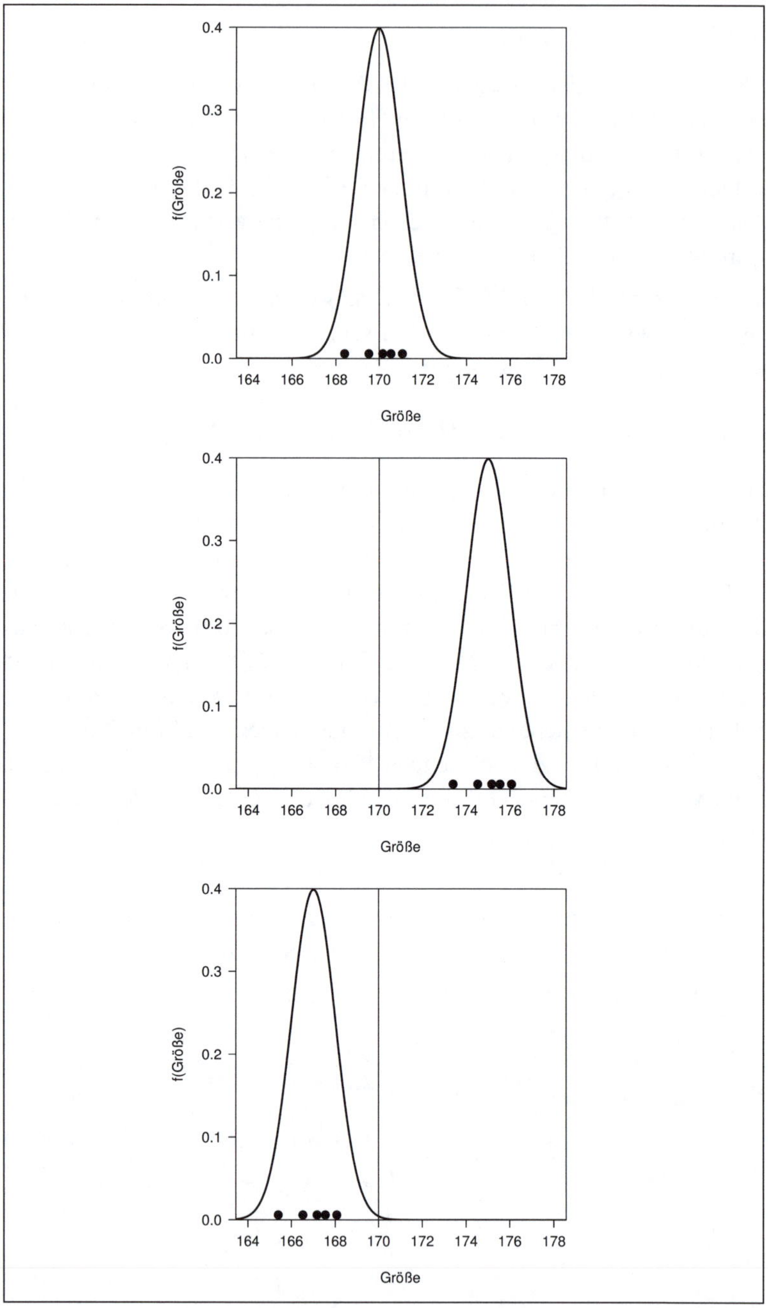

Abbildung 6.2: Fünf Schätzungen und die Verteilungen für die Schätzer $\bar{Y}$ (oben), $\bar{Y}+5$ (Mitte) und $\bar{Y}-3$ (unten) des Erwartungswerts

Die Erwartungstreue des Mittelwertes ist leicht nachzuweisen, da hier lediglich die Rechenregeln für Erwartungswerte zu nutzen sind:

$$\begin{aligned} E(\bar{Y}) &= E\left(\frac{1}{n}(Y_1 + \ldots + Y_n)\right) \\ &= \frac{1}{n}E(Y_1 + \ldots + Y_n) \\ &= \frac{1}{n}\left(E(Y_1) + \ldots + E(Y_n)\right) \\ &= \frac{1}{n}(n \cdot \mu) \\ &= \mu \end{aligned}$$

Die Nachweise für die Erwartungstreue der beiden anderen Schätzer sowie für die folgenden Behauptungen finden sich im Internetsupplement.

Abbildung 6.2 zeigt fünf Schätzungen durch einen unverzerrten Schätzer und jeweils fünf Schätzungen durch zwei verzerrte Schätzer für den Parameter μ. Hier werden für das Beispiel zur Schätzung der Körpergröße fünf Zufallsstichproben mit dem Umfang $n = 100$ gezogen und für jede der fünf Stichproben die drei unterschiedlichen Schätzungen berechnet. Als unverzerrter Schätzer dient hier $\bar{Y}$, die beiden verzerrten Schätzer sind $\bar{Y} + 5$ und $\bar{Y} - 3$.

Es gibt auch andere Schätzer, die nicht erwartungstreu sind. Hierzu zählen, wie im Internetsupplement gezeigt wird, die Standardabweichung (als Wurzel der *erwartungstreuen* Stichprobenvarianz):

$$\hat{\sigma} = S = \sqrt{S^2}$$

und die sogenannte empirische Varianz

$$\tilde{S}^2 = \frac{1}{n}\sum_{i=1}^{n}(Y_i - \bar{Y})^2.$$

asymptotisch erwartungstreu

Beide Schätzer sind allerdings *asymptotisch erwartungstreu*. Dies bedeutet, dass mit zunehmendem Stichprobenumfang der Bias immer kleiner wird und für $n \mapsto \infty$ gegen 0 konvergiert.

6.2.2 Konsistenz

Die Erwartungstreue besagt, dass die Schätzungen ohne einen Bias um den wahren Parameter streuen. Wenn die Schätzungen aber sehr weit um den wahren Parameter streuen, wird man oft Schätzungen erhalten, die weit vom Parameter entfernt liegen. Daher gilt es, auch den erwarteten Abstand der Schätzungen in Abhängigkeit vom Stichprobenumfang in Rechnung zu stellen. Wenn mit zunehmendem Stichprobenumfang die Schätzungen im Mittel näher am Parameter liegen, spricht man von Konsistenz. Damit hat man den zu erwartenden Fehler bei der Parameterschätzung gewissermaßen unter Kontrolle, man kann also einen solchen Stichprobenumfang wählen, dass der unbekannte Parameter mit einer bestimmten Genauigkeit geschätzt wird.

mittlerer quadratischer Abstand MSE_θ

Ein geeignetes Maß für den Abstand des Schätzers G vom Parameter θ ist der *mittlere quadratische Abstand* $E_\theta((G-\theta)^2)$ *(mean squared error,* MSE_θ*)*. Dieses Maß setzt sich additiv aus zwei Komponenten, der Varianz von S und dem quadrierten Bias zusammen:

$$\begin{aligned} E_\theta\left([G-\theta]^2\right) &= E_\theta\left([G-E_\theta(G)+E_\theta(G)-\theta]^2\right) \\ &= E_\theta\left([G-E_\theta(G)]^2\right)+2E_\theta\left([G-E_\theta(G))(E_\theta(G)-\theta]\right) \\ &\quad +E_\theta\left([E_\theta(G)-\theta]^2\right) \\ &= E_\theta\left([G-E_\theta(G)]^2\right)+[E_\theta(G)-\theta]^2 \\ &= Var_\theta(G)+(Bias_\theta(G))^2 \end{aligned}$$

Bei erwartungstreuen Schätzern fällt der Term für den Bias weg. Dann stimmen $MSE(G)$ und $Var(G)$ überein.

konsistent im quadratischen Mittel

Bei asymptotischer Erwartungstreue konvergiert der Bias mit wachsendem Stichprobenumfang gegen 0. Wenn zudem auch die Varianz des Schätzers G gegen 0 geht, nennt man den Schätzer G konsistent, oder genauer *konsistent im quadratischen Mittel*. Konsistenz im quadratischen Mittel liegt also vor, wenn:

$$\lim_{n\to\infty} MSE_\theta(G) = 0 \qquad \text{für alle } \theta$$

bzw.

$$\lim_{n\to\infty} E_\theta([G-\theta]^2) = 0 \qquad \text{für alle } \theta$$

Erwartungstreue Schätzer sind konsistent, wenn lediglich gilt:

$$\lim_{n\to\infty} Var_\theta(G) = 0 \qquad \text{für alle } \theta$$

Erwähnt sei hier noch, dass es neben der Konsistenz im quadratischen Mittel noch zwei eng verwandte Formen der Konsistenz gibt, die starke und schwache Konsistenz (vgl. Internetsupplement).

Beispiel für einen erwartungstreuen, aber nicht konsistenten Schätzer

Wir werfen vor Berechnung des Mittelwertes eine Münze. Der folgende Schätzer $\bar{Y}_M$ für μ ist erwartungstreu, aber nicht konsistent im quadratischen Mittel:

$$\bar{Y}_M = \bar{Y} + \begin{cases} 1 & \text{bei Zahl} \\ -1 & \text{sonst} \end{cases}$$

Bei einer fairen Münze wird in 50 % der Fälle der Wert $\bar{Y}+1$ und in den restlichen 50 % der Wert $\bar{Y}-1$ geschätzt. Dann ist

$$E(\bar{Y}_M) = 0.5 \cdot E(\bar{Y}+1) + 0.5 \cdot (\bar{Y}-1) = E(\bar{Y}) = \mu$$

Wir erhalten einen erwartungstreuen Schätzer, obwohl dessen Schätzungen jedoch immer um den Betrag 1 verzerrt werden. Offensichtlich verschwindet die Varianz der Schätzers mit zunehmendem Sichprobenumfang nicht, da gilt: $\lim_{n\to\infty} E_\theta([G-\theta]^2) = 1$. Somit ist der Schätzer nicht konsistent. Umgekehrt gibt es MSE-konsistente Schätzer, die nicht erwartungstreu sind. Beide Gütekriterien - die Erwartungstreue und die Konsistenz – sind damit voneinander unabhängig.

Schätzer sollten mit einem zunehmenden Stichprobenumfang präziser werden. Daher kann Konsistenz als eine Minimalanforderung an Schätzer gelten. Fehlende Erwartungstreue mag dann kein großes Problem darstellen, wenn man den Bias korrigieren kann oder der Bias so klein ist, dass er praktisch nicht ins Gewicht fällt.

6.2.3 Effizienz

Erwartungstreue und konsistente Schätzer können zu Schätzungen führen, die bei kleinen Stichprobenumfängen weit um den Parameter streuen. Daher bietet es sich an, die mittlere quadratische Abweichung MSE zur Messung der Streuung des Schätzers um den wahren Wert als weiteres Gütekriterium heranzuziehen. Zum Vergleich der MSE-Effizienz zweier Schätzer definieren wir:

Definition: Ein Schätzer G heißt MSE-effizienter als ein Schätzer T, wenn für alle möglichen Werte θ des Parameters gilt: $MSE_\theta(G) \leq MSE_\theta(T)$

Ein Schätzer mit der geringsten MSE-Effizienz für alle möglichen Werte des Parameters kann es in der Menge aller möglichen Schätzer nicht geben. So weist ein Schätzer, der immer den gleichen Wert liefert, keinen Fehler auf, wenn dieser Wert mit dem Parameter θ übereinstimmt. Dieser konstante Schätzer ist somit für einen Parameterwert θ optimal, wenngleich er ansonsten kaum optimal sein dürfte.

Gehen wir etwa von dem obigen Beispiel zur Schätzung der Körpergröße aus, dann wäre ein Schätzer, der konstant den Wert 170 erbringt – also $G = 170$ – optimal, wenn der Parameter $\mu = 170$ in der Population vorliegt. Hier gilt offensichtlich $MSE = 0$. Bei einem Parameter von $\mu = 180$ würde der Schätzer $G = 170$ zu $MSE = 10^2 = 100$ führen. Im Vergleich dazu liefert der Schätzer $\bar{Y}$ für eine Stichprobe der Größe $n = 100$ für alle möglichen Parameterwerte $MSE = 1$.

Für einen Vergleich der Streuung der Schätzer um den wahren Wert beschränkt man sich deshalb zumeist auf die ohnehin vorteilhaften erwartungstreuen Schätzer. Für diese Schätzer stimmen $MSE(G)$ und $Var(G)$ überein. Damit definiert man:

Ein (erwartungstreuer) Schätzer G heißt effizienter als ein Schätzer T, wenn für alle Parameterwerte θ gilt: $Var_\theta(G) \leq Var_\theta(T)$.

Ein (erwartungstreuer) Schätzer heißt effizient (uniformly minimum variance unbiased, UMVU), wenn für alle Werte des Parameters die Varianz dieses Schätzers höchstens so groß ist wie die Varianz aller übrigen erwartungstreuen Schätzer.

Effiziente Schätzer existieren für viele Situationen, wenn auch nicht für alle Fälle (s. u.). Für effiziente Schätzer existiert eine untere Schranke für die Varianz, diese Schranke heißt Rao-Cramer-Schranke (vgl. Internetsupplement).

Zusammenfassend können wir feststellen, dass Schätzer, die konsistent und effizient (damit zugleich erwartungstreu sind), eine „gute" Schätzung des Parameters gewähren. Viele Punktschätzer erfüllen diese Eigenschaften unter gewissen Verteilungsvoraussetzungen: So ist $\bar{Y}$ für alle Verteilungen mit endlicher Varianz, so z. B. für die Binomial-, Normal- oder Poissonverteilung, konsistent und effizient. Daraus folgt, dass $\bar{Y}$ konsistent und effizient ist für die Schätzung von μ bei normalverteilten Populationen, für die Schätzung von π bei binomialverteilten Populationen oder für den Parameter λ bei poissonverteilten Populationen. Die Stichprobenvarianz S^2 ist hingegen im Allgemeinen kein effizienter Schätzer der Varianz. Bei normalverteilten Zufallsvariablen gilt diese Eigenschaft allerdings für S^2.

6.3 Maximum-Likelihood-Schätzung

Die *Maximum-Likelihood-Schätzung* ist wohl das grundlegendste Verfahren zur Konstruktion von Schätzern. Wir zeigen zunächst anhand zweier Beispiele, der Schätzung von π bei der Binomialverteilung und μ bei der Normalverteilung, die grundlegende Logik dieser Methode auf.

Maximum-Likelihood-Schätzung

6.3.1 Schätzung des Parameters einer Binomialverteilung

Wir gehen von einer Urne aus, in der sich 100 Kugeln befinden. Einige dieser Kugeln sind schwarz und die übrigen Kugeln weiß. Dazu seien vier Urnen mit jeweils einem unterschiedlichen Anteil an schwarzen Kugeln von 10, 30, 50 und 90 % gegeben. Aus einer der Urnen wird zehnmal eine Kugel mit Zurücklegen gezogen. Als Ergebnis resultieren drei schwarze Kugeln. Fragt man Vpn, die nicht wissen, aus welcher der Urnen die Kugeln gezogen wurden, welche Urne benutzt wurde, so erhält man fast immer spontan die Antwort: die Urne mit 30 % schwarzen Kugeln. Eine explizite Begründung für ihre Antwort können die Vpn jedoch häufig nicht angeben.

Die Antwort 30 % stellt eine plausible Antwort dar und ist in der Tat die Maximum-Likelihood-Schätzung. Generell beruht die Maximum-Likelihood-Schätzung auf dem Prinzip der Plausibilität. Dazu betrachten wir näher das obige Beispiel.

Die Wahrscheinlichkeit für y schwarze Kugeln unter insgesamt n Kugeln kann für die vier Urnenmodelle anhand der Binomialverteilung bestimmt werden:

$$f(y;\pi,n) = \binom{n}{y} \pi^y (1-\pi)^{n-y}$$

In Abbildung 6.3 sind die diskreten Dichten für die Binomialverteilungen der vier Urnenmodelle, d. h. für vier unterschiedliche Werte des Parameters π dargestellt.

Als Wahrscheinlichkeit, gegeben diese vier Parameter π, drei schwarze Kugeln unter zehn Kugeln zu erhalten, resultiert:

- $\pi = .10$: $f(3;.10,10) = .06$
- $\pi = .30$: $f(3;.30,10) = .27$
- $\pi = .50$: $f(3;.50,10) = .12$
- $\pi = .70$: $f(3;.70,10) = .01$

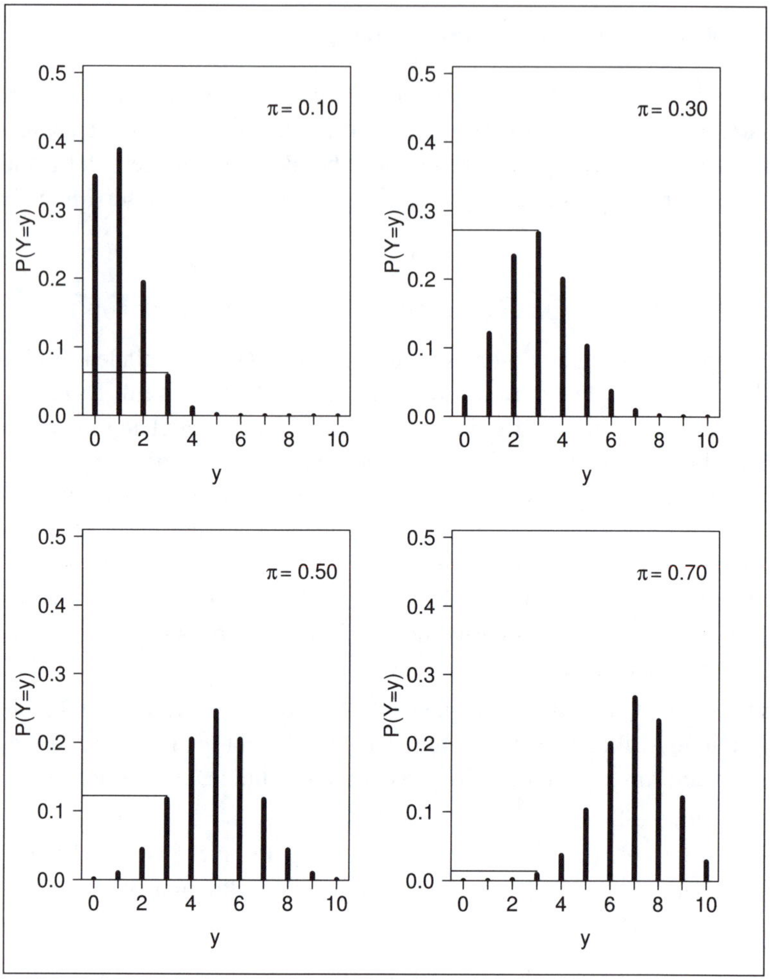

Abbildung 6.3: Dichten für vier Binomialverteilungen ($n = 10$) mit Kennzeichnung der Wahrscheinlichkeit für $Y = 3$

Beträgt der Parameter $\pi = .30$, so ist die Wahrscheinlichkeit drei schwarze Kugeln zu ziehen am höchsten. Die Urne, die 30 % schwarze Kugeln enthält, führt mit der höchsten Wahrscheinlichkeit zu dem beobachteten Ereignis. Ausgehend von dem beobachteten Ereignis schließen wir auf die Bedingung, die dieses Ereignis am häufigsten bzw. am wahrscheinlichsten zur Folge hat und insofern am plausibelsten erscheint. Ein solches Vorgehen dürfte mit vielen alltäglichen Schlussfolgerungen im Einklang stehen.

Betrachtet man für das obige Beispiel nicht die vier vorgegebenen Urnenmodelle bzw. Parameter der Binomialverteilung, sondern alle möglichen Parameterwerte von 0 bis 1, ist der Wert .30 weiterhin am plausibelsten. Kein anderer Parameter als $\pi = .30$ führt zu einer höheren Wahrscheinlichkeit, drei schwarze unter zehn Kugeln zu ziehen. In Abbildung 6.4 ist die Wahrscheinlichkeit (diskrete Dichte) drei schwarze unter insgesamt zehn Kugeln zu erhalten für alle möglichen Parameter der Binomialverteilung dargestellt. Hier ist zu sehen, dass die Wahrscheinlichkeit, drei schwarze unter zehn Kugeln zu ziehen, für den Wert $\pi = .30$ am höchsten ausgeprägt ist. Die hier dargestellte Funktion wird auch *Likelihoodfunktion* genannt.

Likelihoodfunktion

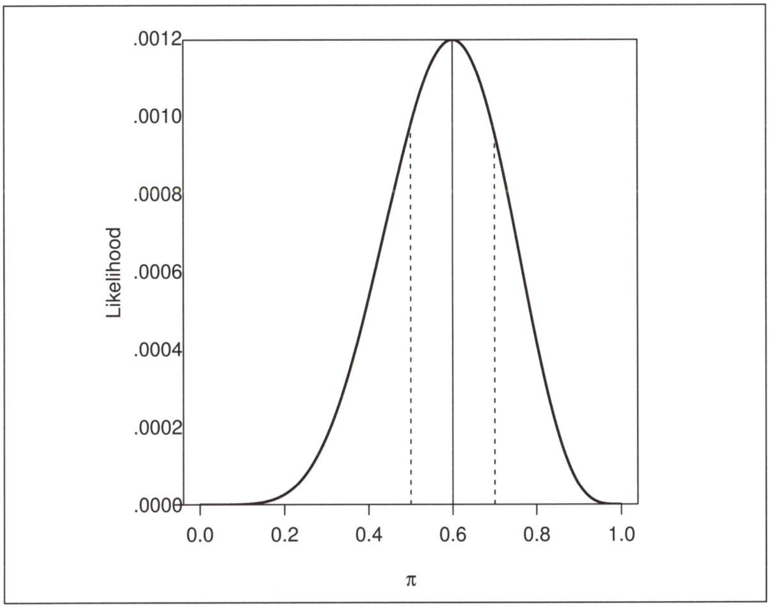

Abbildung 6.4: Likelihoodfunktion für $n = 10$ und $k = 3$ bei Annahme einer binomialverteilten Zufallsvariablen

Für das obige Beispiel ist der Parameter $\pi = .30$ derjenige mit der höchsten Plausibilität bzw. *Likelihood* (engl. Begriff für Mutmaßlichkeit). Es sei hier explizit betont, dass die Likelihood keine Dichte oder Wahrscheinlichkeitsfunktion darstellt, schon allein deshalb, weil die Fläche unter der Likelihood-Funktion nicht auf 1 normiert ist.

Likelihood

6.3.2 Schätzung des Erwartungswerts einer Normalverteilung

Betrachten wir die Maximum-Likelihood-Schätzung an einem zweiten Beispiel. Ausgangspunkt sei hier eine Vp mit einem Score aus einem bestimmten Test. Dieser Score (Wert) betrage 1 und die Vp stamme aus einer von drei Populationen, deren Testscores normalverteilt seien mit den Erwartungswerten von 1, 0 oder -1 und einer Varianz von $\sigma^2 = 1$ in allen drei Fällen. So liegen drei Populationen mit den Verteilungen $N(-1,1)$, $N(0,1)$ und $N(1,1)$ für den Score vor. Zu bestimmen ist wiederum diejenige der drei Populationen, die die höchste Likelihood besitzt, d. h. diejenige Population, bei der die Dichte der Score-Verteilung für den Wert 1 am größten ist.

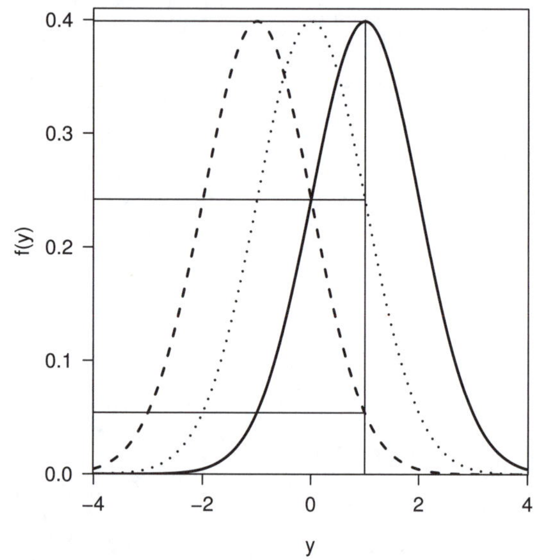

Abbildung 6.5: Drei Normalverteilungen mit $\sigma = 1$ und unterschiedlichen Erwartungswerten sowie dem Wert der Dichte an der Stelle $y = 1$

In Abbildung 6.5 sind die Dichten der drei Normalverteilungen wiedergegeben. Unter diesen drei Verteilungen ergibt die Dichtefunktion an der Stelle 1 für $\mu = -1$ den Wert 0.05, für $\mu = 0$ den Wert 0.24 und für $\mu = 1$ den Wert 0.40.

Die Verteilung $N(1,1)$ ist damit die Verteilung, die die höchste Dichte für den beobachteten Wert von 1 besitzt.

Gehen wir nicht nur von drei Populationen aus und lassen alle Normalverteilungen mit einem beliebigen Erwartungswert und einer Varianz von 1 als Population zu, resultiert weiterhin der Wert 1 als Maximum-Likelihood-Schätzung, wie Abbildung 6.6 veranschaulicht.

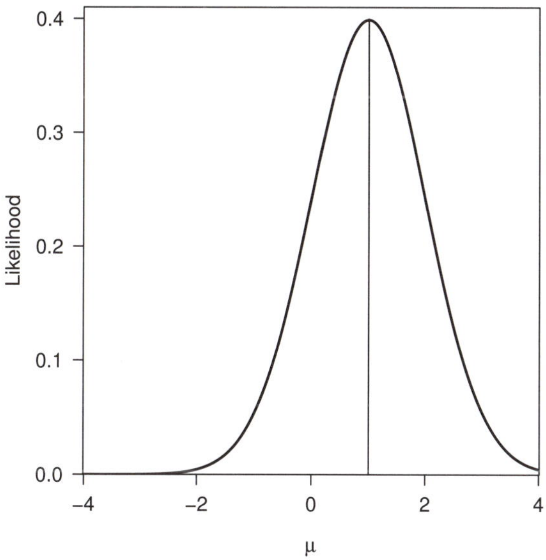

Abbildung 6.6: Likelihoodfunktion zur Schätzung des Parameters μ gegeben den Wert 1 unter der Annahme von Normalverteilungen mit $\sigma = 1$

Erweitern wir das obige Beispiel, indem wir von einer Stichprobe mit drei Personen ausgehen, bei denen die Werte -1, 0 und 1 beobachtet wurden. Dabei sollen die drei Personen wiederum aus einer der drei oben dargestellten Normalverteilungen $N(-1,1)$, $N(0,1)$ und $N(1,1)$ stammen. Wiederum stellt sich die Frage, welche der drei Erwartungswerte die höchste Likelihood besitzt. Dazu bestimmen wir die gemeinsame Dichte ausgehend von jeder der drei Normalverteilungen.

Die Ziehung der drei Personen sei unabhängig voneinander erfolgt, sodass sich die gemeinsame Dichte aus dem Produkt der Dichten ergibt. Damit resultiert für die drei Beobachtungen -1, 0 und 1:

- $\mu = -1: f(-1;-1,1) \cdot f(0;-1,1) \cdot f(1;-1,1) = .399 \cdot .242 \cdot .054 = .0005$
- $\mu = \ \ 0: f(-1;0,1) \cdot f(0;0,1) \cdot f(1;0,1) = .242 \cdot .399 \cdot .242 = .023$
- $\mu = \ \ 1: f(-1;1,1) \cdot f(0;1,1) \cdot f(1;1,1) = .054 \cdot .242 \cdot .399 = .005$

Das Maximum liegt für die Population mit dem Parameter $\mu = 0$ vor. Ließe man alle normalverteilten Populationen mit Varianz $\sigma^2 = 1$ als mögliche Population für das Zustandekommen der drei obigen Beobachtungen zu, würde dieselbe Maximum-Likelihood-Schätzung von 0 resultieren, wie die Abbildung 6.7 zeigt.

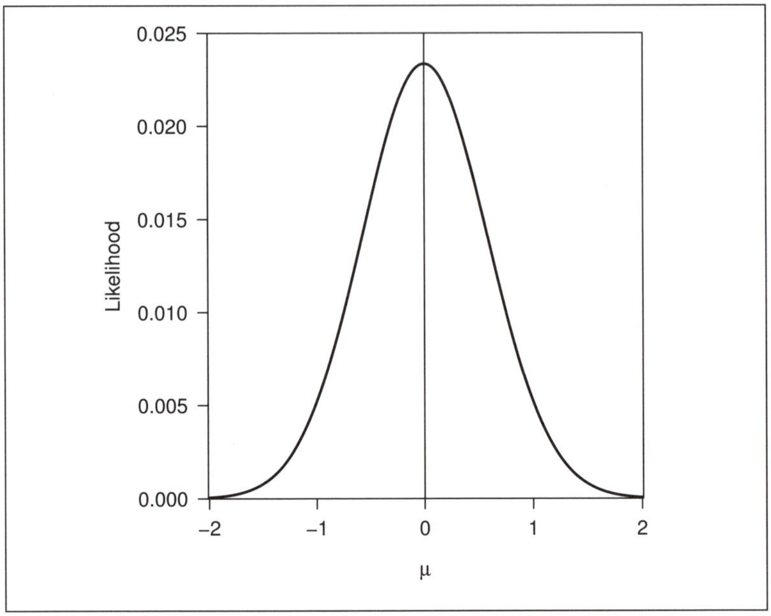

Abbildung 6.7: Likelihoodfunktion zur Schätzung des Parameters μ gegeben die Werte $-1, 0, 1$ unter der Annahme von Normalverteilungen mit $\sigma = 1$

6.3.3 Rationale der Maximum-Likelihood-Schätzung

Betrachten wir die Maximum-Likelihood-Schätzung nun allgemein. Ausgangspunkt ist eine Population, in der das interessierende Merkmal durch eine Zufallsvariable Y, deren Verteilung von einem Parameter θ oder mehreren Parametern $\theta_1, ..., \theta_p$ abhängt, beschrieben wird. Für n unabhängige, wie Y verteilte Stichprobenvariablen $Y_1, \dots, Y_n$ liegen die Werte $y_1, \dots, y_n$ vor. Gesucht werden die Parameter der Verteilung von Y, die die Likelihood maximieren. Das sind die Parameter, für die die Wahrscheinlichkeit, dass gerade die Werte $y_1, \dots, y_n$ auftreten, maximal ist. Die Likelihoodfunktion entspricht der gemeinsamen Dichte der n Stichprobenvariablen $Y_1, \dots, Y_n$ mit dem Unterschied, dass die Werte der Zufallsvariablen fest vorgegeben sind und die Parameter variieren, die Parameter also die Argumente dieser Funktion darstellen.

Ausgehend von der identischen Dichtefunktion $f(y_i; \theta_1, ..., \theta_p)$ für n unabhängige Stichprobenvariablen $Y_i, i = 1, ..., n$ wird die Likelihoodfunktion definiert als Funktion der $\theta_1, ..., \theta_p$:

$$\begin{aligned} L(\theta_1, ..., \theta_p; y_1, ..., y_n) &= f(y_1; \theta_1, ..., \theta_p) \cdot ... \cdot f(y_n; \theta_1, ..., \theta_p) \\ &= \prod_i^n f(y_i; \theta_1, ..., \theta_p) \end{aligned}$$

Ein Maximum-Likelihood-Schätzer $\hat{\theta}_{ML}$ ist ein Schätzer, der Realisierungen $y_1, \ldots, y_n$ solche Schätzwerte von $\theta_1, \ldots, \theta_p$ zuordnet, die die Likelihoodfunktion maximiert:

$$L(\hat{\theta}_{ML}) = \max_{\theta_1,\ldots,\theta_p} L(\theta_1, \ldots, \theta_p; y_1, \ldots, y_n)$$

Log-Likelihoodfunktion

Anstelle der Likelihoodfunktion verwendet man zumeist die logarithmierte Likelihoodfunktion – kurz *Log-Likelihoodfunktion* – $ln(L)$, die wir der Einfachheit halber mit LL bezeichnen. Die Log-Likelihoodfunktion hat das Maximum an der gleichen Stelle wie die Likelihoodfunktion, ist aber numerisch einfacher zu handhaben. So ist das Maximum der logarithmierten Likelihoodfunktion in der Regel einfacher zu bestimmen, da aus dem Produkt der Dichten eine Summe wird:

$$\begin{aligned} LL(\theta_1, \ldots, \theta_p; y_1, \ldots, y_n) &= \ln \prod_i^n f(y_i; \theta_1, \ldots, \theta_p) \\ &= \sum_i^n \ln f(y_i; \theta_1, \ldots, \theta_p) \end{aligned}$$

Weiterhin besitzt die Log-Likelihoodfunktion wichtige statistische Eigenschaften, z. B. dient die zweite Ableitung der Log-Likelihoodfunktion zur Berechnung der Standardfehler des Schätzers (vgl. Internetsupplement).

Die Bestimmung des Maximum-Likelihood-Schätzers stellt eine Extremwertaufgabe dar. Es gilt, das Maximum der Log-Likelihoodfunktion zu bestimmen. In manchen Fällen kann dieses Problem analytisch gelöst werden. Für kompliziertere Funktionen sind allerdings numerische Methoden notwendig, wie z. B. das Newton-Raphson-Verfahren.

Wir betrachten im Folgenden die Maximum-Likelihood-Schätzung für die Parameter der Binomialverteilung und Normalverteilung. Im ersten Fall ist lediglich ein Parameter π zu schätzen, im Fall der Normalverteilung sind es μ und σ^2, wenn – wie es fast immer in der Praxis vorkommt – beide Parameter unbekannt sind.

Folgt eine Zufallsvariable Y einer Binomialverteilung $B(n, \pi)$, erweist sich, wie wir zeigen werden, die relative Häufigkeit $\frac{Y}{n}$ als Maximum-Likelihood-Schätzer für den Parameter π. Für unabhhängige, identisch normalverteilte Zufallsvariablen $Y_1, \ldots, Y_n$ resultiert der Mittelwert $\sum_{i=1}^n Y_i/n$ als Maximum-Likelihood-Schätzer für den Erwartungswert μ und die empirische Varianz $\tilde{\Sigma}^2 = \frac{1}{n}\sum_{i=1}^n (Y_i - \bar{Y})^2$ als Maximum-Likelihood-Schätzer für die (Populations-)Varianz.

Für die Bestimmung des Maximum-Likelihood-Schätzers des Parameters π der Binomialverteilung gehen wir von der Dichtefunktion dieser Verteilung aus:

$$f(y;\pi,n) = \binom{n}{y}\pi^y(1-\pi)^{n-y}$$

Als Likelihood ergibt sich dann:

$$L(\pi;y) = \binom{n}{y}\pi^y(1-\pi)^{n-y}$$

Die Funktion $L(\pi)$ ist, wie oben bereits festgestellt, *keine* Dichte. Die Fläche unter einer Dichtefunktion muss 1 betragen. Hingegen beträgt die Fläche unter der Likelihoodfunktion, wie im Internetsupplement weiter ausgeführt wird:

$$\int_0^1 \binom{n}{y}\pi^y(1-\pi)^{n-y}d\pi = \frac{1}{n+1}$$

Da die Fläche unter der Funktion $L(\pi;y)$ kleiner als 1 ist, handelt es sich somit nicht um eine Dichtefunktion.

Als Log-Likelihoodfunktion resultiert:

$$\begin{aligned} LL(\pi;y) &= \ln L(\pi;y) \\ &= \ln\left[\binom{n}{y}\pi^y(1-\pi)^{n-y}\right] \\ &= \ln\binom{n}{y} + \ln(\pi^y(1-\pi)^{n-y}) \\ &= \ln\binom{n}{y} + y\ln\pi + (n-y)\ln(1-\pi) \end{aligned}$$

Diese Funktion gilt es hinsichtlich π zu optimieren.

$$\begin{aligned} \frac{\delta LL(\pi;y)}{\delta\pi} &= \frac{\delta \ln\binom{n}{y} + y\ln\pi + (n-y)\ln(1-\pi)}{\delta\pi} \\ &= \frac{y}{\pi} - \frac{n-y}{1-\pi} \end{aligned}$$

Wird diese Ableitung gleich 0 gesetzt, erhalten wir eine plausible Schätzung für π – also $\hat{\pi}_{(y)}$ – mit:

$$\begin{aligned}
0 &= \frac{y}{\hat{\pi}_{(y)}} - \frac{n-y}{1-\hat{\pi}_{(y)}} \\
\frac{y}{\hat{\pi}_{(y)}} &= \frac{n-y}{1-\hat{\pi}_{(y)}} \\
y(1-\hat{\pi}_{(y)}) &= (n-y)\hat{\pi}_{(y)} \\
y - y\hat{\pi}_{(y)} &= n\hat{\pi}_{(y)} - y\hat{\pi}_{(y)} \\
y &= n\hat{\pi}_{(y)} \\
\hat{\pi}_{(y)} &= \frac{y}{n}
\end{aligned}$$

Die Log-Likelihoodfunktion und damit die Likelihoodfunktion hat somit einen Extremwert im Punkt $\hat{\pi}_{(y)} = \frac{y}{n}$. Um festzustellen, ob es sich um ein Maximum handelt, muss die zweite Ableitung gebildet werden. Es gilt:

$$\frac{\delta^2 LL(\pi;y)}{\delta\pi^2} = -\frac{y}{\pi^2} - \frac{n-y}{(1-\pi)^2} < 0$$

Die zweite Ableitung ist immer negativ, damit handelt es sich bei $\hat{\pi}_{(y)} = \frac{y}{n}$ um ein Maximum.

Damit ist $\frac{y}{n}$ als Maximum-Likelihood-Schätzung für eine beliebige Stichprobe aus der Population abgeleitet worden. Der entsprechende Schätzer entsteht nun durch das Ersetzen der Realisation y durch die entsprechende Zufallsvariable Y. Somit ist hier $\frac{Y}{n}$ der Maximum-Likelihood-Schätzer für den Parameter π.

Betrachten wir im Folgenden die Maximum-Likelihood-Schätzung für die Parameter der Normalverteilung. Zumeist sind die beiden Parameter μ und σ^2 unbekannt und zu schätzen. Daher sind die partiellen Ableitungen der Log-Likelihoodfunktion nach μ und σ^2 zu bestimmen.

Als Likelihoodfunktion resultiert für die Normalverteilung:

$$L\left(\mu,\sigma^2;y_1,\ldots,y_n\right) = \prod_{i=1}\left(\frac{1}{2\pi\sigma^2}\right)^{\frac{1}{2}} \exp\left(-\frac{1}{2\sigma^2}(y_i-\mu)^2\right)$$

Für die Log-Likelihoodfunktion gilt:

$$\begin{aligned} LL\left(\mu,\sigma^2;y_1,\ldots,y_n\right) &= \sum_{i=1}^{n} ln\left(\left(\frac{1}{2\pi\sigma^2}\right)^{\frac{1}{2}} \exp\left(-\frac{(y_i-\mu)^2}{2\sigma^2}\right)\right) \\ &= \sum_{i=1}^{n} ln\left(\frac{1}{2\pi\sigma^2}\right)^{\frac{1}{2}} + \sum_{i=1}^{n} -\frac{(y_i-\mu)^2}{2\sigma^2} \\ &= -\frac{n}{2}ln(2\pi) - nln(\sigma) - \frac{1}{2\sigma^2}\sum_{i=1}^{n}(y_i-\mu)^2 \end{aligned}$$

Partielle Differenzierung nach μ ergibt:

$$\frac{\partial}{\partial\mu}LL(\mu,\sigma^2) = \frac{1}{\sigma^2}\sum_{i=1}^{n}(y_i-\mu)$$

Nullsetzen der partiellen Ableitung nach μ führt zu:

$$\begin{aligned} \frac{1}{\sigma^2}\sum_{i=1}^{n}\left(y_i-\hat{\mu}_{(y_1,\ldots,y_n)}\right) &= 0 \\ \sum_{i=1}^{n} y_i - n\hat{\mu}_{(y_1,\ldots,y_n)} &= 0 \\ n\bar{y} - n\hat{\mu}_{(y_1,\ldots,y_n)} &= 0 \\ \hat{\mu}_{(y_1,\ldots,y_n)} &= \bar{y} \end{aligned}$$

Die zweite Ableitung ist an der Stelle $\bar{y}$ negativ (vgl. Internetsupplement), daher ist der Mittelwert die Maximum-Likelihood-Schätzung für den Erwartungswert der Normalverteilung.

Partielle Differenzierung nach σ ergibt:

$$\frac{\partial}{\partial\sigma}LL\left(\mu,\sigma^2\right) = -\frac{n}{\sigma} + \frac{1}{\sigma^3}\sum_{i=1}^{n}(y_i-\mu)^2$$

Nullsetzen der partiellen Ableitung nach σ^2 führt zu:

$$\begin{aligned} -\frac{n}{\hat{\sigma}_{(y_1,\ldots,y_n)}} + \frac{1}{\hat{\sigma}^3_{(y_1,\ldots,y_n)}}\sum_{i=1}^{n}(y_i-\mu)^2 &= 0 \\ \frac{n}{\hat{\sigma}_{(y_1,\ldots,y_n)}} &= \frac{1}{\hat{\sigma}^3_{(y_1,\ldots,y_n)}}\sum_{i=1}^{n}(y_i-\mu)^2 \\ \hat{\sigma}^2_{(y_1,\ldots,y_n)} &= \frac{1}{n}\sum_{i=1}^{n}(y_i-\mu)^2 \end{aligned}$$

Da die zweite Ableitung an der Stelle $\frac{1}{n}\sum_{i=1}^{n}(y_i-\mu)^2$ auch in diesem Fall negativ ist (vgl. Internetsupplement), repräsentiert die empirische Varianz die Maximum-Likelihood-Schätzung für die Varianz der Normalverteilung.

Maximum-Likelihood-Schätzungen für weitere Parameter, wie z. B. die Poissonverteilung, die geometrische Verteilung oder die Regressionskoeffizienten des linearen Modells, finden sich im Internetsupplement.

In vielen Fällen sind Maximum-Likelihood-Schätzer erwartungstreu und effizient. Wie aber der Maximum-Likelihood-Schätzer für die Varianz der Normalverteilung zeigt, sind diese Eigenschaften nicht immer erfüllt. Der resultierende Schätzer der Varianz ist die empirische Varianz $\tilde{S}^2$, die lediglich asymptotisch erwartungstreu und asymptotisch effizient ist (vgl. Kap. 6.2.1). Jedoch sind diese asymptotischen Eigenschaften für Schatzer in der Praxis zumeist ausreichend, wenn der Stichprobenumfang hinreichend groß ist.

Allgemein erfüllen Maximum-Likelihood-Schätzer die folgenden Gütekriterien:

- asymptotische Erwartungstreue,
- Konsistenz,
- asymptotische Effizienz.

Maximum-Likelihood-Schätzer besitzen noch zwei weitere, sehr vorteilhafte Eigenschaften:

- Maximum-Likelihood-Schätzer sind asymptotisch normalverteilt. Damit ist ihre (einfach zu handhabende) Verteilung bekannt und kann für viele wichtige weiterführende statistische Aufgaben, wie Intervallschätzung oder Hypothesentestung, genutzt werden.
- Maximum-Likelihood-Schätzer sind invariant gegenüber stetigen Transformationen. Ist $\hat{\theta}_{ML}$ der Maximum-Likelihood-Schätzer für θ, so ist der anhand einer stetigen Funktion h transformierte Schätzer $h(\hat{\theta})$ der Maximum-Likelihood-Schätzer für $h(\theta)$. Oben wurde die empirische Varianz als Maximum-Likelihood-Schätzer für die Varianz der Normalverteilung hergeleitet. Aufgrund dieser Invarianzeigenschaft ist somit die Wurzel aus der empirischen Varianz der Maximum-Likelihood-Schätzer für die Standardabweichung der Normalverteilung.

6.4 Methode der kleinsten Quadrate

Kleinste-Quadrate-Schätzung

Eine sehr häufig eingesetzte Methode zur Schätzung von Parametern ist die *Kleinste-Quadrate-Schätzung*. Dieses Verfahren dient vor allem zur Schätzung der Parameter in linearen Modellen, zu denen u. a. die einfache und multiple Regression sowie die Varianzanalyse zählen (vgl. Holling & Gediga, 2011). Die Methode der kleinsten Quadrate ist keine solch allgemeine Methode zur Parameterschätzung wie die Maximum-Likelihood-Schätzung oder bayesianische Schätzungen. Unter bestimmten Verteilungsannahmen, die in der Praxis aber so gut wie immer erfüllt sind (s. u.), ist die Kleinste-Quadrate-Schätzung ein Spezialfall der Maximum-Likelihood-Schätzung. In vielen Statistikbüchern, insbesondere zur deskriptiven Statistik, wird allerdings oft lediglich die Kleinste-Quadrate-Schätzung eingeführt, da sie relativ einfach abzuleiten ist.

Ausgangspunkt seien Zufallsvariablen $Y_1, \ldots, Y_n$, die identisch wie Y verteilt sind und eine endliche Varianz besitzen. Es gilt, den Erwartungswert dieser Zufallsvariablen zu schätzen. Die Kleinste-Quadrate-Schätzung besteht darin, die Summe der quadrierten Abstände dieser Variablen von $\mu = E(Y)$ zu minimieren.

Die Differenz zwischen den Zufallsvariablen und dem Erwartungswert wird als Fehler bezeichnet:

$$\varepsilon_i = Y_i - E(Y_i)$$

Die Fehler ε_i stellen eine Zufallsvariable dar, es hat sich dennoch eingebürgert, für sie keine Großbuchstaben, sondern das klein geschriebene ε zu verwenden. Die Minimierung der Summe der Fehler ε_i ergibt den Mittelwert als Schätzer für den Erwartungswert, wie im Folgenden gezeigt wird.

Ausgangspunkt der Kleinste-Quadrate-Schätzung ist die Minimierung der Fehlerquadratsumme:

$$\sum_{i=1}^{n} \varepsilon_i^2 = \sum_{i=1}^{n} (Y_i - \mu)^2 \overset{!}{=} \min$$

Als Lösung dieser Extremwertaufgabe resultiert:

$$\begin{aligned}\frac{\delta \sum_{i=1}^{n} (Y_i - \mu)^2}{\delta \mu} &= \sum_{i=1}^{n} \frac{\delta (Y_i - \mu)^2}{\delta \mu} \\ &= -2 \sum_{i=1}^{n} (Y_i - \mu)\end{aligned}$$

Setzt man den letzten Term gleich 0, folgt:

$$\begin{aligned}
-2\sum_{i=1}^{n}(Y_i - \hat{\mu}_{(y_1,\ldots,y_n)}) &= 0 \\
\sum_{i=1}^{n}(Y_i - \hat{\mu}_{(y_1,\ldots,y_n)}) &= 0 \\
-n\cdot\hat{\mu}_{(y_1,\ldots,y_n)} + \sum_{i=1}^{n} Y_i &= 0 \\
\hat{\mu}_{(y_1,\ldots,y_n)} &= \frac{1}{n}\sum_{i=1}^{n} Y_i
\end{aligned}$$

Bei $\hat{\mu} = \bar{Y}$ liegt ein Minimum vor, da die zweite Ableitung dieser Funktion nach $\hat{\mu}$ größer als 0 ist.

Die Anwendung der Kleinsten-Quadrate-Schätzung kann nun auf alle Verfahren des linearen Modells generalisiert werden. In linearen Modellen gilt es nicht, wie oben dargelegt, den Erwartungswert für eine Population zu schätzen, sondern die Erwartungswerte für mehrere Populationen. Dabei besitzt jede Population einen unterschiedlichen Wert für die unabhängige Variable.

Betrachten wir dazu ein Beispiel für eine einfache lineare Regression, das wir bereits im Rahmen der deskriptiven Statistik (Holling & Gediga, 2011, S. 266) benutzt haben. Die abhängige Variable (AV) sei die Note (gemessen auf der Abiturnotenskala) und die unabhängige Variable (UV) die Unterrichtsqualität, die hier mit 1 (schlecht), 2 (mittel) oder 3 (gut) kodiert ist. Die UV stellt in der einfachen Regression sowie in allen linearen Modellen, soweit sie hier betrachtet werden (s. Holling & Gediga, 2011), keine Zufallsvariable dar. Die Werte der UV werden vor dem Zufallsvorgang festgelegt.

In Abbildung 6.8 ist das einfache Regressionsmodell dargestellt. Hier sind also drei Populationen gegeben, die unterschiedliche Ausprägungen für die UV und in Abhängigkeit davon unterschiedliche Erwartungswerte für die AV besitzen. Durch die affine Funktion $E(\text{Note}) = 5 + 2$ Unterrichtsqualität ergeben sich die Erwartungswerte.

Die Verteilung der Fehler in Abbildung 6.8 stellt für alle drei Populationen eine Normalverteilung mit identischer Varianz dar. Für die Kleinste-Quadrate-Schätzung kann jedoch auch jede beliebige andere Verteilung der Fehler mit $E(\varepsilon_i) = 0$ und identischer Varianz (s. u.) für die unterschiedlichen Populationen zugelassen werden.

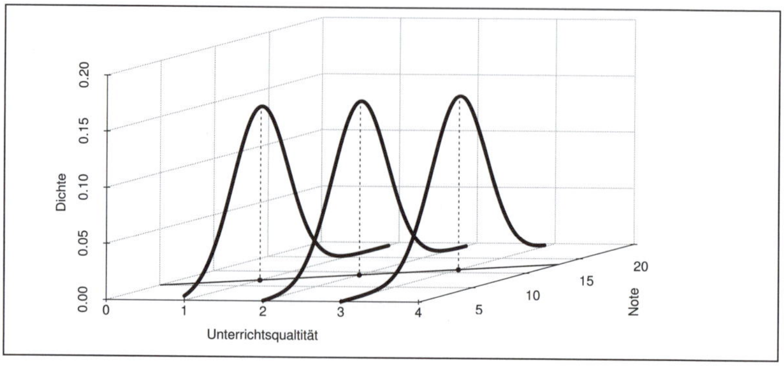

Abbildung 6.8: Regression mit Note als AV, Unterrichtsqualität als UV und den bedingten Dichten der Populationsverteilungen der AV

Für jede der drei Subpopulationen mit einer unterschiedlichen Unterrichtsqualität können die Erwartungswerte geschätzt werden. Die Erwartungswerte werden nicht direkt geschätzt, da sie ja eine Funktion der unabhängigen Variablen darstellen.

Allgemein gilt für die einfache Regression:

$$\begin{aligned} Y_i &= \beta_0 + \beta_1 x_i + \varepsilon_i \\ E(Y_i) &= \beta_0 + \beta_1 x_i \\ \varepsilon_i &= Y_i - E(Y_i) \end{aligned}$$

Zur Bestimmung der Regressionskoeffizienten in der einfachen Regression wird wiederum die Summe der Abweichungsquadrate minimiert:

$$\begin{aligned} \sum_{i=1}^{n} \varepsilon_i^2 &= \sum_{i=1}^{n} (Y_i - E(Y_i))^2 \\ &= \sum_{i=1}^{n} (Y_i - (\beta_0 + \beta_1 X_i))^2 \stackrel{!}{=} \min \end{aligned}$$

Bei dieser Extremwertaufgabe sind die Minima für β_0 und β_1 zu bestimmen. Die Lösung dieser Extremwertaufgabe, die üblicherweise bereits im Rahmen der deskriptiven Statistik vorgenommen wird, ergibt:

$$\hat{\beta}_1 = s_{XY} / s_X^2$$

$$\hat{\beta}_0 = \bar{Y} - \hat{\beta}_1 \bar{X}$$

Die so resultierenden Schätzer sind konsistent, erwartungstreu und effizient, wenn die folgenden Voraussetzungen für das Modell der einfachen Regression

$$Y_i = \beta_0 + \beta_1 x_i + \varepsilon_i$$

erfüllt sind:

- $E(\varepsilon_i) = 0$
- $Var(\varepsilon_i) < \infty$
- $Cov(\varepsilon_i, \varepsilon_j) = 0, i \neq j$

Die Verteilung der Fehler ist dabei beliebig, es muss also keine Normalverteilung vorliegen.

Damit lässt die Kleinste-Quadrate-Schätzung im Allgemeinen keine Bestimmung der Größe der Konfidenzintervalle zu. Allerdings können durch die Benutzung der Tschebyscheff-Ungleichung (Holling & Gediga, 2011, S. 139) Intervalle bestimmt werden, die die Genauigkeit der Schätzung grob abschätzen. Jedoch sind diese Intervalle für praktische Zwecke im Allgemeinen zu groß, um sinnvolle Aussagen über die Schätzgenauigkeit treffen zu können. Daher werden die Fehler zumeist als normalverteilt angenommen. Dann entsprechen die Kleinste-Quadrate-Schätzer den Maximum-Likelihood-Schätzern, die die Berechnung von Standardfehlern erlauben. Diese Standardfehler können dann für Intervallschätzungen (vgl. Kap. 7) sowie für die Durchführung von Testverfahren herangezogen werden, die wir im dritten Band dieser Lehrbuchreihe zu statistischen Testverfahren besprechen werden.

Die Ausführungen zur Parameterschätzung in der einfachen Regression können unmittelbar auf alle Verfahren des linearen Modells generalisiert werden (vgl. Holling & Gediga, 2011, S. 280ff)

$$Y_i = \beta_0 + \beta_1 x_{1i} + \beta_2 x_{2i} + \ldots + \beta_k x_{ki} + \varepsilon_i$$

Als Schätzer $\hat{\beta}_0$ bzw. $\hat{\beta}_i, i = 1, \ldots, k$ resultieren (vgl. Internetsupplement):

$$\begin{aligned} \hat{\beta}_0 &= \bar{y} - \left(\hat{\beta}_1 \bar{x}_1 + \ldots + \hat{\beta} k \bar{x}_k\right) \\ \hat{\beta}_i &= \frac{s_{Y(i\bullet 1,\ldots,(i-1),(i+1),\ldots,k)}}{s^2_{i\bullet 1,\ldots,(i-1),(i+1),\ldots,k}} \end{aligned}$$

(Zur Notation vgl. Holling & Gediga, 2011, S. 291.) Diese Schätzer sind für beliebige Verteilungen der Fehler ebenfalls konsistent, erwartungstreu und effizient, wenn die drei oben angegebenen Bedingungen erfüllt sind. Ebenso stimmen im Fall normalverteilter Fehler die Kleinste-Quadrate- und die Maximum-Likelihood-Schätzung überein.

6.5 Bayesianische Schätzmethoden

Bei der Maximum-Likelihood-Schätzung wurde unter allen möglichen (zugelassenen) Parametern derjenige gewählt, der mit der höchsten Wahrscheinlichkeit die vorliegenden Daten „erzeugt". Dabei kommen alle Parameter gleichermaßen in Frage. Häufig liegt jedoch Vorwissen über die zu schätzenden Parameter vor. Diese Information kann man für die Parameterschätzung nutzen.

Betrachten wir als Beispiel eine Multiple-Choice-Aufgabe mit vier Antwortalternativen aus einem Intelligenztest, wobei eine der vier Antwortalternativen richtig ist. Um die Schwierigkeit dieses Items zu ermitteln, wird es einer Gruppe von Schülern zur Bearbeitung vorgelegt. Als Verteilung der Testergebnisse kommt die Binomialverteilung in Frage. Hierbei repräsentiert der zu schätzende Parameter π die Schwierigkeit des Tests. Testautoren können häufig die Schwierigkeit von Testitems aufgrund ihrer Erfahrung recht gut einschätzen. So mag eine Aufgabe gemäß ihrer Einschätzung so schwer sein, dass sie lediglich durch Raten gelöst werden kann. Dann dürfte der Parameter π in der Nähe von .25 liegen. Wird die Aufgabe als sehr leicht erachtet, dürften mehr als 50 % aller Vpn dieses Item lösen, d. h. π sollte größer als .50 sein.

Will man die Körpergröße von Neugeborenen schätzen, deren Mütter während der Schwangerschaft eine bestimmte Droge konsumierten, dürfte die Normalverteilung die adäquate Verteilung für die Daten sein. Für die Schätzung der Parameter μ und σ wird man häufig ebenfalls auf Vorwissen, wie z. B. Expertenwissen oder Ergebnisse früherer Studien zu dieser Fragestellung, zurückgreifen können. Auch hier dürften bestimmte Intervalle für die Parameter μ und σ^2 plausibler sein als andere Intervalle.

Bayesianische Schätzmethoden versuchen das bisher vorhandene Wissen bei der Parameterschätzung zu nutzen. Dieses Vorwissen wird durch eine Wahrscheinlichkeitsverteilung modelliert, der ein subjektiver Wahrscheinlichkeitsbegriff zugrunde liegt (vgl. Kap. 2.4.1). Der zu schätzende Parameter wird hier somit als eine Zufallsvariable konzipiert.

Früher wurde von nicht wenigen Statistikern die Verwendung subjektiver Wahrscheinlichkeitsansätze abgelehnt, da unterschiedliche Forscher bei einer Fragestellung durchaus zur Anwendung unterschiedlicher Wahrscheinlichkeitsverteilungen kommen können. Damit mögen auch unterschiedliche Schätzungen von Parametern resultieren. Jedoch wurde diese Gefahr nicht selten überschätzt und man hat häufig die Möglichkeit, solche Wahrscheinlichkeitsverteilungen für die Parameter zu wählen, die überhaupt keinen oder einen nur geringen Einfluss auf die Parameterschätzung ausüben.

Als Vorteil bayesianischer Verfahren wird häufig angeführt, dass die Intervallschätzung von Parametern, wie im nächsten Kapitel ausführlicher diskutiert wird, einfacher zu interpretieren ist als bei den anderen Verfahren zu Intervallschätzung. Weiterhin ermöglichen lediglich bayesianische Schätzverfahren die (sinnvolle) Schätzung von Parametern für bestimmte statistische Modelle, insbesondere für solche Modelle, die sehr viele Parameter besitzen. Mittlerweile sind bayesianische Verfahren aus der statistischen Praxis nicht mehr wegzudenken.

Betrachten wir im Folgenden zunächst die Logik bayesianischer Schätzmethoden und anschließend mehrere Beispiele. Wir gehen dabei der Einfachheit halber von der Schätzung eines Parameters aus.

Soll ein Parameter θ geschätzt werden, ist zunächst eine Wahrscheinlichkeitsverteilung bzw. Dichtefunktion $f(\theta)$ für diesen Parameter festzulegen, die das Wissen widerspiegelt, das bereits vor der Schätzung über den Parameter vorliegt. So könnte man im Rahmen des oben angeführten Beispiels zur Schätzung der Schwierigkeit eines Testitems davon ausgehen, dass der Parameter π über ein bestimmtes Intervall gleichverteilt ist. Erstreckt sich dieses Intervall über den gesamten Bereich der möglichen Parameterwerte, d. h. von 0 bis 1, werden alle möglichen Parameterwerte als gleich plausibel angesehen. Ist man hingegen davon überzeugt, dass die Aufgaben (Multiple-Choice-Items mit vier Antwortalternativen) die Vpn völlig überfordern und sie lediglich raten, sind Parameter in der Nähe von $\pi = .25$ sehr wahrscheinlich. Hier könnte man beispielsweise eine Normalverteilung mit dem Erwartungswert $\mu = .25$ und einer Standardabweichung von $\sigma = .10$ als Wahrscheinlichkeitsverteilung für π wählen.

Die Verteilung für den Parameter nennt man auch A-priori-Verteilung, da diese Verteilung die empirischen Daten nicht berücksichtigt und vor der empirischen Studie festgelegt werden kann. Da der Parameter nun eine Zufallsvariable darstellt, wird er entsprechend der bisherigen Notation mit einem großen Buchstaben bezeichnet. Somit liegt a priori eine Zufallsvariable Θ mit einer bestimmten diskreten oder stetigen Dichte $f(\theta)$ vor.

Hat man dann empirische Daten erhoben, kann man, gegeben einen bestimmten Wert für den Parameter θ, die Wahrscheinlichkeit bzw. die Dichte für diese Daten bestimmen. Der Wert des Parameters stellt im bayesianischen Ansatz die Realisierung einer Zufallsvariable dar und wir erhalten eine sogenannte bedingte Dichte $f(y_1, ..., y_n; \theta)$ für $Y_1, ..., Y_n$

gegeben $\Theta = \theta$. Diese bedingte Dichte wird im Bayes-Ansatz ebenfalls Likelihood genannt. Fungiert θ als das Argument der Funktion $f(y_1, ..., y_n; \theta)$, ist die bedingte Dichte auch tatsächlich als klasissche Likelihoodfunktion zu interpretieren:

$$L(\theta; y_1, ..., y_n) = f(y_1, ..., y_n; \theta)$$

In einem dritten Schritt gilt es, die A-priori-Verteilung anhand der bedingten Dichte für die Daten zu aktualisieren, indem man ausgehend von der A-priori-Verteilung und der bedingten Dichte für die Daten die Dichte $f(\theta; y_1, ..., y_n)$ der A-posteriori-Verteilung berechnet. Die A-posteriori-Dichte erhält man mithilfe des Bayes-Theorems.

Wenn die Dichte der A-priori-Verteilung und die bedingte Dichte der Daten diskret sind, können wir das Bayes-Theorem in der Form, in der wir es bereits kennengelernt haben (vgl. Kap. 2.8.2), anwenden. Ansonsten ist eine erweiterte Form, die für diskrete wie stetige Dichten gilt, zu verwenden (s. u.).

Zunächst gehen wir von einem einfachen Beispiel mit lediglich diskreten Dichten aus. Dieses Beispiel ist eher artifiziell, verdeutlicht aber den bayesianischen Ansatz in einfacher Weise.

Es gilt wiederum, die Schwierigkeit (Lösungswahrscheinlichkeit) für ein Intelligenztestitem anhand einer empirischen Studie mit zehn Kindern zu ermitteln. Sinnvollerweise nutzt man hier als Verteilung für die Anzahl richtig gelöster Items y die Binomialverteilung mit der diskreten Dichte $f(y; \pi, 10)$. Für die in Frage kommenden Realisationen der Zufallsvariablen Π nehmen wir eine einfache A-priori-Verteilung an. Unser Vorwissen über mögliche Ergebnisse und deren Wahrscheinlichkeiten geben wir mit einer diskreten Verteilung an. Vier Realisationen erhalten eine Wahrscheinlichkeit, die größer ist als 0, alle anderen möglichen Ergebnisse eine Wahrscheinlichkeit von 0:

- $P(\Pi = .10) = .10$
- $P(\Pi = .30) = .20$
- $P(\Pi = .50) = .60$
- $P(\Pi = .70) = .10$

Gemäß dieser A-priori-Verteilung wird eine mittlere Lösungswahrscheinlichkeit der Items für sehr wahrscheinlich erachtet, da der Parameterwert von $\pi = .50$, der eine mittlere Schwierigkeit anzeigt, die höchste Wahrscheinlichkeit erhält, während den übrigen Werten eine deutlich geringere Wahrscheinlichkeit zugeordnet wird.

Eine empirische Studie habe nun ergeben, dass die Aufgabe von vier der zehn Schüler korrekt gelöst wurde.

Die Wahrscheinlichkeit, dass vier von zehn Schülern die Aufgabe lösen, gegeben eine identische Lösungswahrscheinlichkeit für jeden Schüler, berechnet sich für die verschiedenen Lösungswahrscheinlichkeiten wie folgt:

- $P(Y = 4; \pi = .10) = f(4; .10, 10) = .011$
- $P(Y = 4; \pi = .30) = f(4; .30, 10) = .200$
- $P(Y = 4; \pi = .50) = f(4; .50, 10) = .205$
- $P(Y = 4; \pi = .70) = f(4; .70, 10) = .037$

Damit haben wir die Likelihoodfunktion festgelegt, gesucht wird nun die A-posteriori-Verteilung $f(\pi; Y = 4)$.

Da in diesem Beispiel lediglich diskrete Dichten verwendet werden, können wir das Bayes-Theorem in der bereits bekannten Form verwenden:

$$P(\Pi = \pi; Y = 4) = \frac{P(Y=4;\pi)P(\pi)}{P(Y=4)}$$

$$= \frac{P(Y=4;\pi)P(\pi)}{P(Y=4;\pi=.10)\cdot.10+P(Y=4;\pi=.30)\cdot.20+P(Y=4;\pi=.50)\cdot.60+P(Y=4;\pi=.70)\cdot.10}$$

Setzen wir die oben berechneten Werte für die bedingten Dichten in diese Formel ein, resultieren die A-posteriori-Wahrscheinlichkeiten:

- $P(\Pi = .10; Y = 4) = .007$
- $P(\Pi = .30; Y = 4) = .238$
- $P(\Pi = .50; Y = 4) = .733$
- $P(\Pi = .70; Y = 4) = .022$

Damit ist die A-posteriori-Verteilung bestimmt. In Abbildung 6.9 sind A-priori-Verteilung und A-posteriori-Verteilung gegenübergestellt. Die A-posteriori-Verteilung besitzt eine geringere Varianz und der Parameter $\pi = .50$ wird erheblich stärker gestützt als die anderen möglichen Ausprägungen von π.

Ausgehend von der A-posteriori-Verteilung gilt es nun, Punktschätzer zu bestimmen. Hier bieten sich die Lageparameter von Verteilungen an. Zumeist werden der Erwartungswert und der Modalwert der A-posteriori-Verteilung verwendet.

Der Erwartungswert der A-posteriori-Verteilung wird auch als *EAP-Schätzer (expected a posteriori)* bezeichnet. EAP-Schätzer

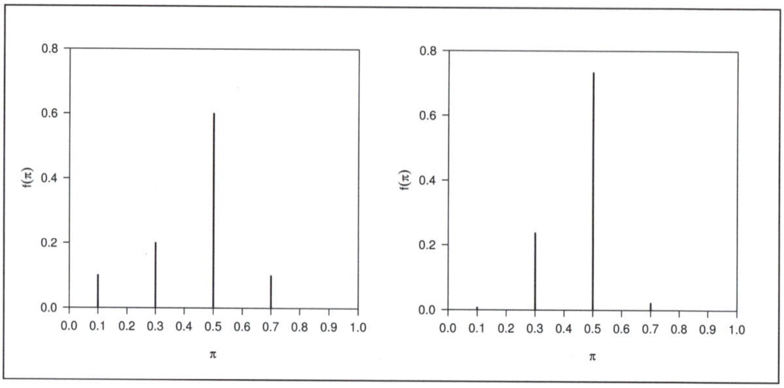

Abbildung 6.9: A-priori-Verteilung (links) und A-posteriori-Verteilung (rechts) für den Parameter der Binomialverteilung ($n = 10$, $y = 4$) und eine diskrete A-priori-Verteilung

Im vorliegenden Beispiel resultiert als EAP-Schätzer:

$$EAP(\pi) = .007 \cdot .1 + .238 \cdot .3 + .733 \cdot .5 + .022 \cdot .7 = .454$$

MAP-Schätzer

Für den Modalwert der A-posteriori-Verteilung, der *MAP-Schätzer (maximum a posteriori)* genannt wird, resultiert der Wert .5, da hier das Maximum der Dichte mit .733 vorliegt.

Die diskrete Dichte für das obige Beispiel wurde aus didaktischen Gründen gewählt. In der statistischen Praxis werden fast immer stetige A-priori-Verteilungen angenommen, da zumeist Parameter aus einem bestimmten Intervall reeller Zahlen für die Schätzung in Frage kommen. Damit ist eine erweiterte Version des Bayes-Theorems heranzuziehen, das von beliebigen Dichten ausgeht (vgl. Internetsupplement):

$$f(\theta|y) = \frac{f(y|\theta)f(\theta)}{f(y)}$$

Dabei gilt:

$$f(y) = \int_{-\infty}^{\infty} f(y|\theta)f(\theta)d\theta$$

Betrachten wir nun das obige Beispiel mit einer stetigen A-priori-Verteilung. Wir nehmen dazu eine Gleichverteilung des Parameters π auf dem Intervall $[0,1]$ als A-priori-Verteilung an. Damit werden alle in Frage kommenden Parameter als gleich wahrscheinlich erachtet. Als Dichte für die Gleichverteilung resultiert damit die Konstante 1 über dem Intervall $[0,1]$ (vgl. Kap. 4.2.1).

Die A-posteriori-Verteilung lässt sich nun wie folgt bestimmen:

$$\begin{aligned} f(\pi|y,n) &= \frac{f(y|\pi,n)f(\pi)}{f(y)} \\ &= \frac{\binom{n}{y}\pi^y(1-\pi)^{n-y}\cdot 1}{f(y)} \\ &= \frac{\binom{n}{y}\pi^y(1-\pi)^{n-y}}{f(y)} \end{aligned}$$

Die Berechnung von $f(y)$ ergibt:

$$f(y) = \int_0^1 \binom{n}{y}\pi^y(1-\pi)^{n-y}1d\pi$$

Wie schon im letzten Kapitel dargestellt, gilt:

$$f(y) = \int_0^1 \binom{n}{y}\pi^y(1-\pi)^{n-y}d\pi = \frac{1}{n+1}$$

Wir erhalten somit als A-posteriori-Verteilung

$$f(\pi|y,n) = (n+1)\binom{n}{y}\pi^y(1-\pi)^{n-y}$$

Diese A-posteriori-Verteilung stellt eine *Betaverteilung* dar (s. Kap. 4.2.2). Betaverteilung

Für unser Beispiel resultiert, wenn vier von zehn Vpn die Aufgabe gelöst haben, die folgende A-posteriori-Verteilung mit der Dichte $f(\pi|n=10, y=4)$, die in Abbildung 6.10 auf der rechten Seite dargestellt ist. Auf der linken Seite der Abbildung 6.10 ist die A-priori-Verteilung dargestellt. Hier sieht man somit die Aktualisierung der A-priori-Verteilung und den Informationsgewinn, der durch die Berücksichtigung der empirischen Daten entsteht.

Der Erwartungswert der A-posteriori-Verteilung – und damit die EAP-Schätzung – ergibt für das obige Beispiel 5/11=.455 (vgl. Internetsupplement).

Allgemein wird der EAP-Schätzer bei stetigen Dichten berechnet anhand von:

$$\hat{\theta}_{EAP} = E(\theta; y_1, ..., y_n) = \int \theta f(\theta; y_1, ..., y_n)d\theta$$

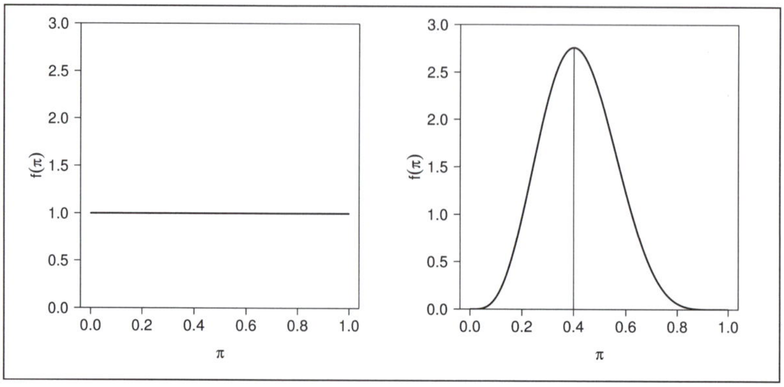

Abbildung 6.10: A-priori-Verteilung (links) und A-posteriori-Verteilung (rechts) für den Parameter der Binomialverteilung ($n = 10$, $y = 4$) und stetiger A-priori-Verteilung

Die im obigen Beispiel abgeleitete A-posteriori-Verteilung kann als A-priori-Verteilung für eine neuerliche Datenerhebung dienen. Damit kann man eine Folge von Aktualisierungen der jeweiligen A-priori-Verteilung erzeugen, wobei die ursprüngliche A-priori-Verteilung immer mehr an Gewicht verliert und der Einfluss der empirischen Daten immer dominanter wird. Diesen Vorgang bezeichnet man auch als *bayesianisches Lernen*.

bayesianisches Lernen

Bei dem obigen Beispiel fällt auf, dass die MAP-Schätzung der Maximum-Likelihood-Schätzung entspricht. Diese Übereinstimmung ist kein Zufall, allgemein gilt: Wird für einen zu schätzenden Parameter einer Verteilung, wie für π bei der Binomialverteilung, die Gleichverteilung als A-priori-Verteilung herangezogen, so stimmen der MAP-Schätzer und der Maximum-Likelihood-Schätzer überein. Dabei muss sich die Gleichverteilung über das gesamte (endliche) Intervall möglicher Parameterwerte erstrecken. Für Parameter, die nicht auf einem endlichen Intervall definiert sind, wie z. B. μ oder σ bei der Normalverteilung, ist die Anwendung der Gleichverteilung als A-priori-Verteilung oft nicht möglich. Hier gibt es andere sogenannte nicht bzw. minimal informative A-priori-Verteilungen (vgl. Held, 2008).

Verwendet man zur Binomialverteilung als Likelihoodfunktion die Gleichverteilung als A-priori-Verteilung, so ergibt sich als A-posteriori-Verteilung eine Betaverteilung. Eine solche einfache Bestimmung der A-posteriori-Verteilung in geschlossener Form ist allgemein wünschenswert. Daher versucht man sogenannte konjugierte A-priori-Verteilungen zu verwenden. Eine zu der bedingten Verteilung für die Daten konjugierte A-priori-Verteilung liegt dann vor, wenn die resultierende A-posteriori-Verteilung zu derselben Verteilungsfamilie gehört wie die

A-priori-Verteilung. Im obigen Beispiel ist das der Fall: A-priori-Verteilung und A-posteriori-Verteilung gehören zur Familie der Betaverteilungen, da die Gleichverteilung ein Spezialfall der Betaverteilung ist. Auch im Fall normalverteilter Daten führt die Verwendung der Normalverteilung als A-priori-Verteilung zu einer normalverteilten A-posteriori-Verteilung, wie unten gezeigt wird.

Liegen keine konjugierten A-priori-Verteilungen vor, sind numerische Verfahren anzuwenden. Dazu gehören z. B. die häufig eingesetzten Markov-Chain-Monte-Carlo (MCMC)-Verfahren (vgl. Bolstad, 2010). Für die Anwendung solcher numerischer Verfahren existieren mittlerweile benutzerfreundliche EDV-Programme, wie z. B. WINBUGS oder OpenBUGS (vgl. Lunn, Spiegelhalter, Thomas & Best, 2009). Sie erlauben die Schätzung von Parametern in Situationen, in denen andere Verfahren, wie die Maximum-Likelihood-Schätzung, nicht zum Erfolg führen.

Gehen wir im Folgenden von normalverteilten Daten $N(\mu, \sigma^2)$ aus, wobei μ zu schätzen ist und σ als bekannt angenommen wird. Verwenden wir dann $N(\mu_{prior}, \sigma^2_{prior})$ als A-priori-Verteilung, resultiert als A-posteriori-Verteilung eine Normalverteilung mit

$$\mu_{post} = \frac{n\sigma^2_{prior}}{n\sigma^2_{prior} + \sigma^2}\bar{x} + \frac{\sigma^2}{n\sigma^2_{prior} + \sigma^2}\mu_{prior}$$

$$\sigma^2_{post} = \frac{\sigma^2}{n + \sigma^2/\sigma^2_{prior}}$$

(Die Ableitung dieses Zusammenhangs findet sich im Internetsupplement.)

Da Erwartungswert und Modus einer normalverteilten Zufallsvariablen übereinstimmen, stellt μ_{post} in diesem Fall den EAP- und MAP-Schätzer dar. Er setzt sich hier aus dem gewichteten Mittel des Erwartungswerts der A-priori-Verteilung und dem Mittelwert der Stichprobe zusammen. Dabei lassen sich die folgenden, intuitiv gut nachvollziehbaren Zusammenhänge ablesen:

- Je geringer die Varianz der A-priori-Verteilung bzw. je höher das Vorwissen über den zu schätzenden Erwartungswert μ ist, desto mehr stimmt der Erwartungswert der A-posteriori-Verteilung mit dem Erwartungswert der A-priori-Verteilung überein.
- Je größer die Varianz der A-priori-Verteilung bzw. je geringer das Vorwissen ist, desto stärker stimmt der Erwartungswert der A-posteriori-Verteilung mit dem Stichprobenmittel überein.

- Wenn die Varianz der A-priori-Verteilung sinkt, fällt auch die Varianz der A-posteriori-Verteilung.
- Je größer die Varianz der A-priori-Verteilung ist, desto stärker stimmt die Varianz der A-posteriori-Verteilung mit der Varianz des Maximum-Likelihood-Schätzers $\bar{x}$ überein, die σ^2/n beträgt.

Allgemein strebt die A-posteriori-Verteilung mit fallendem Vorwissen, d. h. wachsendem σ^2_{prior}, gegen die Normalverteilung $N(\bar{x}, \sigma^2/n)$ und mit zunehmenden Vorwissen (fallendem σ^2_{prior}) gegen $N(\bar{x}, 0)$.

Beispiel: Eine bayesianische Punktschätzung bei normalverteilter A-priori-Verteilung und normalverteilten Daten

Es gilt, die mittlere Größe von neugeborenen Kindern, deren Mütter während der Schwangerschaft Drogen konsumiert haben, zu bestimmen. Wir nehmen μ als unbekannt und $\sigma^2 = 9$ als bekannt an.

Als A-priori-Verteilung für den zu schätzenden Parameter μ wählen wir die Normalverteilung. Wir gehen davon aus, dass bisher nur Untersuchungen mit einem sehr geringen Stichprobenumfang durchgeführt wurden. Diese Studien führten zu einer mittleren Körpergröße von 46 cm und einer Standardabweichung von 2 cm. Nehmen wir daher als A-priori-Verteilung für eine neuere, umfangreichere Studie eine Normalverteilung mit dem Erwartungswert $\mu_{prior} = 46$ und $\sigma^2_{prior} = 4$ an.

Ergibt diese Studie anhand einer Stichprobe von 100 Neugeborenen, deren Mütter während der Schwangerschaft Drogen konsumierten, einen Mittelwert von 49 cm, dann resultiert als EAP- bzw. MAP-Schätzung:

$$\mu_{post} = \frac{100 \cdot 4}{100 \cdot 4 + 9} \cdot 49 + \frac{9}{100 \cdot 4 + 9} \cdot 46 = 48.93$$

Als Varianz der A-posteriori-Verteilung resultiert:

$$\sigma^2_{post} = \frac{9}{100 + 9/4} = 0.09$$

Somit resultiert als A-posteriori-Verteilung eine Normalverteilung mit dem Erwartungswert $\mu = 48.93$ und $\sigma^2 = 0.09$. Entsprechend dieser Ergebnisse ist die Auswirkung des Drogenkonsums insgesamt gesehen geringer als bisher angenommen. Die EAP-Schätzung weicht dabei nur unwesentlich von der Maximium-Likelihood-Schätzung ab.

6.6 Bootstrap-Verfahren

Sind zur Schätzung eines Parameters die Voraussetzungen für die bisherigen Verfahren, Maximum-Likelihood-Schätzung, Kleinste-Quadrate-Schätzungen oder bayesianische Schätzungen, nicht erfüllt, kann unter bestimmten Bedingungen das Bootstrap-Verfahren angewendet werden. Wie in Kapitel 5.6 dargestellt, wird zur Schätzung eines Parameters θ zunächst die Basisstichprobe aus der Population gezogen. Dann wird für die Basisstichprobe ein Schätzer $\hat{\theta}$ für θ berechnet. Aus der Basisstichprobe werden dann B Bootstrap-Stichproben gezogen und für jede dieser Bootstrap-Stichproben wird ebenfalls diese Statistik berechnet. Somit resultieren B Stichprobenstatistiken, die wir mit $\hat{\theta}_i^*, i = 1, .., B$ bezeichnen. Die Häufigkeitsverteilung der $\hat{\theta}_i^*$ stellt die Stichprobenverteilung für θ dar. Für die Stichprobenverteilung können wir den Mittelwert berechnen:

$$\bar{\theta}^* = \frac{1}{B} \sum_{i=1}^{B} \hat{\theta}_i^*$$

Dieser Schätzer mag aber nicht erwartungstreu sein, d. h. einen Bias aufweisen. Diesen Bias kann man aber ebenfalls anhand des Bootstrap-Verfahrens schätzen:

$$Bias^*(\hat{\theta}) = \bar{\theta}^* - \hat{\theta}$$

Der Schätzer $\hat{\theta}$ kann als erwartungstreu angenommen werden, wenn er sich vom Mittelwert der Bootstrap-Stichprobenverteilung nicht wesentlich unterscheidet, d. h. wenn der Bias einen geringen Wert annimmt. Ansonsten kann man den Bias von dem Schätzer abziehen.

Zusammenfassung

Im Rahmen der Schätzung eines Parameters θ ist zwischen der (Punkt-)Schätzung (einem konkreten Wert) und dem Schätzer, einer Berechnungsvorschrift, die den konkreten Wert erzeugt, zu unterscheiden. Schätzer stellen Zufallsvariablen dar, Schätzungen sind Realisierungen von Zufallsvariablen.

Es gibt eine Reihe von Gütekriterien zur Beurteilung von Schätzern:

- Erwartungstreue: Der Erwartungswert des Schätzers ($E(\hat{\theta})$) stimmt mit dem wahren Wert (Parameter) θ überein.
- Asymptotische Erwartungstreue: Mit zunehmendem Stichprobenumfang n wird der Bias immer kleiner wird und konvergiert für $n \mapsto \infty$ gegen 0.

- Konsistenz: Für $n \to \infty$ entspricht die Schätzung dem wahren Wert, d. h., je größer n, desto besser ist die Schätzung. Es werden unterschiedliche Formen der Konsistenz, Konsistenz im quadratischen Mittel, schwache und starke Konsistenz, unterschieden.
- Effizienz: In der Klasse der erwartungstreuen Schätzer ist ein Schätzer effizient, wenn er den kleinsten MSE (und damit den kleinsten Standardfehler) aufweist.

Sind Schätzer nicht erwartungstreu, weisen sie einen systematischen Fehler auf, den sogenannten Bias.

Es gibt verschiedene Methoden, um Schätzer abzuleiten. Die wichtigsten Verfahren stellen die Maximum-Likelihood-Methode, Kleinste-Quadrate-Methode, bayesianische Schätzmethoden und Bootstrap-Verfahren dar. Am häufigsten dürften in der Praxis Maximum-Likelihood-Schätzungen eingesetzt werden. Immer populärer werden bayesianische Verfahren.

Die Kleinste-Quadrate-Schätzung ist für bestimmte Modelle, insbesondere lineare Modelle, anzuwenden. Unter der in der Praxis fast immer zutreffenden Annahme normalverteilter Fehler stellt sie einen Spezialfall der Maximum-Likelihood-Schätzung dar. Bei der Maximum-Likelihood-Methode werden diejenigen Werte der Parameter als Schätzungen bestimmt, die am plausibelsten sind, d. h. die Likelihoodfunktion maximieren.

Bayesianische Schätzmethoden nutzen Vorinformationen über die zu schätzenden Parameter und fassen die Parameter als Zufallsvariablen mit einer sogenannten A-priori-Verteilung auf. Mittels des Bayes-Theorems wird aus der A-priori-Verteilung und der Likelihood für die Daten die A-posteriori-Verteilung bestimmt. Statistische Kennwerte der A-posteriori-Verteilung, insbesondere Mittelwert und Modalwert, fungieren dann als Schätzer der Parameter.

Bootstrap-Verfahren generieren die Stichprobenverteilung des Schätzers durch die Berechnung der relativen Häufigkeitsverteilung von Schätzungen anhand zahlreicher Bootstrap-Stichproben aus der Basisstichprobe. Aus dieser Verteilung werden die Punktschätzung und Bias eines Schätzers bestimmt.

Zentrale Begriffe

Ein *Schätzer* ist eine Funktion von Stichprobenvariablen zur näherungsweisen Bestimmung eines Parameters. Damit stellen Schätzer Zufallsvariablen dar.

Eine *Schätzung* (oder *Punktschätzung*) ist die Realisierung eines Schätzers.

Eine *Statistik* ist eine Funktion der Stichprobenvariablen. Schätzer sind Statistiken.

Ein Schätzer heißt *erwartungstreu* (unbiased) für einen zu schätzenden Parameter θ, wenn für alle möglichen Werte des Parameters der Erwartungswert des Schätzers mit dem jeweiligen Wert des Parameters übereinstimmt.

Ein Schätzer heißt *verzerrt* (biased), wenn er nicht erwartungstreu ist.

Der *Bias* eines Schätzers ist die Differenz zwischen dem Erwartungswert eines Schätzers $\hat{\theta}$ und dem Parameter θ.

Ein Schätzer heißt *erwartungstreu*, wenn sein Bias 0 ist.

Ein Schätzer heißt *asymptotisch erwartungstreu*, wenn der Bias des Schätzers mit wachsendem Stichprobenumfang gegen 0 strebt.

Ein Schätzer heißt *konsistent*, wenn eine *einzelne* Schätzung mit wachsendem Stichprobenumfang beliebig nahe an dem zu schätzenden Parameter liegt.

Ein (erwartungstreuer) Schätzer g für θ ist *effizienter* als ein Schätzer h für θ, wenn g einen kleineren Standardfehler besitzt als h.

Eine zu der bedingten Verteilung für die Daten *konjugierte A-priori-Verteilung* liegt dann vor, wenn die resultierende A-posteriori-Verteilung zu derselben Verteilungsfamilie gehört wie die A-priori-Verteilung. Wenn die Daten zB. binomialverteilt sind, ist die Betaverteilung die konjugierte Verteilung.

EAP-Schätzer: Der Erwartungswert der A-posteriori-Verteilung bei der bayesianischen Schätzung.

MAP-Schätzer: Modalwert der A-posteriori-Verteilung bei der bayesianischen Schätzung. Liegen keinerlei Vorinformationen über den zu schätzenden Parameter vor, sind MAP-Schätzer und Maximum-Likelihood-Schätzer sehr ähnlich und unter bestimmten Bedingungen identisch.

Die *Methode der kleinsten Quadrate* ist eine Schätzmethode für Erwartungswerte von Zufallsvariablen, bei der die Summe der quadrierten Fehler, d. h. der quadrierten Abweichungen der Beobachtungen vom zu schätzenden Erwartungswert, minimiert wird.

Die *Likelihoodfunktion* entspricht der Dichtefunktion mit dem Unterschied, dass die Beobachtungen als gegeben betrachtet werden und die Parameter als Argumente der Funktion fungieren.

Die *Log-Likelihoodfunktion* ist die anhand des natürlichen Logarithmus transformierte Likelihoodfunktion.

Bei der *Maximum-Likelihood-Methode* werden die zu schätzenden Parameter so geschätzt, dass die Likelihood der Daten maximiert wird. Es werden also die Parameter geschätzt, die mit der größten Plausibilität (im Sinne der Likelihood) die beobachteten Daten hervorgebracht haben.

Zur Schätzung eines Parameters im Rahmen *bayesianischer Schätzmethoden* wird für diesen Parameter eine (A-priori-)Verteilung angenommen. Anhand dieser Vorinformation und der Likelihood für die Daten wird mithilfe des Bayes-Theorems die A-posteriori-Verteilung des interessierenden Parameters bestimmt. Bestimmte Kennwerte der A-posteriori-Verteilung, insbesondere der Erwartungswert und Modus, dienen als bayesianische Schätzer des Parameters.

Bei der *Bootstrap-Schätzmethode* wird die Stichprobenverteilung einer Statistik aus den beobachteten Daten erzeugt. Aus den beobachteten Daten, der sogenannten Basisstichprobe, wird durch Ziehen mit Zurücklegen eine bestimmte Anzahl von Boostrap-Stichproben gezogen, für die jeweils der interessierende Parameter bestimmt wird. Der Mittelwert dieser Statistik über alle Bootstrap-Stichproben hinweg kann als Bootstrap-Schätzung des interessierenden Parameters aufgefasst werden, wenn der Bias sehr gering ist.

Die *Bootstrap-Schätzung des Bias* ergibt sich als Differenz zwischen der Bootstrap-Schätzung des interessierenden Parameters und der Schätzung des Parameters anhand der Basisstichprobe.

Notation

Notation	Bedeutung
θ (Theta)	Allgemeine Bezeichnung für einen Parameter
$\hat{\theta}$	Allgemeine Bezeichnung für den Schätzer eines Parameters
L	Abkürzung für die Likelihoodfunktion
LL	Abkürzung für die logarithmierte Likelihoodfunktion
ML	Abkürzung für Maximum-Likelihood
EAP	Abkürzung für den Erwartungswert der A-posteriori-Verteilung
MAP	Abkürzung für den Modalwert der A-posteriori-Verteilung
$f(\theta\|y)$	Bedingte Dichte, im vorliegenden Fall die A-posteriori-Verteilung des Parameters θ für gegebene Daten y
$\hat{\theta}^*$	Bootstrap-Erwartungswert von θ
$Bias^*(\hat{\theta})$	Bias der Schätzung $\hat{\theta}$, basierend auf dem Bootstrap-Verfahren

Kapitel 7
Intervallschätzungen

Inhaltsübersicht

Im letzten Kapitel wurden Punktschätzungen betrachtet. Ein Beispiel dafür ist die Vorhersage des Stimmenanteils einer Partei bei einer Wahl. Auch bei großen Stichproben wird man das Endergebnis nicht ganz genau vorhersagen können. Daher wird bei Wahlprognosen häufig zusätzlich zu den Punktschätzungen eine Intervallschätzung – zumeist in Form von Konfidenzintervallen – angegeben. Ein solches Konfidenzintervall enthält – in näher zu spezifizierender Weise – plausible Schätzungen des Endergebnisses.

Erhält man beispielsweise für eine Partei als Punktschätzung einen Stimmenanteil von 33 %, so kann man ein Konfidenzintervall bestimmen, dass beispielsweise von 31 bis 35 % reicht. Wie die Punktschätzung variiert das Konfidenzintervall von Stichprobe zu Stichprobe. Erhält man bei einer neuerlichen Umfrage als Punktschätzung 35 %, so würde auch ein anderes Konfidenzintervall resultieren, das sich z. B. von 33 bis 37 % erstreckt. Zieht man aus einer Population mit einem bestimmten wahren, aber unbekannten Anteilswert alle theoretisch möglichen Stichproben, kann man jeweils ein Konfidenzintervall bestimmen. Die Grenzen eines Konfidenzintervalls werden dabei so festgelegt, dass von allen theoretisch möglichen Konfidenzintervallen ein bestimmter Anteil von z. B. 95 % der Konfidenzintervalle den wahren Wert enthält. Man ist in der Regel an kleinen Intervallen interessiert, um das Endergebnis möglichst gut vorhersagen zu können.

Konfidenzintervalle können nicht nur für Anteilswerte bestimmt werden, sondern grundsätzlich für beliebige Parameter. Wir werden hier die Konstruktion von Konfidenzintervallen für die Parameter einiger grundlegender Wahrscheinlichkeitsverteilungen und statistischer Modelle ableiten. Im Rahmen der Hypothesentestung im dritten Band werden Konfidenzintervalle für weitere wichtige Anwendungsfälle abgeleitet. Hier geht es insbesondere um die Darstellung der grundlegenden Logik von Konfidenzintervallen. Im Einzelnen behandeln wir:

1. Konfidenzintervalle für den *Erwartungswert* μ normalverteilter und beliebig verteilter Zufallsvariablen,
2. Konfidenzintervalle für die *Varianz* σ^2 normalverteilter Zufallsvariablen,
3. Konfidenzintervalle für den *Anteil* π binomialverteilter Zufallsvariablen,
4. Konfidenzintervalle für *Regressionskoeffizienten* β in linearen Modellen,
5. Konfidenzintervalle für die *Produkt-Moment-Korrelation* ρ.

Nach den Konfidenzintervallen werden weitere Formen der Intervallschätzung, wie bayesianische Kredibilitätsintervalle oder Bootstrap-Perzentil-Schätzungen, dargestellt.

7.1 Konfidenzintervalle

Grundsätzlich wird zwischen ein- und zweiseitigen Konfidenzintervallen unterschieden. Während zweiseitige Konfidenzintervalle, die wir zunächst behandeln, eine obere und untere Grenze besitzen, haben einseitige Konfidenzintervalle lediglich eine untere oder obere Grenze.

Die hier behandelten zweiseitigen Konfidenzintervalle lassen sich aus zentralen Schwankungsintervallen für Schätzer ableiten. Ein zentrales $(1-\alpha)$*-Schwankungsintervall* eines Schätzers ist der „mittlere" Bereich der Stichprobenverteilung eines Schätzers. Dabei werden die untere und obere Grenze des Intervalls so festgelegt, dass innerhalb dieser Grenzen $(1-\alpha)\cdot 100\,\%$ aller Werte des Schätzers liegen und unterhalb der unteren Grenze sowie oberhalb der oberen Grenze jeweils $(\alpha/2)\cdot 100\,\%$ aller Werte.

$(1-\alpha)$-Schwankungsintervall

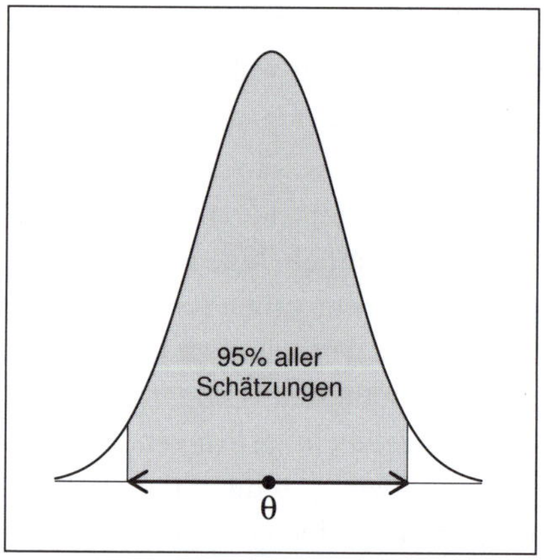

Abbildung 7.1: Ein .95-Schwankungsintervall eines Schätzers um den wahren Wert θ

In Abbildung 7.1 ist ein solches .95-Schwankungsintervall dargestellt. Hier liegen innerhalb der Grenzen 95 % der Werte des Schätzers und außerhalb der beiden Grenzen jeweils 2.5 %. Da die zugrunde liegende Stichprobenverteilung symmetrisch ist, sind die Abstände zwischen dem Parameter und der unteren wie oberen Grenze jeweils gleich groß. Derartige Schwankungsintervalle wollen wir zunächst betrachten.

Bei einer symmetrischen Stichprobenverteilung liegt auch das $(1-\alpha)$-Schwankungsintervall symmetrisch um den Parameter. Nimmt man nun ein $(1-\alpha)$-Schwankungsintervall und legt es symmetrisch um eine Schätzung, liegt ein $(1-\alpha)$-Konfidenzintervall für diese Schätzung vor.

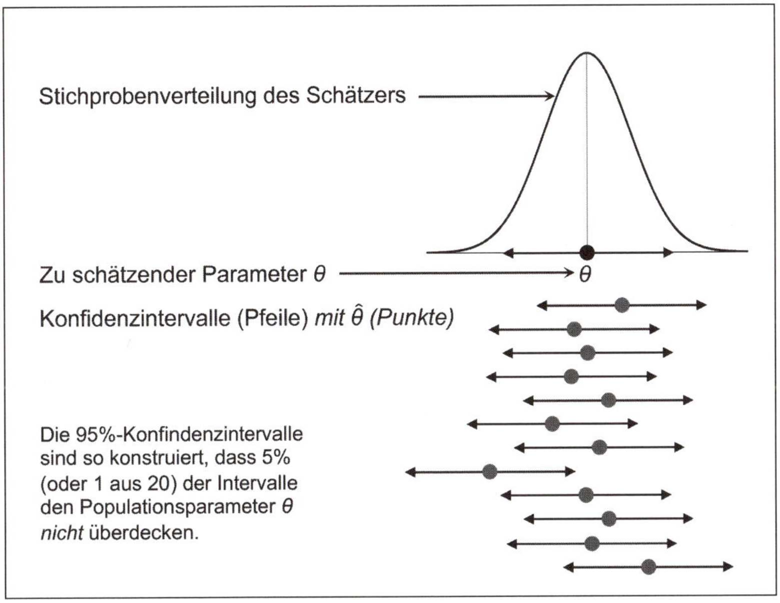

Abbildung 7.2: Konfidenzintervalle: Veranschaulichung

In Abbildung 7.2 ist oben ein .95-Schwankungsintervall dargestellt, darunter befinden sich mehrere Schätzungen und die zugehörigen .95-Konfidenzintervalle. Während die Grenzen des Schwankungsintervalls konstant sind, variieren die Grenzen der Konfidenzintervalle von Schätzung zu Schätzung. Der Schätzer nimmt mit 95%iger Wahrscheinlichkeit Werte in dem Schwankungsintervall an und demzufolge überdecken – wie anhand dieser Abbildung gut nachzuvollziehen ist – die Konfidenzintervalle mit dieser Wahrscheinlichkeit den wahren Parameter. Immer wenn eine Schätzung im Schwankungsintervall liegt, enthält auch das entsprechende Konfidenzintervall den wahren Parameter.

Während es sich bei Schätzern um eine Zufallsvariable handelt, werden Konfidenzintervalle aus zwei Zufallsvariablen, d. h. Stichprobenstatistiken gebildet, die die Grenzen des Konfidenzintervalls beschreiben. Damit handelt es sich bei Konfidenzintervallen um zufällige Intervalle, d. h. um Intervalle, deren Grenzen aus Zufallsvariablen bestehen. Bei einem realisierten Konfidenzintervall verwendet man anstelle der Stichprobenstatistiken deren Realisierungen als Grenzen. Die Grenzen eines realisierten Konfidenzintervalls bestehen also nicht aus Zufallsvariablen, sondern aus Realisierungen von Zufallsvariablen. Die Unterscheidung zwischen Konfidenzintervallen und realisierten Konfidenzintervallen wird oftmals nicht getroffen, womit sich eine gewisse begriffliche Unschärfe ergibt. Es geht jedoch aus dem Kontext hervor, ob ein Konfidenzintervall mit den Grenzen bestehend aus zwei Stichprobenstatistiken oder ein Konfidenzintervall bestehend aus den Grenzen zweier Realisationen von Stichprobenstatistiken gemeint ist.

Formal sind die im Folgenden betrachteten symmetrischen Konfidenzintervalle wie folgt definiert. Gegeben seien i.i.d. (identisch und unabhängig verteilte) Stichprobenvariablen $Y_1, ..., Y_n$, die einer Wahrscheinlichkeitsverteilung folgen, die von dem zu schätzenden Parameter θ abhängt. Die zu einer vorgegebenen Irrtumswahrscheinlichkeit α gebildeten Stichprobenstatistiken $I_u = i_u(Y_1, \ldots, Y_n)$ und $I_o = i_o(Y_1, \ldots, Y_n)$, ergeben ein $(1-\alpha)$-Konfidenzintervall, wenn gilt:

$$P_\theta(I_u \leq \theta \leq I_0) = 1 - \alpha \qquad \text{für alle } \theta$$

Die Realisation $[i_u, i_o]$ mit $i_u = i_u(y_1, \ldots, y_n)$ und $i_o = i_o(y_1, \ldots, y_n)$ ist dann das konkrete (realisierte) Konfidenzintervall.

Sicherheitswahrscheinlichkeit
Irrtumswahrscheinlichkeit

Die Wahrscheinlichkeit $1-\alpha$, mit der Konfidenzintervalle den Parameter überdecken, wird *Sicherheitswahrscheinlichkeit*, Überdeckungs-, Konfidenz- oder Vertrauenswahrscheinlichkeit genannt. Die *Irrtumswahrscheinlichkeit* ist die Wahrscheinlichkeit für das Komplementärereignis, dass Konfidenzintervalle den Parameter nicht überdecken. Irrtums- und Sicherheitswahrscheinlichkeiten sind somit nicht dem realisierten Konfidenzintervall zuzuordnen, sondern dem Schätzverfahren, mit dem die realisierten Konfidenzintervalle konstruiert werden.

$(1-\alpha)$-Konfidenzintervall

Die Irrtums- oder die Sicherheitswahrscheinlichkeit kann frei gewählt werden. Zumeist werden Sicherheitswahrscheinlichkeiten von $1-\alpha = .95$ oder $1-\alpha = .99$ verwendet. Setzt man als Irrtumswahrscheinlichkeit den Wert α, erhält man ein $(1-\alpha)$-*Konfidenzintervall*. Ein .95-Konfidenzintervall wird häufig auch als 95 %-Konfidenzintervall bezeichnet, entsprechend wird bei anderen Sicherheitswahrscheinlichkeiten verfahren.

7.1.1 Interpretation von Konfidenzintervallen

Konfidenzintervalle stellen Zufallsintervalle dar. Ihre Grenzen sind Stichprobenstatistiken, d. h. Zufallsvariablen. Zieht man alle (theoretisch) möglichen Stichproben aus einer Population mit einem bestimmten wahren, aber unbekannten Wert des Parameters θ und berechnet man jeweils zur Irrtumswahrscheinlichkeit von α das (realisierte) Konfidenzintervall, dann überdecken $(1-\alpha)\cdot 100\,\%$ der Konfidenzintervalle den Wert des Parameters.

Einem realisierten Konfidenzintervall kann jedoch keine Wahrscheinlichkeit zugeordnet werden. Ein aufgrund von vorliegenden Stichprobendaten berechnetes Konfidenzintervall enthält den Parameter oder enthält ihn nicht.

Nicht selten werden Konfidenzintervalle etwas unglücklich interpretiert. So findet man häufiger die Aussage, dass ein Parameter eine bestimmte Wahrscheinlichkeit besitzt, in einem Konfidenzintervall zu liegen. Diese Aussage ist nicht korrekt, da der Parameter eine Konstante und keine Zufallsvariable darstellt. Somit kann dem Parameter auch keine Wahrscheinlichkeit zugeordnet werden.

Im nächsten Abschnitt behandeln wir zunächst Konfidenzintervalle für Erwartungswerte. Dabei handelt es sich um die oben beschriebenen zweiseitigen, symmetrischen Konfidenzintervalle.

7.2 Konfidenzintervalle für Erwartungswerte

Ausgangspunkt sind unabhängig und identisch verteilte (i.i.d.) Zufallsvariablen $Y_1,...,Y_n$ (jeweils mit Erwartungswert μ und Varianz σ^2). Für die Bestimmung eines $(1-\alpha)$-Konfidenzintervalls für den Parameter μ mit der Sicherheitswahrscheinlichkeit $1-\alpha$ werden in Abhängigkeit von weiteren Annahmen drei Fälle unterschieden:

1. Die Zufallsvariablen $Y_1,...,Y_n$ sind unabhängig und identisch normalverteilt, dabei ist μ unbekannt und σ bekannt.
2. Die Zufallsvariablen $Y_1,...,Y_n$ sind unabhängig und identisch normalverteilt, dabei sind μ und σ jeweils unbekannt.
3. Die Zufallsvariablen $Y_1,...,Y_n$ sind unabhängig und identisch verteilt, dabei ist ihre Verteilung unbekannt. (Damit sind auch μ und σ jeweils unbekannt.)

Die Ableitung der Konfidenzintervalle für den ersten Fall ist – im Vergleich zu den beiden anderen Fällen – am einfachsten. Allerdings kommt es in der Praxis sehr selten vor, dass σ^2 bekannt ist.

7.2.1 Konfidenzintervalle für den Erwartungswert μ normalverteilter Variablen mit bekannter Varianz σ^2

Für die Ableitung von Konfidenzintervallen für den Erwartungswert normalverteilter Zufallsvariablen mit bekannter Varianz σ^2 gehen wir von den folgenden Voraussetzungen aus:

- $Y_1, ..., Y_n$ sind i.i.d. (identisch und unabhängig verteilt) mit der Verteilung $N(\mu, \sigma)$, wobei σ bekannt ist.
- Als Schätzer für μ nutzen wir $\overline{Y}$.

Es folgt, dass die Stichprobenverteilung von $\overline{Y}$ normalverteilt ist mit $\overline{Y} \sim N(\mu, \sigma/\sqrt{n})$.

Standardisieren wir die Zufallsvariable $\overline{Y}$, indem wir sie durch ihre Standardabweichung dividieren, entsteht die standardnormalverteilte Zufallsvariable

$$Z = \frac{\overline{Y} - \mu}{\sigma/\sqrt{n}}$$

Die Wahrscheinlichkeit, dass Z zwischen den Quantilen $z_{\alpha/2} = -z_{1-\alpha/2}$ und $z_{1-\alpha/2}$ der $N(0,1)$-Verteilung liegt, beträgt $1 - \alpha$.

Es gilt somit:

$$\begin{aligned} 1-\alpha &= P\left(-z_{1-\alpha/2} \leq Z \leq z_{1-\alpha/2}\right) \\ &= P\left(-z_{1-\alpha/2} \leq \frac{\overline{Y} - \mu}{\sigma/\sqrt{n}} \leq z_{1-\alpha/2}\right) \\ &= P\left(\overline{Y} - z_{1-\alpha/2}\frac{\sigma}{\sqrt{n}} \leq \mu \leq \overline{Y} + z_{1-\alpha/2}\frac{\sigma}{\sqrt{n}}\right) \end{aligned}$$

Somit erhalten wir das Konfidenzintervall

$$\left[\overline{Y} - z_{1-\alpha/2}\frac{\sigma}{\sqrt{n}}, \overline{Y} + z_{1-\alpha/2}\frac{\sigma}{\sqrt{n}}\right]$$

Dafür schreiben wir auch kurz:

$$\overline{Y} \pm z_{1-\alpha/2}\frac{\sigma}{\sqrt{n}}$$

Abbildung 7.3 zeigt die Ergebnisse der Bildung dieser Konfidenzintervalle für unterschiedliche Stichproben mit identischem Stichprobenumfang n.

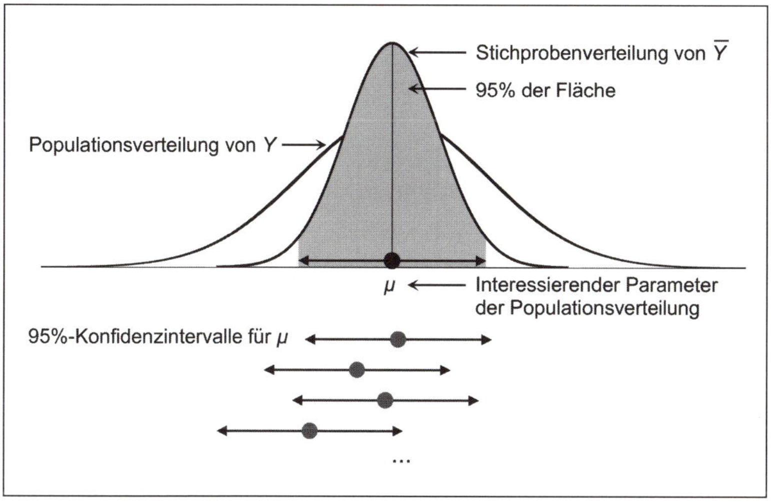

Abbildung 7.3: Veranschaulichung von Konfidenzintervallen für normalverteilte Zufallsvariablen mit μ unbekannt, σ^2 bekannt: $\bar{Y} \pm z_{1-\alpha/2}\frac{\sigma}{\sqrt{n}}$

Beispiel: Konfidenzintervall für den Erwartungswert μ normalverteilter Variablen mit bekannter Varianz

Es erfolgt eine zufällige Auswahl von 100 Gymnasiasten in Nordrhein-Westfalen, an denen ein Intelligenztest durchgeführt wird. Als Standardabweichung für den IQ wird die Standardabweichung $\sigma = 10$ für die Population aller Gymnasiasten in Deutschland angenommen.

Als Mittelwert für diese Stichprobe von 100 Personen resultiert $\bar{y} = 115$. Die Bestimmung der Grenzen des 95 %-Konfidenzintervalls ergibt:

$$115 \pm (z_{1-\alpha/2} = z_{.975} = 1.96) \cdot \frac{10}{\sqrt{100}} = 115 \pm 1.96$$

Somit resultiert als untere Grenze des 95 %-Konfidenzintervalls $115 - 1.96 = 113.04$ und als obere Grenze $115 + 1.96 = 116.96$ und folglich das Konfidenzintervall $[113.04, 116.96]$.

Wenn die Varianz einer normalverteilten Zufallsvariablen σ^2 vor einer Untersuchung bekannt ist, kann diese Information genutzt werden, um für eine vorgegebene Länge eines Konfidenzintervalls den erforderlichen Mindestumfang der Stichprobe zu bestimmen.

Die Differenz zwischen dem Schätzwert und der unteren oder oberen Grenze des Konfidenzintervalls – beide Differenzen sind im Falle der hier vorliegenden symmetrischen Konfidenzintervalle gleich groß – bezeichnen wir als Fehlerspanne m. Im vorliegenden Fall symmetrischer

Konfidenzintervalle entspricht damit m der halben Länge des Konfidenzintervalls.

Für die Fehlerspanne m gilt:

$$m = z_{1-\alpha/2} \frac{\sigma}{\sqrt{n}}$$

Die Auflösung dieser Gleichung nach n ergibt den notwendigen Stichprobenumfang in Abhängigkeit von der geforderten Präzision m:

$$n = \left(z_{1-\alpha/2} \frac{\sigma}{m} \right)^2$$

Beispiel : Bestimmung des notwendigen Stichprobenumfangs bei vorgegebener Länge des Konfidenzintervalls für den Erwartungswert μ normalverteilter Variablen mit bekannter Varianz σ^2

Der Stichprobenumfang soll so gewählt werden, dass bei einer (bekannten) Standardabweichung von 15 eines Intelligenztests und einer Vertrauenswahrscheinlichkeit von .95 der Erwartungswert mit einer Fehlerspanne von $m = 1$ geschätzt wird. Damit beträgt die Länge des Konfidenzintervalls $2 \cdot 1 = 2$.

Wir erhalten:

$$n = \left(1.96 \cdot \frac{15}{1} \right)^2 = 864.36 \approx 865$$

Wenn also unter den oben angegebenen Bedingungen ein Konfidenzintervall für den Erwartungswert eines Intelligenztests berechnet werden soll, dessen Fehlerspanne einen IQ-Punkt beträgt, sind 865 Personen zu untersuchen.

7.2.2 Konfidenzintervalle für den Erwartungswert μ normalverteilter Variablen mit unbekannter Varianz σ^2

In den meisten Fällen ist zur Schätzung des Erwartungswerts einer normalverteilten Zufallsvariable die Varianz unbekannt. Nimmt man anstelle des Parameters σ die Stichprobenvarianz S^2 als Schätzer für die Populationsvarianz, kann man eine t-verteilte Zufallsvariable T ableiten. Dazu dividiert man das Stichprobenmittel $\overline{Y}$ durch $S/\sqrt{n} = S/\sqrt{n}$ anstelle von $\sigma/\sqrt{n}$.

$$T = \frac{\overline{Y} - \mu}{\hat{\sigma}/\sqrt{n}}$$

Die Stichprobenverteilung von T stellt eine t-Verteilung dar, wie wir im Folgenden zeigen. Für die t-Verteilung wurde gezeigt (vgl. Kap. 4.2.5):

$$\frac{Z}{\sqrt{X^2/(n-1)}} \sim t(n),$$

wobei Z eine Zufallsvariable darstellt, die einer $N(0,1)$-Verteilung folgt und X^2 eine Zufallsvariable, die eine χ^2-Verteilung mit $n-1$ Freiheitsgraden besitzt. Um die oben definierte Zufallsvariable T in diese Form zu bringen, erweitern wir T im Zähler wie Nenner um die (unbekannte) Standardabweichung σ:

$$T = \frac{(\overline{Y}-\mu)/\sigma}{(S/\sqrt{n})/\sigma} = \frac{\frac{\overline{Y}-\mu}{\sigma/\sqrt{n}}}{S/\sigma} = \frac{Z}{S/\sigma}$$

Der Zähler Z der so umgeformten Zufallsvariable T folgt, wie für eine t-verteilte Zufallsvariable gefordert, einer Standardnormalverteilung.

Nun ist noch zu zeigen, dass die Zufallsvariable S/σ genauso verteilt ist wie die oben definierte Zufallsvariable $\sqrt{X^2/n}$. Im Kapitel 4.2.4 wurde gezeigt, dass ausgehend von standardnormalnormalverteilten Zufallsvariablen $(n-1)S^2/\sigma^2$ einer χ^2-Verteilung mit $(n-1)$ Freiheitsgraden folgt. Teilen wir $(n-1)S^2/\sigma^2$ durch $n-1$ und ziehen wir dann die Wurzel daraus, resultiert der Term S^2/σ, der somit dieselbe Verteilung besitzt wie $\sqrt{X^2/(n-1)}$. Damit ist insgesamt gezeigt, dass die Zufallsvariable T einer t-Verteilung folgt.

Da die Stichprobenverteilung der Statistik T eine t-Verteilung mit $n-1$ Freiheitsgraden darstellt, können damit die Grenzen des Konfidenzintervalls bestimmt werden. Hierzu nutzen wir die gleiche Logik wie zur Ableitung der entsprechenden Konfidenzintervalle des Erwartungswerts bei bekannter Varianz.

Es gilt:

$$P\left(-t_{1-\alpha/2}(n-1) \leq \frac{\sqrt{n}(\overline{Y}-\mu)}{S} \leq t_{1-\alpha/2}(n-1)\right) = 1-\alpha$$

Durch Umstellung nach μ erhalten wir:

$$P\left(\overline{Y}-t_{1-\alpha/2}(n-1)\frac{S}{\sqrt{n}} \leq \mu \leq \overline{Y}+t_{1-\alpha/2}(n-1)\frac{S}{\sqrt{n}}\right) = 1-\alpha$$

Es folgt somit als Konfidenzintervall:

$$\left[\overline{Y}-t_{1-\alpha/2}(n-1)\frac{S}{\sqrt{n}}, \overline{Y}+t_{1-\alpha/2}(n-1)\frac{S}{\sqrt{n}}\right]$$

bzw.

$$\overline{Y} \pm t_{1-\alpha/2}(n-1)\frac{S}{\sqrt{n}}$$

Beispiel: Konfidenzintervall für den Erwartungswert μ normalverteilter Variablen mit unbekannter Varianz σ^2

Wir gehen von einer zufälligen Auswahl von 16 Gymnasiasten in Nordrhein-Westfalen aus, bei denen ein Intelligenztest durchgeführt wurde. Weder μ noch σ der Scores dieses Tests seien bekannt.

Erhalten wir als mittleren IQ der 16 Personen $\bar{y} = 112$ und als Standardabweichung der Stichprobe $s = 12$, so wird für ein 95%-Konfidenzintervall das .975-Quantil der $t(15)$-Verteilung benötigt ($t_{.975}(15) = 2.13$, vgl. Anhang, Tab. t-Verteilung):

$$112 \pm (t_{1-\alpha/2}(15) = t_{.975}(15) = 2.13) \cdot \frac{12}{\sqrt{16}} = 112 \pm 6.39$$

$$= [105.61, 118.39]$$

Da die Stichprobenvarianz, die in die Berechnung der Konfidenzintervalle mit eingeht, hier nicht vor der Durchführung der Studie bekannt ist, kann eine Berechnung des Stichprobenumfangs zur Festlegung der Präzision des Konfidenzintervalls nicht wie im Fall einer bekannten Varianz erfolgen. Kann man z. B. aus einer früheren Studie die Varianz abschätzen, ist eine approximative Bestimmung des Stichprobenumfangs möglich, um eine bestimmte Präzision für die Intervallschätzung zu erzielen.

7.2.3 Zufallsvariablen mit unbekannter Verteilung

Ausgangspunkt seien nun i.i.d. Zufallsvariablen $Y_1, ..., Y_n$, deren Verteilungsform sowie deren Erwartungswert und Varianz unbekannt seien. Zur Ableitung der Stichprobenverteilung, die zur Bestimmung der Konfidenzintervalle genutzt werden kann, dient der zentrale Grenzwertsatz. Hierfür ist es notwendig, dass der Stichprobenumfang n größer als 30 ist.

Als Konfidenzintervall für den unbekannten Parameter μ resultiert hier:

$$\overline{Y} \pm z_{1-\alpha/2}\frac{S}{\sqrt{n}}$$

approximatives Konfidenzintervall

Dieses Intervall stellt ein *approximatives Konfidenzintervall* dar, da die tatsächliche Stichprobenverteilung des Mittelwerts auf der Basis des zentralen Grenzwertsatzes durch eine Normalverteilung approximiert wird.

Wir nutzen hier – wie oben im Fall normalverteilter Variablen mit unbekannter Varianz – die Schätzung der Standardabweichung, um den Standardfehler des Mittelwertes zu berechnen. Dennoch kann hier die Normalverteilung genutzt werden, da die t-Verteilung für $n > 30$ gut durch eine Normalverteilung beschrieben werden kann.

Auch in dieser Situation lässt sich der Stichprobenumfang bei gegebener Präzision nur dann bestimmen, wenn man aufgrund von Informationen aus anderen Quellen die Varianz abschätzen kann.

Zusammenfassung: Konfidenzintervalle für μ

Vorausgesetzt werden eine einfache Zufallsstichprobe vom Umfang n und die Vorgabe einer Irrtumswahrscheinlichkeit α.

Die drei behandelten Fälle haben die folgende Struktur:

Fall	Populations-Verteilung	Varianz	Konfidenzintervall
(1)	$N(\mu,\sigma)$	bekannt	$\overline{Y} \pm z_{1-\alpha/2}\frac{\sigma}{\sqrt{n}}$
(2)	$N(\mu,\sigma)$	unbekannt	$\overline{Y} \pm t_{1-\alpha/2}(n-1)\frac{S}{\sqrt{n}}$
(3)	unbekannt	unbekannt	$\overline{Y} \pm z_{1-\alpha/2}\frac{S}{\sqrt{n}}$

Alle drei Konfidenzintervalle werden ähnlich konstruiert. Für ein konkretes Konfidenzintervall wird jeweils vom Mittelwert $\bar{y}$ ein bestimmter Term subtrahiert bzw. zum Mittelwert addiert. Dieser Term berechnet sich als das Produkt eines Quantils der Normal- bzw. t-Verteilung mit dem bekannten oder geschätzten Standardfehler der Stichprobenverteilung $\overline{Y}$. Dieser Term gibt den Abstand der Mittelwerts $\bar{y}$ von jeder der beiden Konfidenzgrenzen an und damit die Fehlerspanne. Die doppelte Fehlerspanne ergibt die Länge des Konfidenzintervalls.

Für die Fälle 1 und 3 wird für die Berechnung der Länge des Konfidenzintervalls das $(1-\alpha/2)$-Quantil $z_{1-\alpha/2}$ der Standardnormalverteilung verwendet, im Fall 2 das entsprechende Quantil $t_{1-\alpha/2}(n-1)$ der t-Verteilung mit $n-1$ Freiheitsgraden.

Für den Fall 1 ist der Standardfehler der Stichprobenverteilung $\overline{Y}$ bekannt, für die Fälle 2 und 3 muss er aus den Stichprobendaten geschätzt werden. Damit ist im ersten Fall die Länge des Konfidenzintervalls durch den Stichprobenumfang n und die Sicherheitswahrscheinlichkeit $(1-\alpha)$ vollständig bestimmt. Hier kann der Stichprobenumfang zur Erzielung einer bestimmten Länge des Konfidenzintervalls vor der Untersuchung festgelegt werden. Für die Fälle 2 und 3 hängt die Länge des Konfidenzintervalls zusätzlich noch vom Standardfehler von $\overline{Y}$ bzw. von der Standardabweichung des Merkmals in der Stichprobe ab. Kann man vor einer Untersuchung die Standardabweichung des Merkmals in der Stichprobe abschätzen, kann der für eine bestimmte Länge des Konfidenzintervalls benötigte Stichprobenumfang approximativ bestimmt werden.

Im Fall i.i.d. Zufallsvariablen mit einer beliebigen Verteilung mit $n > 30$ liegt ein approximatives Konfidenzintervall vor, da die zur Berechnung der Grenzen benötigte Stichprobenverteilung nur näherungsweise bekannt ist.

Für beliebige Verteilungen mit $n \leq 30$ gibt es kein „Standardverfahren" zur Berechnung von Konfidenzintervallen für Erwartungswerte. Hier können eventuell unter bestimmten Umständen alternative Intervallschätzungen genutzt werden, die wir weiter unten behandeln.

7.3 Konfidenzintervalle für Varianzen

Konfidenzintervall für die Varianz

In diesem Kapitel wird ein zweiseitiges $(1-\alpha)$-*Konfidenzintervall für die Varianz* σ^2 normalverteilter Variablen abgeleitet. Diese Konfidenzintervalle sind nicht mehr symmetrisch.

Ausgangspunkt sind n Stichprobenvariablen $Y_1, \ldots, Y_n$, die i.i.d. normalverteilt sind mit unbekannter, zu schätzender Varianz σ^2. Der Erwartungswert μ kann bekannt oder unbekannt sein.

Wie in Kapitel 5.5 gezeigt wurde, gilt:

$$(n-1)\frac{S^2}{\sigma^2} \sim \chi^2(n-1)$$

Dieser Zusammenhang kann nun für die Entwicklung eines Konfidenzintervalls genutzt werden. Es gilt:

$$P\left(\chi^2_{\alpha/2}(n-1) \leq (n-1)\frac{S^2}{\sigma^2} \leq \chi^2_{1-\alpha/2}(n-1)\right) = 1-\alpha$$

$$\Leftrightarrow P\left(\frac{(n-1)S^2}{\chi^2_{1-\alpha/2}(n-1)} \leq \sigma^2 \leq \frac{(n-1)S^2}{\chi^2_{\alpha/2}(n-1)}\right) = 1-\alpha$$

Dass durch diese Ungleichungen asymmetrische Konfidenzintervalle entstehen, hat zwei Gründe. Zum einen handelt es sich bei der χ^2-Verteilung um eine asymmetrische Verteilung (vgl. Abb. 7.4), d.h. der Abstand der Quantile $\chi^2_{\alpha/2}(\nu)$ und $\chi^2_{1-\alpha/2}(\nu)$ vom Erwartungswert ν ist nicht gleich. Weiterhin befinden sich die Quantile für die Intervallberechnung im Nenner der Formel, was selbst bei symmetrischen Verteilungen zu asymmetrischen Grenzen führen würde.

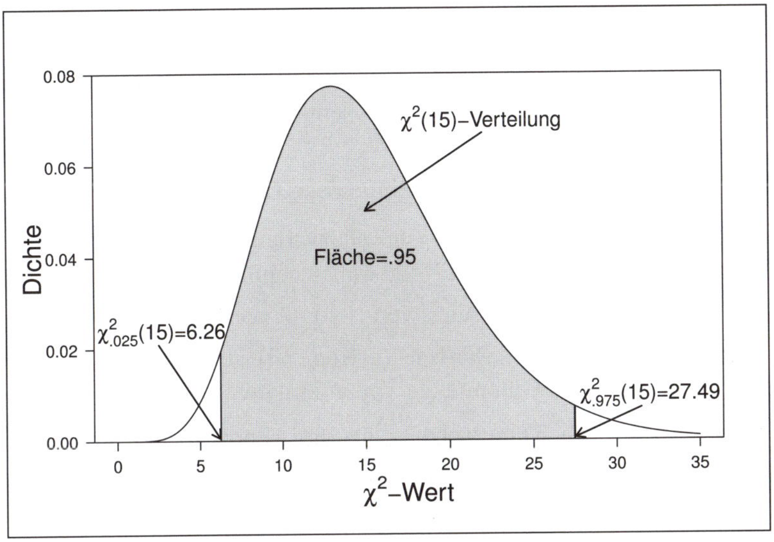

Abbildung 7.4: Beispiel einer χ^2-Verteilung mit 15 Freiheitsgraden zur Bestimmung eines 95 %-Konfidenzintervalls

Beispiel : Bestimmung eines $(1-\alpha)$-Konfidenzintervalls für die Varianz σ^2 normalverteilter Variablen

Ein neu entwickelter Test zur Diagnose von Dyskalkulie wurde an einer Stichprobe von $n = 16$ Kindern durchgeführt.

Die Stichprobenvarianz ergab $s^2 = \hat{\sigma}^2 = 5.6$.

Für die Bestimmung des .95-Konfidenzintervalls für σ^2 können die Werte für die entsprechenden Quantile der χ^2-Verteilung aus Abbildung 7.4 entnommen werden. Damit resultieren die folgenden Grenzen des Konfidenzintervalls:

- *untere* Grenze: $\frac{(n-1)s^2}{\chi^2_{.975}(15)} = \frac{15 \cdot 5.6}{27.49} = 3.06$
- *obere* Grenze: $\frac{(n-1)s^2}{\chi^2_{.025}(15)} = \frac{15 \cdot 5.6}{6.26} = 13.42$

Die obige Konstruktion eines Konfidenzintervalls für Varianzen setzt identisch und unabhängig verteilte Zufallsvariablen mit einer Normalverteilung voraus. Gilt diese Voraussetzung nicht, ist die Ableitung von Konfidenzintervallen für Varianzen erheblich komplizierter und aufwändiger (vgl. Internetsupplement).

7.4 Konfidenzintervalle für Anteilswerte

Konfidenzintervalle für Anteilswerte

Als *Konfidenzintervalle für Anteilswerte* wurde eine Reihe von approximativen und exakten Konfidenzintervallen vorgeschlagen. Approximative Konfidenzintervalle, die wir hier vorstellen, sind einfacher zu entwickeln, aber nicht für kleine Stichprobenumfänge zu verwenden.

7.4.1 Approximative Konfidenzintervalle für Anteilswerte

Ausgangspunkt sind n i.i.d. Stichprobenvariablen $Y_1, ..., Y_n$, die einer Bernoulli-Verteilung mit der Erfolgswahrscheinlichkeit π folgen.

Als Schätzer für den Erwartungswert π von Y verwenden wir $\hat{\pi} = \overline{Y}$.

Nach dem zentralen Grenzwertsatz (s. Kap. 5.3) ist die Verteilung von $\hat{\pi}$ für große Stichprobenumfänge approximativ normalverteilt mit $N(\hat{\pi}, \frac{\sqrt{\hat{\pi}(1-\hat{\pi})}}{\sqrt{n}})$. Als Voraussetzung für die Approximation wurden in Kapitel 5.4 die folgende Bedingung angeführt:

$$n \cdot \pi > 9 \text{ und } n \cdot (1-\pi) > 9$$

Sind diese Bedingungen für $\hat{\pi}$ erfüllt, kann das folgende approximative Konfidenzintervall bestimmt werden:

$$\hat{\pi} \pm z_{1-\alpha/2} \frac{\sqrt{\hat{\pi}(1-\hat{\pi})}}{\sqrt{n}}$$

Wald-Konfidenzintervall

Man nennt dieses Intervall auch *Wald-Konfidenzintervall* für Anteilswerte.

Beispiel : Bestimmung eines $(1-\alpha)$-Konfidenzintervalls für Anteilswerte nach der Wald-Methode

Im Rahmen einer Wahlprognose wurden 214 Personen befragt, ob Sie Ihre Stimme einer bestimmten Partei geben werden. 24 Personen bejahten diese Frage. Als relativer Stimmenanteil resultiert damit $\hat{\pi} = 24/214 = .112$.

Ausgehend von $\alpha = .05$ erhalten wir:

$$\begin{aligned} & \hat{\pi} \pm z_{1-\alpha/2} \frac{\sqrt{\hat{\pi}(1-\hat{\pi})}}{\sqrt{n}} \\ = \quad & .112 \pm 1.96 \frac{\sqrt{.112 \cdot .888}}{\sqrt{214}} \\ = \quad & .112 \pm .042 = [.070, .154] \end{aligned}$$

7.4.2 Wilson-Konfidenzintervalle

Für Anteilswerte wurden genauere – allerdings auch etwas kompliziertere – Methoden zur Bestimmung approximativer Konfidenzintervalle entwickelt. Sie sind für kleinere Stichprobenumfänge n geeignet und ebenso für die Schätzung von Anteilswerten, die nicht die oben angegeben Bedingungen $n \cdot \pi > 9$ und $n \cdot (1-\pi) > 9$ erfüllen.

Eine Methode, die häufig eingesetzt wird, ist das sogenannte *Wilson-Konfidenzintervall* für Anteilswerte (vgl. Wilson, 1927). Hier wird die Schätzung der unbekannten Varianz umgangen und stattdessen die tatsächliche Varianz (obschon unbekannt) für die Bestimmung der Intervallgrenzen benutzt.

Wilson-Konfidenzintervall für Anteilswerte

Gesucht wird ein Konfidenzintervall, das die Varianz und die Normalverteilungsapproximation der Binomialverteilung nutzt (vgl. Kap. 5.4):

$$\hat{\pi} \pm z_{1-\alpha/2} \frac{\sqrt{\pi(1-\pi)}}{\sqrt{n}}$$

Für die untere Grenze des Konfidenzintervalls gilt dann:

$$\hat{\pi} - \pi_{\text{unten}} = z_{1-\alpha/2} \frac{\sqrt{\pi_{\text{unten}}(1-\pi_{\text{unten}})}}{\sqrt{n}}$$

Wir erhalten damit eine quadratische Gleichung mit π_{unten} als unbekannten Term durch

$$(\hat{\pi} - \pi_{\text{unten}})^2 = z_{1-\alpha/2}^2 \frac{\pi_{\text{unten}}(1-\pi_{\text{unten}})}{n}$$

Da alle anderen Größen ($\hat{\pi}$, α und n) bekannt sind, kann die quadratische Gleichung nach π aufgelöst werden und es resultiert:

$$\pi_{\text{unten}} = \frac{\hat{\pi} + \frac{z_{1-\alpha/2}^2}{2n} - \sqrt{\frac{\hat{\pi}(1-\hat{\pi})}{n} + \frac{z_{1-\alpha/2}^2}{4n^2}}}{1 + \frac{z_{1-\alpha/2}^2}{n}}$$

Analog ergibt sich

$$\pi_{\text{oben}} = \frac{\hat{\pi} + \frac{z^2_{1-\alpha/2}}{2n} + \sqrt{\frac{\hat{\pi}(1-\hat{\pi})}{n} + \frac{z^2_{1-\alpha/2}}{4n^2}}}{1 + \frac{z^2_{1-\alpha/2}}{n}}$$

Das nach der Wilson-Methode berechnete Konfidenzintervall für π besitzt z. T. erheblich genauere Grenzen als das Wald-Konfidenzintervall und weitere Vorschläge zur Berechnung von Konfidenzintervallen für Anteilswerte (vgl. Brown, Cai & DasGupta, 2001). Es liefert auch für kleine Stichprobenumfänge und kleine Werte für π bzw. $(1-\pi)$ noch gute Ergebnisse. Es ist somit der einfachen Wald-Schätzung vorzuziehen, zumal die Berechnung in der Regel anhand von Computerprogrammen vorgenommen wird.

Beispiel: Bestimmung eines $(1-\alpha)$-Konfidenzintervalls für Anteilswerte nach der Wilson-Methode

Für unser Beispiel zur Wahlprognose resultiert nach der Wilson-Methode das folgende Konfidenzintervall: $[.077, .161]$. Es unterscheidet sich damit nicht unbeträchtlich von dem Wald-Konfidenzintervall $[.070, .154]$.

Im Folgenden gehen wir noch kurz auf die Endlichkeitskorrektur und die Bestimmung des Stichprobenumfangs ein.

Wenn eine Grundgesamtheit mit einem Umfang N vorliegt, der kleiner als das 20-Fache des Stichprobenumfangs n ist, sind die Grenzen der oben angegebenen Konfidenzintervalle für Anteilswerte zu weit, da die Varianz des Schätzers um den Faktor $\frac{N-n}{N-1}$ zu gering ausfällt (vgl. Kap. 4.1.2). So ist bei dem Konfidenzintervall nach der Wilson-Methode, das generell benutzt werden sollte, anstelle von n der Term

$$n^* = n\left(\frac{N-1}{N-n}\right)$$

zu verwenden.

Die Bestimmung des Stichprobenumfangs kann auch für Konfidenzintervalle von Anteilswerten unabhängig von der genutzten Schätzmethode geplant werden. Dafür nehmen wir π zunächst als bekannt an, wie z. B. beim Würfeln einer 6 mit einem fairen Würfel.

Für eine Fehlerspanne m und eine Irrtumswahrscheinlichkeit α gilt dann:

$$m = z_{1-\alpha/2} \frac{\sqrt{\pi(1-\pi)}}{\sqrt{n}}$$

Umgestellt nach n erhalten wir so eine Formel zur Bestimmung der Stichprobengröße für eine empirische Studie:

$$n = z^2_{1-\alpha/2} \frac{\pi(1-\pi)}{m^2}$$

Beispiel: Planung der Stichprobengröße bei Bestimmung eines $(1-\alpha)$-Konfidenzintervalls für Anteilswerte

Betrachten wir das Würfeln einer 6 mit einem fairen Würfel.

Es gilt, ein 95%-Konfidenzintervall mit einer Fehlerspanne von $m = .05$ und der Erfolgswahrscheinlichkeit π zu bestimmen, wobei für einen fairen Würfel gilt: $\pi = 1/6$

Die Anzahl der notwendigen Würfe unter der Annahme $\pi = 1/6$ beträgt somit:

$$n = z^2_{1-\alpha/2} \frac{\pi(1-\pi)}{m^2} = z^2_{.975} \frac{\frac{1}{6} \cdot \frac{5}{6}}{.05^2}$$
$$= 3.84 \cdot 55.56 = 213.3 \approx 214$$

Der Wert 213.3 ist aufzurunden, soll das Konfidenzintervall nicht – wenn auch nur unwesentlich – zu gering ausfallen.

Für die Bestimmung der notwendigen Stichprobengröße für eine bestimmte Präzision wurde der Parameter π als bekannt angenommen werden. Ein solcher Wert kann in bestimmten Fällen bei der Hypothesentestung vorliegen (vgl. Internetsupplement).

Liegt kein bestimmter Wert für π vor, kann man π in bestimmten Situationen abschätzen. Ansonsten hat man die Möglichkeit, vom „worst case“ auszugehen. Für $\pi = .5$ beträgt die Varianz einer Bernoulli-verteilten Zufallsvariable $\sigma^2 = \pi(1-\pi) = .5 \cdot .5 = .25$. Dieser Wert für die Varianz ist maximal unter allen Werten für π. Somit ist für $\pi = .5$ auch das breiteste Konfidenzintervall gegeben, wenn Irrtumswahrscheinlichkeit und Stichprobenumfang fixiert sind. Insofern kann man ausgehend von $\pi = .5$ den maximal benötigten Stichprobenumfang zur Einhaltung einer bestimmten Länge des Konfidenzintervalls berechnen.

Falls man davon ausgeht, dass sich der Wert von π in einem Intervall $[a, b]$ befindet, besteht der schlechteste Fall darin, den Wert aus dem Intervall $[a, b]$ heranzuziehen, der den geringsten Abstand vom Wert .5 hat. Vermutet man den Wert im Intervall $[.1, .4]$, wäre der Wert .4, der am nächsten von allen Werten in diesem Intervall an .5 angrenzt, als Ausgangspunkt für die Berechnung des Stichprobenumfangs zu nehmen.

7.5 Konfidenzintervalle für die Regressionskoeffizienten in linearen Modellen

In Kapitel 6.4 wurden die Punktschätzer für die Regressionskoeffizienten $\beta_i, i = 1, \ldots, k$ in linearen Modellen bestimmt. Die Punktschätzer stellen Maximum-Likelihood-Schätzer dar, wenn die Fehler ε_i in der Regressionsgleichung

$$Y_i = \beta_0 + \beta_1 x_{1i} + \beta_2 x_{2i} + \ldots + \beta_k x_{ki} + \varepsilon_i$$

i.i.d. normalverteilt mit Erwartungswert 0 sind.

Wie im Internetsupplement ausführlicher dargelegt wird, hat jeder Schätzer $\hat{\beta}_0, \ldots, \hat{\beta}_k$ jeweils eine Stichprobenverteilung mit Erwartungswert β_0, ..., β_k und Varianz $Var(\hat{\beta}_0)$, ..., $Var(\hat{\beta}_k)$. Die Varianz $Var(\hat{\beta}_j)$, $j = 0, \ldots, k$ bezeichnen wir kurz mit σ_j^2 und die entsprechende Standardabweichung als positive Wurzel aus der Varianz mit σ_j. Diese Standardabweichung ist zu schätzen. Die aufwändige Ableitung des Schätzers dieser Standardabweichung $\hat{\sigma}_j$ findet sich im Internetsupplement.

Subtrahiert man den Populationswert β_j vom Schätzer $\hat{\beta}_j$ und teilt die Differenz $\hat{\beta}_j - \beta_j$ durch $\hat{\sigma}_j$, so erhält man eine Zufallsvariable, die wir mit T_j bezeichnen:

$$T_j = \frac{\hat{\beta}_j - \beta_j}{\hat{\sigma}_j}$$

Wie im Internetsupplement gezeigt wird, folgt T_j einer t-Verteilung mit $n - k - 1$ Freiheitsgraden, dabei stellt n die Stichprobengröße und k die Anzahl der Prädiktoren im Regressionsmodell dar.

$$T_j \sim t(n - k - 1)$$

Die Grenzen des Konfidenzintervalls für die Regressionskoeffizient β_j lassen sich somit wie folgt bestimmen:

$$P\left(-t_{1-\alpha/2}(n-k-1) \leq \frac{\hat{\beta}_j - \beta_j}{\hat{\sigma}_j} \leq t_{1-\alpha/2}(n-k-1)\right) = 1 - \alpha$$

$$\Leftrightarrow P\left(\hat{\beta}_j - t_{1-\alpha/2}(n-k-1)\hat{\sigma}_j \leq \beta_j \leq \hat{\beta}_j + t_{1-\alpha/2}(n-k-1)\hat{\sigma}_j\right) = 1 - \alpha$$

Beispiel: Konfidenzintervalle in der multiplen Regression

Wir benutzen hier das Beispiel zur Vorhersage der Mathematiknote durch die beiden Variablen Unterrichtsqualität und Interesse an Mathematik anhand von 30 Vpn aus Holling und Gediga (2011, S. 266). Die Schätzung der Regressionsgleichung ergibt:

Parameter	$\hat{\beta}$	$\hat{\sigma}_j$
Konstante (β_0)	2.00	1.31
Unterrichtsqualität (β_1)	2.00	0.47
Interesse (β_2)	1.00	0.27

Für die Bildung der Konfidenzintervalle ist hier die $t(27)$-Verteilung zu nutzen. Das 95 %-Konfidenzintervall für die Konstante β_0 ist damit:

$$2.00 - 2.05 \cdot 1.31 = -0.69$$
$$\leq \beta_0 \leq$$
$$4.69 = 2.00 + 2.05 \cdot 1.13$$

Für das 95 %-Konfidenzintervall für β_1, den Regressionskoeffizienten für die Unterrichtsqualität, gilt somit

$$2.00 - 2.05 \cdot 0.47 = 1.04 \leq \beta_1 \leq 2.96 = 2.00 + 2.05 \cdot 0.47$$

Das 95 %-Konfidenzintervall für β_2, den Regressionskoeffizienten für das Interesse, ergibt sich als:

$$1.00 - 2.05 \cdot 0.27 = 0.45 \leq \beta_2 \leq 1.55 = 1.00 + 2.05 \cdot 0.27$$

Wir erhalten damit folgende Tabelle mit Konfidenzintervallen für die Regressionsgewichte:

Parameter	$\hat{\beta}_k$	$\hat{\sigma}_j$	untere Grenze des 95 %-KI	obere Grenze des 95 %-KI
Konstante (β_0)	2.00	1.31	-0.69	4.69
Unterrichtsqualität (β_1)	2.00	0.47	1.04	2.96
Interesse (β_2)	1.00	0.27	0.45	1.55

7.6 Konfidenzintervalle für die Produkt-Moment-Korrelation

Zur Bildung von Konfidenzintervallen verwendet man nicht immer die Stichprobenverteilung einer Statistik selbst, sondern stattdessen die Stichprobenverteilung einer Transformation der Statistik. Dieses Vorgehen demonstrieren wir im Folgenden anhand der Produkt-Moment-Korrelation. Ein anderes Beispiel ist das Odds-Ratios (vgl. Internetsupplement).

Die Stichprobenverteilung des Produkt-Moment-Korrelationskoeffizienten, im Folgenden kurz als Korrelationskoeffizient bezeichnet, ist erst ab einem Stichprobenumfang von $n = 500$ hinreichend normalverteilt. Intuitiv ist leicht nachzuvollziehen, dass für einen geringen Stichprobenumfang und numerisch hohe Werte für den Korrelationskoeffizienten eine schiefe Verteilung entsteht. Bei einer Korrelation in der Population von $\rho = .95$ und einem $n = 10$ können die Koeffizienten in den Stichproben unterhalb von .95 Werte zwischen -1 und .95 annehmen, oberhalb von .95 jedoch nur Werte zwischen .95 und 1. Damit entsteht eine linksschiefe Stichprobenverteilung.

Fisher Z-Transformation

Um nun zu einer symmetrischen und weiterhin approximativ normalverteilten Stichprobenverteilung zu gelangen, wird für den Korrelationskoeffizient eine Transformation, die auch als *Fisher Z-Transformation* bezeichnet wird, vorgenommen. Die Stichprobenverteilung des so transformierten Koeffizienten ist hinreichend normalverteilt. Für die anhand der Fisher-Transformation transformierten Koeffizienten kann man die Intervallgrenzen anhand der Normalverteilung ermitteln und diese Grenzwerte dann wieder in die Korrelationskoeffizienten zurückrechnen. Somit resultiert – über den „Umweg" der Fisher-Z-Transformation – das Konfidenzintervall für Korrelationskoeffizienten.

Ausgangspunkt sind n Paare von Stichprobenvariablen $(X_i, Y_i), i = 1, \ldots,$ n, die jeweils bivariat normalverteilt sind mit der Korrelation ρ. Als Punktschätzer für ρ wird der anhand der Stichprobendaten berechnete Korrelationskoeffizient r herangezogen.

Die Transformation $Z_F(r)$ von Fisher[2] für r (und gleichermaßen für ρ) ist definiert durch:

$$Z_F(r) = \frac{1}{2}\left(\ln(1+r) - \ln(1-r)\right)$$

[2] In der Literatur wird oft auch die Bezeichnung $Z(r)$ für $Z_F(r)$ benutzt.

In Abbildung 7.5 ist der Graph dieser Funktion dargestellt.

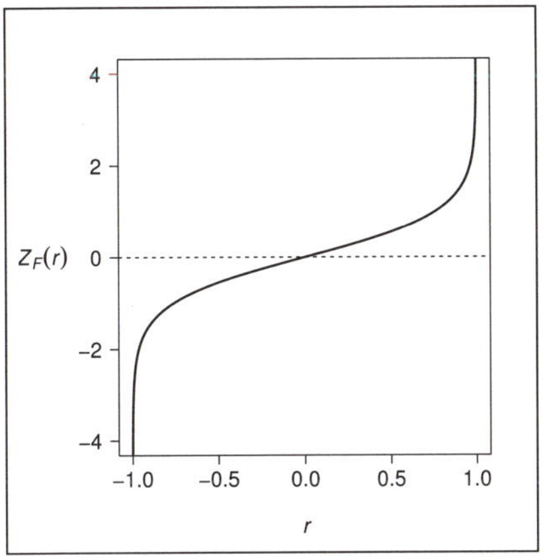

Abbildung 7.5: Fisher-Z-Transformation der Korrelation r

Die Umkehrfunktion, die wiederum den Korrelationskoeffizienten r ergibt, ist gegeben durch:

$$r = \frac{\exp(2Z_F(r)) - 1}{\exp(2Z_F(r)) + 1}$$

Wird die anhand der Stichprobenvariablen geschätzte Korrelation r transformiert zu $Z_F(r)$, gilt approximativ:

$$Z_F(r) \sim N\left(Z_F(\rho), \frac{1}{n-3}\right)$$

An dieser Stelle sehen wir, weshalb die Bezeichnung Z-Transformation genutzt wird. Die Stichprobenverteilung des transformierten Korrelationskoeffizienten $Z_F(r)$ stellt eine approximativ standardnormalverteilte Zufallsvariable Z dar:

$$\frac{Z_F(r) - Z_F(\rho)}{\frac{1}{\sqrt{n-3}}} \sim N(0,1)$$

Nun lassen sich die Konfidenzintervalle für $Z_F(r)$ mithilfe der Standardnormalverteilung leicht bestimmen:

$$P\left(z_{\alpha/2} \leq (Z_F(r) - Z_F(\rho))\sqrt{n-3} \leq z_{1-\alpha/2}\right) = 1 - \alpha$$

Eine Umformung führt zu Konfidenzintervallen für $Z_F(r)$

$$\left[Z_F(r) - z_{1-\alpha/2}\frac{1}{\sqrt{n-3}}, Z_F(r) + z_{1-\alpha/2}\frac{1}{\sqrt{n-3}}\right]$$

bzw.

$$Z_F(r) \pm z_{1-\alpha/2} \frac{1}{\sqrt{n-3}}$$

Bezeichnen wir die untere Grenze mit z_u und die obere Grenze entsprechend mit z_o, so erhält man durch die Rücktransformation von z_u und z_o das Konfidenzintervall für r:

$$[Z_F^{-1}(z_u), Z_F^{-1}(z_o)]$$

Beispiel: Konfidenzintervalle für Korrelationen

An einer Stichprobe von 100 Vpn wurden Tests für die verbale und figurale Intelligenz durchgeführt. Die beiden Tests, deren Scores als bivariat normalverteilt angenommen werden, korrelieren mit $r = .8$. Die Fisher-Transformation ergibt:

$$Z_F(.8) = \frac{1}{2}\big(\ln(1+.8) - \ln(1-.8)\big) = 1.0986$$

Der Standardfehler für $Z_F(r)$ beträgt:

$$s_{Z_F(r)} = \sqrt{\frac{1}{100-3}} = 0.1015$$

Damit resultiert als untere Grenze des 95 %-Konfidenzintervalls:

$$Z_F(r)_u = Z_F(r) - z_{1-\alpha/2}\frac{1}{\sqrt{n-3}} = 1.0986 - 1.96 \cdot 0.1015 = 0.8996$$

und als obere Grenze:

$$Z_F(r)_o = Z_F(r) + z_{1-\alpha/2}\frac{1}{\sqrt{n-3}} = 1.0986 + 1.96 \cdot 0.1015 = 1.2976$$

Die Rücktransformation der $Z_F(r)$-Werte ergibt die Grenzen des Konfidenzintervalls für ρ

$$\begin{aligned} r_u &= Z_F^{-1}(0.8996) = \frac{\exp(2\cdot 0.8996)-1}{\exp(2\cdot 0.8996)+1} = .7161 \\ r_o &= Z_F^{-1}(1.2976) = \frac{\exp(2\cdot 1.2976)-1}{\exp(2\cdot 1.2976)+1} = .8611 \end{aligned}$$

7.7 Einseitige Konfidenzintervalle

Konfidenzintervalle dienen dazu, Informationen über einen unbekannten Parameter zu gewinnen. Bisher haben wir sogenannte zweiseitige Konfidenzintervalle betrachtet, d. h. solche Intervalle, die nach oben und unten begrenzt sind. Es gibt auch Situationen, in denen eine der beiden Grenzen irrelevant ist und man nur an einer Grenze interessiert ist.

Ein Beispiel dafür ist die Wahlprognose für eine Partei, die um den Einzug in den Bundestag fürchtet. Beträgt die Punktschätzung 7 %, so ist für die Anhänger dieser Partei die Frage interessant, ob das Endergebnis oberhalb von 5 % liegt. Hier ist also lediglich die untere Grenze des Konfidenzintervalls relevant, die obere Konfidenzgrenze interessiert in diesem Zusammenhang nicht und wird daher einfach auf das Maximum von 100 % gesetzt. Damit gilt es, das Konfidenzintervall mit einer solchen unteren Grenze zu bestimmen, dass der Bereich von dieser Grenze bis zur oberen Grenze von 100 % mit einer Wahrscheinlichkeit von $1-\alpha$ das Endergebnis enthält.

Bei *einseitigen Konfidenzintervallen* wird also eine Grenze a priori festgelegt. In Abhängigkeit von der Fragestellung wird entweder die untere Grenze G_u von vornherein auf das Minimum oder die obere Grenze G_o auf das Maximum gesetzt.

einseitige Konfidenzintervalle

Je nachdem, ob die untere oder die obere Grenze festgelegt wird, gilt für einseitige $(1-\alpha)$-Konfidenzintervalle:

$$P_\theta(G_u \leq \theta) = 1-\alpha \qquad \text{oder} \qquad P_\theta(\theta \leq G_o) = 1-\alpha \qquad \text{für alle } \theta$$

Für alle Situationen, für die zweiseitige Konfidenzintervalle entwickelt werden können, ist ebenso die Bestimmung von einseitigen Konfidenzintervallen möglich. Wir zeigen hier beispielhaft die Entwicklung von einseitigen Konfidenzintervallen für den Erwartungswert normalverteilter Variablen bei bekannter Varianz.

Gegeben ist eine Zufallsstichprobe mit jeweils identisch, unabhängigen, normalverteilten Variablen $Y_1,\ldots,Y_n$ mit Erwartungswert μ und bekannter Varianz σ^2.

Wir gehen aus inhaltlichen Gründen davon aus, dass nur die untere Grenze des Konfidenzintervalls von Interesse ist. Die obere Grenze wird dann auf $+\infty$ festgesetzt.

Damit resultiert:

$$\begin{aligned} 1-\alpha &= P\left(\frac{\overline{Y}-\mu}{\sigma}\sqrt{n} \leq z_{1-\alpha}\right) \\ &= P\left(\overline{Y}-\mu \leq z_{1-\alpha}\frac{\sigma}{\sqrt{n}}\right) \\ &= P\left(\mu \geq \overline{Y}-z_{1-\alpha}\frac{\sigma}{\sqrt{n}}\right) \end{aligned}$$

Wir erhalten somit das folgende Konfidenzintervall:

$$\left[\overline{Y}-z_{1-\alpha}\frac{\sigma}{\sqrt{n}}, \infty\right)$$

Analog resultiert das einseitige Intervall mit fester unterer Grenze:

$$\left(-\infty, \overline{Y}+z_{1-\alpha}\frac{\sigma}{\sqrt{n}}\right]$$

Beispiel: Berechnung eines einseitigen Konfidenzintervalls für Erwartungswerte

An $n = 25$ zufällig ausgewählten Banklehrlingen wurde ein Test für die numerische Intelligenz durchgeführt. Die Scores dieses Tests sind in der Gesamtbevölkerung normalverteilt mit Erwartungswert $\mu = 100$ und Standardabweichung $\sigma = 15$. Auch für Banklehrlinge seien die Scores normalverteilt mit $\sigma = 15$. Es stellt sich die Frage, ob der Erwartungswert für numerische Intelligenz bei Banklehrlingen höher ist als in der Gesamtbevölkerung bzw. ob die untere Grenze des Konfidenzintervalls größer ist als 100 oder nicht. Es handelt sich also um eine einseitige Fragestellung. In der empirischen Studie wird ein Mittelwert von 106 festgestellt. Wir setzen $\alpha = .05$ und erhalten als untere Grenze

$$\overline{Y}-z_{1-\alpha}\frac{\sigma}{\sqrt{n}} = 106-1.64\cdot\frac{15}{\sqrt{25}} = 106-4.92 = 101.08$$

Der Wert 100 wird nicht durch das Konfidenzintervall überdeckt. Es ist somit unplausibel, dass der Unterschied zwischen dem Erwartungswert und dem Stichprobenmittelwert nur durch die Stichprobenziehung zu erklären ist. Wir schließen damit, dass die Banklehrlinge im Mittel eine höhere numerische Intelligenz aufweisen als Personen aus der Normpopulation.

7.8 Bootstrap-Intervalle

Ist die Stichprobenverteilung für eine Statistik lediglich durch die Bootstrap-Methode zu bestimmen, kann man anhand dieser Stichprobenverteilung Intervallschätzungen vornehmen.

Ausgangspunkt ist die Häufigkeitsverteilung der anhand der B Bootstrap-Stichproben ermittelten Schätzungen $\hat{\theta}_i^*$, die die Stichprobenverteilung für θ darstellt. Für diese Stichprobenverteilung können wir neben dem Mittelwert und den Bias die Standardabweichung, den sogenannten *Bootstrap-Standardfehler*, berechnen:

Bootstrap-Standardfehler

$$\hat{\sigma}^*(\hat{\theta}) = \sqrt{\frac{1}{B-1}\sum_{i=1}^{B}\left(\hat{\theta}_i^* - \bar{\theta}^*\right)^2}$$

wobei

$$\bar{\theta}^* = \frac{1}{B}\sum_{i=1}^{B}\hat{\theta}_i^*$$

Die Stichprobenverteilung kann nun für die Bildung von Konfidenzintervallen genutzt werden. Es gibt mehrere Möglichkeiten, ausgehend von dieser Stichprobenverteilung Konfidenzintervalle zu entwickeln.

Eine häufig genutzte Methode stellt das sogenannte *Bootstrap-t-Konfidenzintervall* dar, das wie folgt definiert ist:

Bootstrap-t-Konfidenzintervall

$$[\bar{\theta}^* - t_{1-\alpha/2}(n-1)\hat{\sigma}^*(\hat{\theta}), \bar{\theta}^* + t_{1-\alpha/2}(n-1)\hat{\sigma}^*(\hat{\theta})]$$

Diese Bestimmung dieses Konfidenzintervalls ist im Wesentlichen an zwei Voraussetzungen geknüpft: Normalverteilung der Stichprobenverteilung und Erwartungstreue des Schätzers $\hat{\theta}$. Beide Voraussetzungen lassen sich überprüfen.

Der Schätzer $\hat{\theta}$ kann als erwartungstreu angenommen werden, wenn der Bias

$$Bias^*(\hat{\theta}) = \bar{\theta}^* - \hat{\theta}$$

gering ausfällt.

Für die Überprüfung der Normalverteilungsannahme werden wir im dritten Band dieser Lehrbuchreihe entsprechende Verfahren kennenlernen.

Gemäß einer weiteren Methode zur Erstellung von Bootstrap-Intervallschätzungen werden die Intervallgrenzen direkt über die Quantile der Bootstrap-Verteilung berechnet. Sortieren wir die erhaltenen Bootstrap-Realisationen unserer Statistik θ der Größe nach, erhalten wir eine Verteilung, die wir mit $\hat{F}^*(\theta)$ bezeichnen (Bootstrap-Schätzung der Verteilungsfunktion F der Statistik θ). Für das zumeist verwendete symmetrische $(1-\alpha)$-Intervall des Parameters θ wählen wir die Quantile

$\hat{F}^{*-1}(\alpha/2)$ für die untere und $\hat{F}^{*-1}(1-\alpha/2)$ für die obere Grenze des Intervalls. Man nennt dieses Intervall das *Bootstrap-Perzentil-Intervall* für θ.

Bootstrap-Perzentil-Intervall

Wenn die Verteilung $\hat{F}^*$ nicht normalverteilt ausfällt oder die Schätzung $\hat{\theta}$ einen großen Bias aufweist, sind Bootstrap-*t*- und Bootstrap-Perzentil-Intervalle nicht zu empfehlen. Da aber sowohl die Schiefe der Verteilung $\hat{F}^*$ als auch der Bias der Schätzung $\hat{\theta}$ durch das Bootstrap-Verfahren bestimmt werden können, sind als Verbesserung der Bootstrap-Perzentil-Intervalle die sogenannten *BCA-Intervalle* (BCA=Bias corrected and accelerated) nach Efron und Tibshirani (1993) entwickelt worden. Die Berechnung eines BCA-Intervalls ist relativ aufwändig, deshalb möchten wir an dieser Stelle auf die angegebene Orginalliteratur verweisen. Im Programmsystem R wird auch dieses Verfahren standardmäßig ausgegeben.

BCA-Intervalle

Abschließend sei hier zu Intervallschätzungen mittels des Bootstrap-Verfahrens festgehalten, dass diese Form der Intervallschätzung häufig in der Praxis eingesetzt wird. Jedoch sollte bei der Anwendung von Bootstrap-Konfidenzintervallen im Einzelfall geprüft werden, inwieweit die entsprechenden Voraussetzungen für die Anwendung eines bestimmten Bootstrap-Intervalls gegeben sind.

Ein Beispiel für die Berechnung eines Bootstrap-Intervalls mithilfe von R ist im Kapitel 7.10.2 zu finden.

7.9 Bayesianische Intervallschätzungen

Die Intervallschätzung im Rahmen des bayesianischen Ansatzes beruht auf der in Kapitel 6.5 eingeführten A-posteriori-Verteilung des zu schätzenden Parameters θ. Da ein solches Intervall anders als ein Konfidenzintervall zu interpretieren ist, nennt man es $(1-\alpha)$-*Kredibilitätsintervall (credibility interval)*. Zu einem vorgebenen α werden für ein $(1-\alpha)$-Kredibilitätsintervall zwei reelle Zahlen θ_u und θ_o so bestimmt, dass die Fläche unter der Dichte der A-posteriori-Verteilung zwischen θ_u und θ_o $1-\alpha$ beträgt. Dabei kann man die Grenzen θ_u und θ_o so wählen, dass die Fläche unter der A-posteriori-Dichte unterhalb von g_u $\alpha/2$ beträgt und oberhalb von g_o ebenfalls $\alpha/2$.

Kredibilitätsintervall

Für die Verteilungsfunktion der A-posteriori-Verteilung $F(\theta|y_1,\ldots,y_n)$ gilt dann:

- $F(\theta_u|y_1,\ldots,y_n)+1-F(\theta_o|y_1,\ldots,y_n)=\alpha$
- $F(\theta_u|y_1,\ldots,y_n)=\alpha/2$
- $1-F(\theta_0|y_1,\ldots,y_n)=\alpha/2$

In Abbildung 7.6 ist ein solches 95 %-Kredibilitätsintervall für das Beispiel zur Schätzung des Parameters π als Schwierigkeit für das Item eines Intelligenztests (vgl. Kap. 6.5) wiedergegeben. Hier stellt die A-posteriori-Verteilung eine Betaverteilung dar, für die das .025- und das .975-Quantil zu bestimmen sind. Angemerkt sei hier, dass die Kredibilitätsintervalle für den Parameter π der Binomialverteilung bei einer Gleichverteilung als A-priori-Verteilung nahezu mit den Wilson-Intervallen übereinstimmen (vgl. Brown et al., 2001).

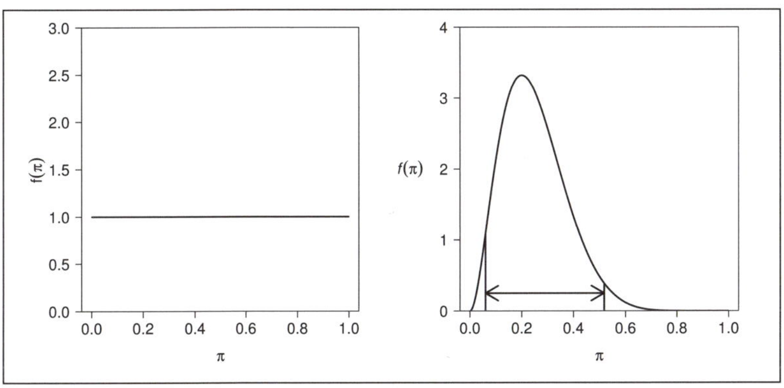

Abbildung 7.6: A-priori-Verteilung (links) und A-posteriori-Verteilung (rechts) für den Parameter der Binomialverteilung ($n=10$, $y=2$) mit Kredibilitätsintervall

Die Grenzen eines $(1-\alpha)$-Kredibilitätsintervalls können aber auch nach anderen Kriterien bestimmt werden als dem oben verwendeten Kriterium für gleichendige Kredibilitätsintervalle $F(\theta_u|y_1,\ldots,y_n)=1-F(\theta_u|y_1,\ldots,y_n)=1-\alpha/2$. Bei den sogenannten *HPD-Intervallen (highest probability density)* werden die Grenzen werden so gewählt, dass der Wert der Dichte für alle Parameterwerte außerhalb des HPD-Intervalls kleiner/gleich der Dichte für die Parameterwerte innerhalb des HPD-Intervalls ist. Das HPD-Intervall $[I_u,I_o]$ erfüllt damit die Bedingung, dass für alle $\theta\in[I_u,I_o]$ und für alle $\tilde{\theta}\notin[I_u,I_o]$ gilt: HPD-Intervalle

$$f(\theta|y_1,\ldots,y_n)\geq f(\tilde{\theta}|y_1,\ldots,y_n)$$

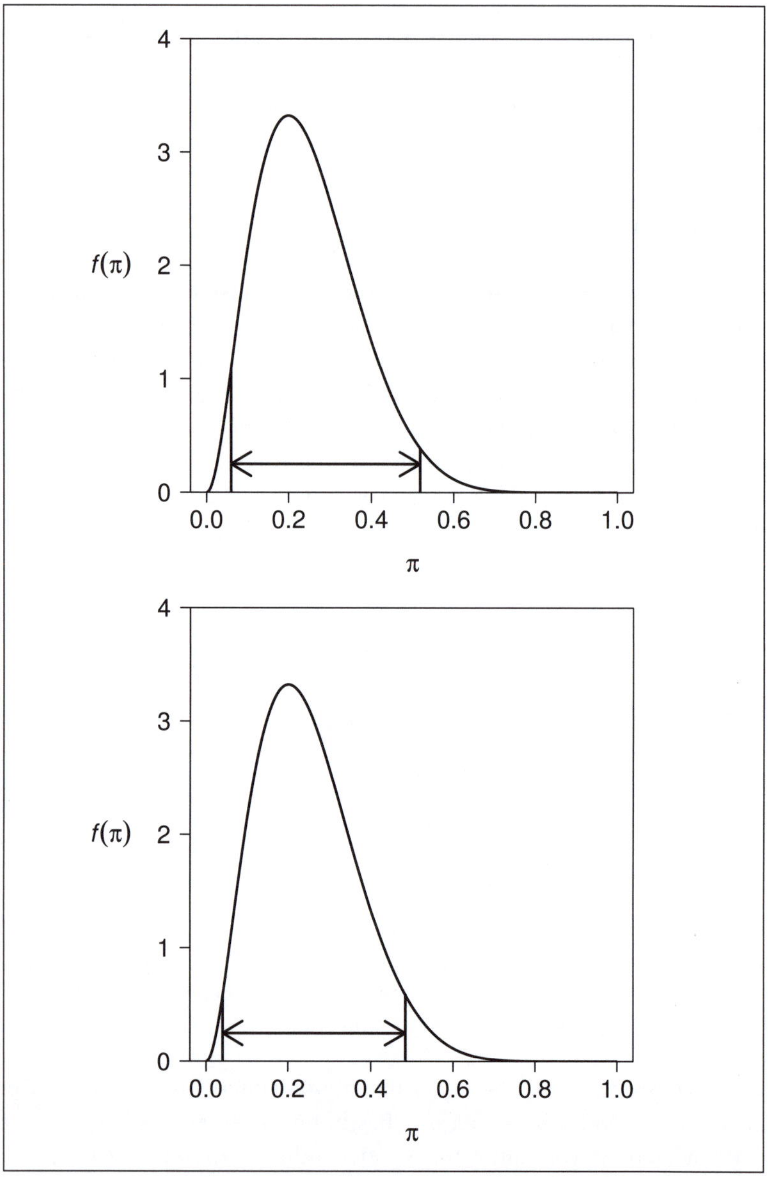

Abbildung 7.7: A-posteriori-Verteilung für den Parameter der Binomialverteilung ($n = 10$, $y = 2$), oben mit gleichendigem 95 %-Kredibilitätsintervall, unten mit 95 %-HPD-Intervall

Abbildung 7.7 stellt das 95 %-HPD-Intervall für ein Beispiel zur Lösungswahrscheinlichkeit eines Intelligenztestitems ($y = 2$ Personen von $n = 10$ Personen haben das Item gelöst) im Vergleich zum gleichendigen 95 %-Kredibilitätsintervall dar. Wie der Abbildung zu entnehmen ist,

ist der Flächenanteil außerhalb des gleichendigen Kredibilitätsintervalls links und rechts identisch, während beim HPD-Intervall alle Parameterwerte innerhalb dieses Intervalls eine Dichte besitzen, die größer/gleich der Dichte für alle Parameterwerte außerhalb dieses Intervalls ist. Innerhalb der Grenzen beider Intervalle befindet sich $1 - \alpha$ der Fläche unter der Dichte. Die Grenzen der Intervalle sind hier etwas unterschiedlich. Bei symmetrischen Verteilungen weisen die Intervallgrenzen hingegen keine Unterschiede auf.

Kredibilitätsintervalle erlauben eine einfachere Interpretation als Konfidenzintervalle. Ein realisiertes Konfidenzintervall enthält entweder den unbekannten Parameter oder nicht und sagt nichts über die Lage des Parameters aus. A-posteriori-Verteilungen stellen Wahrscheinlichkeitsverteilungen für den zu schätzenden Parameter dar, damit können auch Aussagen über die Wahrscheinlichkeit, dass ein Parameter in einem Kredibilitätsintervall enthalten ist, gemacht werden. Ebenso kann die Wahrscheinlichkeit bestimmt werden, dass der Parameter einen Wert in einem bestimmten Bereich, wie z. B. dem mittleren Bereich innerhalb des Kredibilitätsintervalls, annimmt.

7.10 Software

7.10.1 SPSS

Konfidenzintervalle für den Erwartungswert

In SPSS werden Konfidenzintervalle für Mittelwerte immer für den Fall 2 (t-Verteilung) durchgeführt.

Menü

Analysieren
↓
Deskriptive Statistiken → **Explorative Datenanalyse**

Im Dialogfeld kann unter *Statistiken* die gewünschte Sicherheitswahrscheinlichkeit gewählt werden.

Konfidenzintervalle für einen Anteilswert

Menü

Analysieren

↓

Nicht parametrische Tests → Eine Stichprobe...

Im Dialogfeld ist nun unter dem Reiter *Felder* die entsprechende Variable auszuwählen. Unter dem Reiter *Einstellungen* klickt man den Punkt *Tests anpassen* an und wählt *Test auf Binomialverteilung* aus. Unter *Optionen* sollte der Punkt *Jeffreys* gewählt werden. Es können noch weitere Einstellungen bezüglich des hypothetischen Anteils oder der Definition von Erfolg vorgenommen werden. Dann ist die Ausgabe noch zu spezifizieren:

Doppelklick auf die Ausgabe

↓

Es öffnet sich ein Dialogfeld

↓

Unter *Ansicht* dann *Ansicht Konfidenzintervallübersicht* auswählen

↓

Dialogfeld schließen

Das Jeffreys-Intervall für einen Anteilswert ist ein Kredibilitätsintervall. Dieses Intervall wird allerdings nicht anhand der Gleichverteilung, sondern anhand der Jeffreys-Prior bestimmt. Diese Intervalle sind nach Brown et al. (2001) ebenfalls gut für Anteilswerte zu verwenden.

Konfidenzintervalle für die β-Parameter in der multiplen Regression

Menü

Analysieren
↓
Regression → **Linear...**

Im Dialogfeld unter *Statistiken* muss der Punkt *Konfidenzintervalle* ausgewählt werden. Die gewünschte Vertrauenswahrscheinlichkeit kann ebenfalls spezifiziert werden.

7.10.2 R

Verschiedene Konfidenzintervalle in R über den R-Commander

R-Commander

Statistik
↓
Mittelwerte vergleichen → **t-Test für eine Stichprobe**

Die Ausgabe ist analog zur Ausgabe der `t.test()`-Funktion.

R-Commander

Statistik
↓
Deskriptive Statistik → **Test auf Signifikanz der Korrelation**

Die Ausgabe ist analog zur Ausgabe der `cor.test()`-Funktion.

Verschiedene Konfidenzintervalle in R über die Syntax

Syntax

Mittelwerte

```
t.test(x, alternative="two.sided",mu=0,conf.level=.95)
```

Führt einen t-Test für die Variable `x` durch, gibt zweiseitige (`alternative = "two.sided"`) oder einseitige (`"less"` oder `"greater"`) Konfidenzintervalle für den Mittelwert aus.

Anteilswerte

Möglichkeiten, ein Konfidenzintervall für einen Anteilswert zu berechnen, bietet das Paket `binGroup`.

```
library(binGroup)
binCI(n=214, y=24, method="Score")
```

Berechnet ein Konfidenzintervall nach Wilson für das Beispiel aus dem Kapitel 7.4.2. Für ein Konfidenzintervall nach Wald kann man `method = "Wald"` setzen.

Syntax

Korrelationen

```
cor.test(x, y, alternative="two.sided",
conf.level=.95)
```

Führt einen Test für die Korrelation von `x` und `y` durch. Gibt zweiseitige (`alternative = "two.sided"`) oder einseitige (`"less"` oder `"greater"`) Konfidenzintervalle für die Korrelation aus. Diese Funktion funktioniert nur für Datenvektoren.

Eine Möglichkeit, Konfidenzintervalle für die Korrelation nur anhand des Koeffizienten und der Stichprobengröße zu berechnen, bietet das Paket *psychometric*.

```
# Lade das psychometric-Paket
library(psychometric)
CIr(r=.8, n=100, level=.95)
```

Berechnet hiermit das Konfidenzintervall für das Beispiel aus dem Kapitel 7.6 (Konfidenzintervall der Korrelation $r = .8$ für 100 Beobachtungen und einer Sicherheitswahrscheinlichkeit von .95).

Bootstrap-Intervallschätzungen mit R

Mithilfe des boot-Pakets kann man in R Intervallschätzungen anhand des Bootstrap-Verfahrens berechnen:

Syntax

```
# Lade das boot-Paket
library(boot)
# Erstelle einen Datenvektor mit 10 Datenpunkten
iq <- c(91, 92, 93, 94, 100, 107, 111, 117, 118, 120)
# qs25 ist die Funktion, die von der boot-Funktion
# aufgerufen werden soll; siehe Hilfe zum boot-Paket
# x sind die eingegebenen Daten
# f ist ein Vektor mit Positionen
# x[f] ist damit die Bootstrap-Stichprobe
qs25 <- function(x, f)
{ q <- quantile(x[f], c(.25,.50,.75))
if (q[1] < q[3])
return ( (q[1]+q[3]-2*q[2])/(q[3]-q[1]) )
return(0)
}
# Erzeugt 1000 Bootstrap-Stichproben
b <- boot(iq, qs25, R=1000)
#Berechnet ein BCA-Intervall für die Statistik QS
boot.ci(b, type = "bca")
```

Die folgende Ausgabe erscheint:

```
BOOTSTRAP CONFIDENCE INTERVAL CALCULATIONS
Based on 1000 bootstrap replicates

CALL :
boot.ci(boot.out = b, type = "bca")

Intervals :
Level       BCa
95%   (-0.9429,  0.9419 )
Calculations and Intervals on Original Scale
```

Zusammenfassung

Während Punktschätzungen aus einem Wert zur Schätzung des unbekannten Werts des Parameters bestehen, ergeben Intervallschätzer einen Bereich von Werten für den wahren Parameter. Die am häufigsten eingesetzten Methoden zur Intervallschätzung sind Konfidenzintervalle.

Bei Konfidenzintervallen für den Erwartungswert kann man drei Verfahren unterscheiden. Liegen normalverteilte Zufallsvariablen vor, ist zu unterscheiden, ob die Varianz bekannt oder unbekannt ist. Im Falle einer bekannter Varianz wird zur Bestimmung der Grenzen des Konfidenzintervalls der entsprechende Standardfehler mit den aus der Sicherheitswahrscheinlichkeit abgeleiteten Quantilen der Standardnormalverteilung multipliziert. Ist die Varianz unbekannt, werden in analoger Weise die Quantile der t-Verteilung verwendet. Für $n > 30$ *i.i.d.* Zufallsvariablen können – aufgrund des zentralen Grenzwertsatzes – approximative Konfidenzintervalle unabhängig von der Verteilung der Zufallsvariablen bestimmt werden.

Weiterhin wurden Konfidenzintervalle für wichtige Parameter, wie Varianzen, Anteilswerte, Regressions- und Korrelationskoeffizienten unter bestimmten Verteilungsannahmen abgeleitet.

Für Anteilswerte wurden mehrere Arten von Konfidenzintervallen dargestellt, die sogenannten Wilson-Intervalle liefern hier die genauesten Schätzungen. Die Konfidenzintervalle von Korrelationskoeffizienten werden anhand von Fisher-Z-Tranformationen bestimmt.

Es können – in Abhängigkeit von der inhaltlichen Fragestellung – ein- wie zweiseitige Konfidenzintervalle erstellt werden. Zweiseitige Konfidenzintervalle bestehen aus einer unteren und einer oberen Grenze, einseitige Konfidenzintervalle lediglich aus einer unteren oder oberen Grenze. In den meisten Fällen – und von Softwaresystemen in der Regel standardmäßig angeboten – werden Konfidenzintervalle zweiseitig konstruiert.

Lässt sich die Stichprobenverteilung nur über das Bootstrap-Verfahren bestimmen, können Intervallschätzungen über die auf diese Art geschätzte Stichprobenverteilung konstruiert werden. Hier existieren mehrere Formen der Intervallschätzung. Die Grenzen der Bootstrap-t-Konfidenzintervalle beruhen auf dem Standardfehler multipliziert mit den der Sicherheitswahrscheinlichkeit entsprechenden Quantilen der t-Verteilung. Bootstrap-Perzentil-Intervalle basieren direkt auf den $\alpha/2$- und $(1-\alpha/2)$-Quantilen der Bootstrap-Verteilungsfunktion. BCA-Intervalle sind bei einer schiefen Bootstrap-Verteilung oder einem zu großen Bias indiziert.

Weitere Möglichkeiten liefert die bayesianische Statistik. Hier wird die A-posteriori-Verteilung genutzt, um Kredibilitätsintervalle abzuleiten. Bei einem solchen Intervall kann man davon sprechen, dass der zu schätzende Parameter mit der vorgegebenen Wahrscheinlichkeit in diesem Intervall enthalten ist.

Zentrale Begriffe

Ein *Konfidenzintervall* ist eine Intervallschätzung für einen Parameter. Die vorgegebene Irrtumswahrscheinlichkeit α gibt an, dass das Konfidenzintervall $[G_u, G_o]$ mit der Wahrscheinlichkeit von $1-\alpha$ den unbekannten (als fest angenommenen) Wert des Parameters enthält. Die Größe eines Konfidenzintervalls hängt von verschiedenen Größen ab. Dazu zählen im Wesentlichen α und die Stichprobengröße n, in bestimmten Fällen aber weitere Größen, wie die Standardabweichung des Merkmals in der Stichprobe bei der Schätzung von μ einer normalverteilten Zufallsvariablen mit unbekannter Varianz oder der Wert des zu schätzenden Parameters, wie bei der Schätzung von π einer binomialverteilten Zufallsvariablen. In bestimmten Fällen kann man vor der Datenerhebung die notwendige Größe der Stichprobe berechnen, wenn die Spannweite des Konfidenzintervalls vorgegeben wird.

Die *Irrtumswahrscheinlichkeit* α ist die Wahrscheinlichkeit, dass das Konfidenzintervall $[G_u, G_o]$ den unbekannten Wert des Parameters nicht enthält $\rightarrow$ Konfidenzintervall.

Die *Sicherheitswahrscheinlichkeit* ist das Komplement der Irrtumswahrscheinlichkeit, also $1 - \alpha$, und damit die Wahrscheinlichkeit, dass das Konfidenzintervall $[G_u, G_o]$ den unbekannten Wert des Parameters enthält→ Konfidenzintervall.

Das *Wilson-Score-Konfidenzintervall* ist eine Methode zur Erstellung eines Konfidenzintervalls für Anteilswerte. Es ergibt eine genauere Approximation als die Bestimmung des Konfidenzintervalls auf Basis der geschätzten Varianz der Anteilswerte.

Zweiseitige Konfidenzintervalle bestehen aus einer unteren und einer oberen Grenze und werden gekennzeichnet durch:

$[\text{untere Grenze}, \text{obere Grenze}]$.

Einseitige Konfidenzintervalle bestehen aus einer Grenze, entweder einer unteren oder oberen Grenze, und werden gekennzeichnet durch: $[\text{untere Grenze}, +\infty)$ oder $(-\infty, \text{obere Grenze}]$.

Bootstrap-Intervallschätzungen beruhen auf der Bootstrap-Verteilung einer Stichprobenstatistik. Die Grenzen der Bootstrap-t-Konfidenzintervalle ergeben sich aus dem Produkt des Bootstrap-Standardfehlers mit den der Sicherheitswahrscheinlichkeit entsprechenden Quantilen der t-Verteilung. Bootstrap-Perzentil-Intervalle basieren auf den $\alpha/2$- und $(1 - \alpha/2)$-Quantilen der Bootstrap-Verteilungsfunktion. Sogenannte BCA-Intervalle berücksichtigen die Schiefe und den Bias der Bootstrap-Verteilung.

Bayesianische Intervallschätzungen basieren auf der A-posteriori-Verteilung des Parameters und erfolgen anhand der sogenannten Kredibilitätsintervalle. Es gibt verschiedene Möglichkeiten, die Grenzen dieser Intervalle festzulegen. Bei gleichendigen Kredibilitätsintervallen wählt man die $\alpha/2$- und $(1 - \alpha/2)$-Quantile der A-posteriori-Verteilung. Die Grenzen eines HPD-Intervalls werden hingegen so gewählt, dass innerhalb dieses Intervalls ein bestimmter Anteil der Parameterwerte liegt und die Dichte für alle Parameter außerhalb des HPD-Intervalls kleiner/gleich der Dichte für alle Parameterwerte innerhalb dieses Intervalls ist.

Notation

Notation	Bedeutung
α	Irrtumswahrscheinlichkeit
$1-\alpha$	Sicherheitswahrscheinlichkeit
$\overline{Y} \pm z_{1-\alpha/2}\frac{\sigma}{\sqrt{n}}$	Darstellung eines zweiseitigen Konfidenzintervalls (für den Erwartungswert, gegeben eine Normalverteilung mit bekannter Varianz)
$[\overline{Y} - t_{1-\alpha/2}(n-1)\frac{S}{\sqrt{n}}, \overline{Y} + t_{1-\alpha/2}(n-1)\frac{S}{\sqrt{n}}]$	Alternative Darstellung eines zweiseitigen Konfidenzintervalls (für den Erwartungswert, gegeben eine Normalverteilung mit unbekannter Varianz)
$Z(\rho) = \frac{1}{2}(\ln(1+\rho) - \ln(1-\rho))$	Fisher-Z-Transformation der Korrelation

Anhang

Literatur

Bauer, H. (2002). *Wahrscheinlichkeitstheorie*. Berlin: de Gruyter.

Bolstad, W. M. (2010). *Understanding Computational Bayesian Statistics*. New York: Wiley.

Brown, L. D., Cai, T. T. & DasGupta, A. (2001). Interval estimation for a binomial proportion. *Statistical Science, 16*, 101–133.

Chernick, M. R. & LaBudde, R. (2011). *An Introduction to the Bootstrap with Applications in R.* Hoboken: Wiley.

Davison, A. C. & Hinkley. D.V. (1997). *Bootstrap Methods and Their Application.* Cambridge: Cambridge University Press.

Efron, B. & Tibshirani, R. (1993). *An introduction to the bootstrap.* New York: Chapman & Hall.

Held, L. (2008). *Methoden der statistischen Inferenz: Likelihood und Bayes.* Berlin: Spektrum Akademischer Verlag.

Holling, H. & Gediga, G. (2011). *Statistik – Deskriptive Verfahren.* Göttingen: Hogrefe.

Leonhart, R. (2010). *Datenanalyse mit SPSS*. Göttingen: Hogrefe.

Lunn, D., Spiegelhalter, D., Thomas, A. & Best, N. (2009). The BUGS project: Evolution, critique and future directions. *Statistics in Medicine, 28*, 3049–3082.

Stapf, A. (2003). Aufmerksamkeitsstörung und Hochbegabung – Differentialdiagnostische Überlegungen und Hinweise. *Journal für Begabtenförderung, 2*, 6–11.

Wilson, E. B. (1927). Probable inference, the law of succession, and statistical inference. *Journal of the American Statistical Association, 22*, 209–212.

Glossar

χ^2-Verteilung
Wahrscheinlichkeitsverteilung für die Summe von quadrierten standardnormalverteilten Zufallsvariablen.

Φ
Die Verteilungsfunktion der Standardnormalverteilung wird durch Φ symbolisiert.

A-posteriori-Wahrscheinlichkeit
Eine *A-posteriori-Wahrscheinlichkeit* ist eine empirisch ermittelte Wahrscheinlichkeit als Ergebnis der Anwendung des Satzes von Bayes.

A-priori-Wahrscheinlichkeit
Die *A-priori-Wahrscheinlichkeit* (auch *Inzidenzrate* genannt) wird aufgrund von Vorwissen definiert.

Asymptotische Erwartungstreue
Ein Schätzer heißt *asymptotisch erwartungstreu*, wenn der Bias des Schätzers mit wachsendem Stichprobenumfang gegen 0 strebt.

Axiome von Kolmogorov
Nach den *Axiomen von Kolmogorov* muss ein Wahrscheinlichkeitsmaß bestimmte Bedingungen erfüllen:

1. Jedem Ereignis wird als Wahrscheinlichkeit eine reelle Zahl zwischen 0 und 1 zugeordnet.
2. Das sichere Ereignis Ω erhält die Wahrscheinlichkeit 1.
3. Die Wahrscheinlichkeit der Vereinigung paarweise disjunkter Mengen ist gleich der Summe der Wahrscheinlichkeiten der einzelnen Ereignisse.

Bayesianische Intervallschätzungen
Bayesianische Intervallschätzungen basieren auf der A-posteriori-Verteilung des Parameters und erfolgen anahnd der sogenannten Kredibilitätsintervalle. Es gibt verschiedene Möglichkeiten, die Grenzen dieser Intervalle festzulegen. Bei gleichendigen Kredibilitätsintervallen wählt man die $\alpha/2$- und $(1-\alpha/2)$-Quantile der A-posteriori-Verteilung. Die Grenzen eines HPD-Intervalls werden hingegen so gewählt, dass innerhalb dieses Intervalls ein bestimmter Anteil der Parameterwerte liegt und die Dichte für alle Parameter außerhalb des HPD-Intervalls kleiner/gleich der Dichte für alle Parameterwerte innerhalb dieses Intervalls ist.

Bayesianische Schätzmethoden
Zur Schätzung eines Parameters im Rahmen *bayesianischer Schätzmethoden* wird für diesen Parameter eine (A-priori-)Verteilung angenommen. Anhand dieser Vorinformation und der Likelihood für die Daten wird mithilfe des Bayes-Theorems die A-posteriori-Verteilung des interessierenden Parameters bestimmt. Bestimmte Kennwerte der A-posteriori-Verteilung, insbesondere der Erwartungswert und Modus, dienen als bayesianische Schätzer des Parameters.

Bedingte Verteilungen Für eine zweidimensionale Zufallsvariable mit der gemeinsamen Verteilung f_{XY} ist die bedingte Verteilung von Y gegeben $X = x$ definiert als $f_Y(y|x) = f_{xy}/f_x$.

Bedingte Wahrscheinlichkeit Die *bedingte Wahrscheinlichkeit* ist die Wahrscheinlichkeit des Eintritts von Ereignis A unter der Bedingung des Eintritts von Ereignis B.

Bernoulli-Variable Eine Bernoulli-Variable ist eine diskrete Zufallsvariable, bei der lediglich die Werte 0 und 1 eine Wahrscheinlichkeit größer 0 annehmen. Für die Wahrscheinlichkeit des Auftretens der 1 wird der Parameter π verwendet.

Bias Der *Bias* eines Schätzers ist die Differenz zwischen dem Erwartungswert eines Schätzers $\hat{\theta}$ und dem Parameter θ.

Binomialkoeffizient Mithilfe des *Binomialkoeffizienten* lässt sich berechnen, wie viele Teilmengen mit k Elementen aus einer Menge mit n Elementen gebildet werden können.

Binomialverteilung Wahrscheinlichkeitsverteilung für die Summe von Bernoulli-verteilten Zufallsvariablen. Der Parameter π stellt die Wahrscheinlichkeit für die interessierende Merkmalsausprägung dar („Erfolgswahrscheinlichkeit"), n repräsentiert die Anzahl der Bernoulli-Variablen bzw. Versuche.

Bivariate Normalverteilung Gemeinsame Normalverteilung zweier Zufallsvariablen. Die Verteilung wird bestimmt durch die Erwartungswerte und Standardabweichungen der beiden Zufallsvariablen und deren Kovarianz.

Bivariate Verteilung Gemeinsame Wahrscheinlichkeitsverteilung für zwei Zufallsvariablen.

Bootstrap-Intervallschätzungen *Bootstrap-Intervallschätzungen* beruhen auf der Bootstrap-Verteilung einer Stichprobenstatistik. Die Grenzen der Bootstrap-t-Konfidenzintervalle ergeben sich aus dem Produkt des Bootstrap-Standardfehlers mit den der Sicherheitswahrscheinlichkeit entsprechenden Quantilen der t-Verteilung. Bootstrap-Perzentil-Intervalle basieren auf den $\alpha/2$- und $(1-\alpha/2)$-Quantilen der Bootstrap-Verteilungsfunktion. Sogenannte BCA-Intervalle berücksichtigen die Schiefe und den Bias der Bootstrap-Verteilung.

Bootstrap-Schätzmethode Bei der *Bootstrap-Schätzmethode* wird die Stichprobenverteilung einer Statistik aus den beobachteten Daten erzeugt. Aus den beobachteten Daten, der sogenannten Basisstichprobe, wird durch Ziehen mit Zurücklegen eine bestimmte Anzahl von Boostrap-Stichproben gezogen, für die jeweils der interessierende Parameter bestimmt wird. Der Mittelwert dieser Statistik über alle Bootstrap-Stichproben hinweg kann als Bootstrap-Schätzung des interessierenden Parameters aufgefasst werden, wenn der Bias sehr gering ist.

Bootstrap-Schätzung des Bias Die *Bootstrap-Schätzung des Bias* ergibt sich als Differenz zwischen der Bootstrap-Schätzung des interessierenden Parameters und der Schätzung des Parameters anhand der Basisstichprobe.

Bootstrap-Verfahren Beim Bootstrap-Verfahren wird aus einer Population mit einer unbekannten Wahrscheinlichkeitsverteilung eine Stichprobe, auch Basisstichprobe genannt, gezogen, aus der wiederum sogenannte Bootstrap-Stichproben gezogen werden. Die anhand der Bootstrap-Stichproben berechneten Statistiken bilden die Grundlage für die Bootstrap-Verteilung, die eine Schätzung der Stichprobenverteilung darstellt.

Bernoulli-Verteilung Wahrscheinlichkeitsverteilung für ein dichotomes Merkmal. Die Wahrscheinlichkeit für die interessierende Ausprägung, häufig mit Erfolg bezeichnet, stellt den Parameter π dar.

Disjunkte Mengen *Disjunkte Mengen* sind Mengen, deren Schnittmenge die leere Menge ist.

Diskrete Gleichverteilung Wahrscheinlichkeitsverteilung für eine diskrete Zufallsvariable mit endlich vielen Ausprägungen, die jeweils eine identische Wahrscheinlichkeit besitzen.

Diskrete Zufallsvariable Ist der Träger einer Zufallsvariablen endlich oder abzählbar unendlich, liegt eine diskrete Zufallsvariable vor.

EAP-Schätzer Der Erwartungswert der A-posteriori-Verteilung bei der bayesianischen Schätzung.

Effizienz eines Schätzers Ein (erwartungstreuer) Schätzer g für θ ist *effizienter* als ein Schätzer h für θ, wenn g einen kleineren Standardfehler besitzt als h.

Einseitige Konfidenzintervalle *Einseitige Konfidenzintervalle* bestehen aus einer Grenze, entweder einer unteren oder oberen Grenze und werden gekennzeichnet durch: $[\text{untere Grenze}, +\infty)$ oder $(-\infty, \text{obere Grenze}]$.

Elementarereignis Ein *Elementarereignis* ist eine Ereignismenge mit genau einem Element (z. B. Augenzahl = 6 beim einmaligen Würfeln).

Endlichkeitskorrektur Faktor, um den die Varianz der hypergeometrischen Verteilung kleiner ist als die Varianz der Binomialverteilung. Dieser Faktor kann genutzt werden, um die Varianz der Binomialverteilung bei einer Population, die relativ klein im Vergleich zur Stichprobe ist, zu korrigieren.

Ereignis Ein *Ereignis* ist eine Teilmenge der Ergebnismenge. In einem Ereignis (z. B. gerade Zahl beim Würfeln) eines Zufallsvorganges werden einzelne Ergebnisse zusammengefasst. Wichtige Ereignisse sind das *unmögliche Ereignis* (die leere Menge) oder das *sichere Ereignis* (die Ergebnismenge Ω).

Ereignismenge

Die *Ereignismenge* ist eine Menge von Ereignissen (Teilmengen der Ergebnismenge), synonym wird auch der Begriff *Ereignisraum* benutzt. Als Ereignismengen werden Sigma-Algebren verwendet.

Ergebnismenge

Die *Ergebnismenge* Ω ist die Menge aller möglichen Ergebnisse eines Zufallsvorganges (z. B. beim Wurf eines Würfels: $\Omega = \{1,2,3,4,5,6\}$). Synonym werden die Begriffe *Ergebnisraum* oder auch – wenn es sich um empirisch ermittelte Ergebnisse handelt – *Stichprobenraum* genutzt.

Erwartungstreue eines Schätzers

Ein Schätzer heißt *erwartungstreu* (unbiased) für einen zu schätzenden Parameter θ, wenn für alle möglichen Werte des Parameters der Erwartungswert des Schätzers mit dem jeweiligen Wert des Parameters übereinstimmt.

Erwartungswert einer Zufallsvariablen

Der Erwartungswert einer diskreten Zufallsvariablen ist die Summe der anhand der Wahrscheinlichkeitsfunktion gewichteten Werte der Zufallsvariablen. Für stetige Zufallsvariablen wird der Erwartungswert mithilfe des Integrals über die anhand der Wahrscheinlichkeitsdichte gewichteten Werte der Zufallsvariablen berechnet. Der Erwartungswert kann als mittlerer Wert der Zufallsvariablen oder Mittelwert einer Population interpretiert werden.

Freiheitsgrade

Parameter der χ^2-, t- und F-Verteilung.

F-Verteilung

Wahrscheinlichkeitsverteilung für das Verhältnis von zwei χ^2-verteilten Zufallsvariablen.

Gemeinsame Verteilungsfunktion

Verteilungsfunktion, die auf der gemeinsame Wahrscheinlichkeitsdichte von Zufallsvariablen beruht.

Geometrische Verteilung

Wahrscheinlichkeitsverteilung für die Anzahl von Bernoulli-Versuchen, bis zum ersten Mal ein Erfolg auftritt.

Gesetz der großen Zahlen

Gemäß dem Gesetz der großen Zahlen konvergiert die relative Häufigkeit eines Ereignisses bei wiederholten Zufallsexperimenten gegen eine Konstante, die entsprechende Wahrscheinlichkeit p des Ereignisses.

Hypergeometrische Verteilung

Wahrscheinlichkeitsverteilung für die Anzahl von Stichprobenelementen mit der interessierenden Ausprägung eines dichotomen Merkmals für eine endliche Population, die relativ klein im Vergleich zur Stichprobe ist. Der Erwartungswert der hypergeometrische Verteilung ist identisch mit dem Erwartungswert der entsprechenden Binomialverteilung, die Varianz ist jedoch geringer.

i.i.d.-Annahme

Die Annahme, dass eine Menge von Zufallsvariablen $Y_1, ..., Y_n$ identisch verteilt und unabhängig ist.

Invarianzeigenschaft der Korrelation
Für Transformationen der Form $X' = a + bX$ und $Y' = c + dY$ mit $b > 0$ und $d > 0$ gilt $\rho(X,Y) = \rho(X',Y')$.

Irrtumswahrscheinlichkeit
Die *Irrtumswahrscheinlichkeit* α ist die Wahrscheinlichkeit, dass das Konfidenzintervall $[G_u, G_o]$ den unbekannten Wert des Parameters nicht enthält$\rightarrow$ Konfidenzintervall.

Konfidenzintervall
Ein *Konfidenzintervall* ist eine Intervallschätzung für einen Parameter. Die vorgegebene Irrtumswahrscheinlichkeit α gibt an, dass das Konfidenzintervall $[G_u, G_o]$ mit der Wahrscheinlichkeit von $1-\alpha$ den unbekannten (als fest angenommenen) Wert des Parameters enthält. Die Größe eines Konfidenzintervalls hängt von verschiedenen Größen ab. Dazu zählen im Wesentlichen α und die Stichprobengröße n, in bestimmten Fällen aber weitere Größen, wie die Standardabweichung des Merkmals in der Stichprobe bei der Schätzung von μ einer normalverteilten Zufallsvariablen mit unbekannter Varianz oder der Wert des zu schätzenden Parameters, wie bei der Schätzung von π einer binomialverteilten Zufallsvariablen. In bestimmten Fällen kann man vor der Datenerhebung die notwendige Größe der Stichprobe berechnen, wenn die Spannweite des Konfidenzintervalls vorgegeben wird.

Konjugierte A-priori-Verteilung
Eine zu der bedingten Verteilung für die Daten *konjugierte A-priori-Verteilung* liegt dann vor, wenn die resultierende A-posteriori-Verteilung zu derselben Verteilungsfamilie gehört wie die A-priori-Verteilung. Wenn die Daten z B. binomialverteilt sind, ist die Beta-Verteilung die konjugierte Verteilung.

Korrelation von Zufallsvariablen
Die Korrelation bildet eine normierte Kovarianz. Die Korrelation von Zufallsvariablen ist analog zur empirischen Korrelation zu interpretieren. Sie liegt zwischen -1 und 1. Perfekte lineare Zusammenhänge zwischen X und Y liegen bei der Korrelation 1 (perfekter positiver linearen Zusammenhang) und -1 (perfekter negativer linearer Zusammenhang) vor.

Konsistenz eines Schätzers
Ein Schätzer heißt *konsistent*, wenn eine *einzelne* Schätzung mit wachsendem Stichprobenumfang beliebig nahe an dem zu schätzenden Parameter liegt.

Kovarianz von Zufallsvariablen
Die Kovarianz zweier Zufallsvariablen ist das Produkt der Erwartungswerte der quadrierten Abweichungen der Variablen von ihrem jeweiligen Erwartungswert.

Laplace-Wahrscheinlichkeit
Die *Laplace-Wahrscheinlichkeit* für eine Teilmenge A eines endlichen Ergebnisraums ist gleich der Anzahl der Ergebnisse in A dividiert durch die Anzahl aller möglichen Ergebnisse.

Likelihoodfunktion
Die *Likelihoodfunktion* entspricht der Dichtefunktion mit dem Unterschied, dass die Beobachtungen als gegeben betrachtet werden und die Parameter als Argumente der Funktion fungieren.

Log-Likelihoodfunktion Die *Log-Likelihoodfunktion* ist die anhand des natürlichen Logarithmus transformierte Likelihoodfunktion.

MAP-Schätzer Modalwert der A-posteriori-Verteilung bei der bayesianischen Schätzung. Liegen keinerlei Vorinformationen über den zu schätzenden Parameter vor, sind MAP-Schätzer und Maximum-Likelihood-Schätzer sehr ähnlich und unter bestimmten Bedingungen identisch.

Maximum-Likelihood-Methode Bei der *Maximum-Likelihood-Methode* werden die zu schätzenden Parameter so geschätzt, dass die Likelihood der Daten maximiert wird. Es werden also die Parameter geschätzt, die mit der größten Plausibilität (im Sinne der Likelihood) die beobachteten Daten hervorgebracht haben.

Mengenoperationen *Mengenoperationen* entsprechen sprachlichen Aussagen über Ereignisse. Die wichtigsten Mengenoperationen sind der Durchschnitt (entspricht „und"), die Vereinigung (entspricht „oder") und das Komplement (entspricht „nicht").

Methode der kleinsten Quadrate Die *Methode der kleinsten Quadrate* ist eine Schätzmethode für Erwartungswerte von Zufallsvariablen, bei der die Summe der quadrierten Fehler, d. h. der quadrierten Abweichungen der Beobachtungen vom zu schätzenden Erwartungswert, minimiert wird.

Multinomialverteilung Verallgemeinerung der Binomialverteilung, indem anstelle eines dichotomen Merkmals ein polytomes Merkmal vorliegt.

Negative Binomialverteilung Wahrscheinlichkeitsverteilung für die Anzahl von Bernoulli-Versuchen, bis eine vorgegebene Anzahl von Erfolgen auftritt.

Normalverteilung Eine Normalverteilung ist durch die folgende Dichtefunktion gekennzeichnet:

$$f(y) = \frac{\exp\left(-\frac{1}{2}\left(\frac{y-\mu}{\sigma}\right)^2\right)}{\sigma\sqrt{2\pi}}$$

Dabei stellen μ den Erwartungswert und σ die Standardabweichung dar.

Permutationen *Permutationen* sind mögliche Anordnungen der Elemente einer Menge, wenn die Reihenfolge der Elemente berücksichtigt wird.

Poissonverteilung Wahrscheinlichkeitsverteilung für die Anzahl von Stichprobenelementen mit der interessierenden Ausprägung eines dichotomen Merkmals. Der Parameter der Poissonverteilung entspricht dem Erwartungswert und der Varianz dieser Verteilung.

Quantile Für stetige Zufallsvariablen ist für eine vorgegebene Wahrscheinlichkeit p das p-Quantil der Wert y, für den $F(y) = p$ gilt. Für diskrete Zufallsvariablen stellt y_p das p-Quantil dar, wenn für alle $y < y_p$ gilt: $F(y_p) \geq p \quad$ und $F(y) < p$.

Realisierung Der Wert der Zufallsvariablen $Y(\omega) = y$ für ein Ergebnis ω wird Realisierung von Y genannt.

Satz von Bayes Der *Satz von Bayes* gibt an, wie man jeweils unter zwei Bedingungen bestimmte bedingte Wahrscheinlichkeiten ineinander überführt: $P(A|B) = P(B|A)P(A)/P(B)$. Dabei stellt $P(A)$ die A-priori-Wahrscheinlichkeit dar und $P(B|A)$ die A-posteriori-Wahrscheinlichkeit. Falls $P(B)$ unbekannt ist, kann diese Wahrscheinlichkeit mithilfe des Satzes von der totalen Wahrscheinlichkeit berechnet werden, wenn $P(B|\overline{A})$ bekannt ist.

Satz von der totalen Wahrscheinlichkeit Der *Satz von der totalen Wahrscheinlichkeit* besagt, dass bei einer disjunkten Zerlegung $A_1, \ldots, A_k$ ($A_i \subset \Omega, i = 1, \ldots, k$) von Ω für ein Ereignis $B \subset \Omega$ gilt: $P(B) = P(B|A_1)P(A_1) + \ldots + P(B|A_k)P(A_k)$.

Schätzer Ein *Schätzer* ist eine Funktion von Stichprobenvariablen zur näherungsweisen Bestimmung eines Parameters. Damit stellen Schätzer Zufallsvariablen dar.

Schätzung Eine *Schätzung* (oder *Punktschätzung*) ist die Realisierung eines Schätzers.

Sicherheitswahrscheinlichkeit Die *Sicherheitswahrscheinlichkeit* ist das Komplement der Irrtumswahrscheinlichkeit, also $1 - \alpha$, und damit die Wahrscheinlichkeit, dass das Konfidenzintervall $[G_u, G_o]$ den unbekannten Wert des Parameters enthält→ Konfidenzintervall.

Sigma-Algebra Die *Sigma-Algebra* ist eine Menge von Ereignissen, die alle abzählbaren Schnitte und Vereinigungen sowie Komplemente ihrer Ereignisse umfasst. Sie enthält immer die Ergebnismenge Ω und die leere Menge.

Skalierte Binomialverteilung Eine diskrete Verteilung, die als Träger die Werte $0, 1/n, ..., (n-1)/n, 1$ besitzt. Die Wahrscheinlichkeit von k/n ($0 \leq k \leq n$) ist durch die Wahrscheinlichkeit der Binomialverteilung für den Wert k gegeben.

Standardabweichung einer Zufallsvariablen Die Standardabweichung ist die positive Quadratwurzel der Varianz.

Standardfehler Die Standardabweichung der Stichprobenverteilung einer Statistik.

Standardnormalverteilung Die Standardnormalverteilung stellt eine Normalverteilung mit $\mu = 0$ und $\sigma = 1$ dar.

Statistik Eine *Statistik* ist eine Funktion der Stichprobenvariablen. Schätzer sind Statistiken. Statistiken stellen Zufallsvariablen dar. Beispiele sind Mittelwert, relative Häufigkeit oder Varianz.

Stetige Gleichverteilung Wahrscheinlichkeitsverteilung für eine Zufallsvariable mit einer konstanten Dichte für ein bestimmtes Intervall $[a, b]$.

Stetige Zufallsvariable Ist der Träger einer Zufallsvariablen überabzählbar, liegt eine stetige Zufallsvariable vor.

Stichprobenverteilung Die Verteilung einer Statistik auf der Basis von Zufallsstichproben mit einem bestimmten Stichprobenumfang, die aus einer Population gezogen werden.

Stochastische Unabhängigkeit Stochastische Unabhängigkeit von zwei Ereignissen A und B ist gegeben, wenn die bedingte Wahrscheinlichkeit für das Ereignis A unter der Bedingung B gleich der unbedingten Wahrscheinlichkeit für das Ereignis A ist. Andernfalls sind die Ereignisse stochastisch abhängig. Alternativ kann die stochastische Unabhängigkeit von zwei Ereignissen A und B dadurch definiert werden, dass die Wahrscheinlichkeit der Schnittmenge von A und B mit dem Produkt der unbedingten Wahrscheinlichkeiten der beiden Ereignisse A und B übereinstimmt.

Stochastische Unabhängigkeit von Zufallsvariablen Gilt für beliebige Werte x bzw. y diskreter Zufallsvariablen X bzw. Y $P(X = x, Y = y) = P(X = x)P(Y = y)$ sowie für beliebige Werte x bzw. y stetiger Zufallsvariablen X bzw. Y $P(X \leq x, Y \leq y) = P(X \leq x)P(Y \leq y)$, liegt eine stochastische Unabhängigkeit der Zufallsvariablen X und Y vor.

Trägermenge Die Trägermenge oder kurz der Träger einer Zufallsvariable beinhaltet die Elemente der Bildmenge der Zufallsvariablen, die eine Dichte größer 0 aufweisen.

t-Verteilung Wahrscheinlichkeitsverteilung für das Verhältnis einer standardnormalverteilter Zufallsvariablen zur Wurzel aus einer χ^2-verteilten Zufallsvariablen.

Univariate Verteilung Wahrscheinlichkeitsverteilung für eine eindimensionale Zufallsvariable.

Unkorrelierte Zufallsvariablen Zwei Zufallsvariablen X, Y sind unkorreliert, wenn $\rho(X, Y) = 0$ ist.

Varianz einer Zufallsvariablen Die Varianz gibt den erwarteten quadratischen Abstand der Werte einer Zufallsvariablen vom Erwartungswert an.

Verteilungsfamilie Zufallsvariablen mit einer Dichte, die durch Parameter spezifiziert ist, bilden eine Familie von Zufallsvariablen bzw. eine Verteilungsfamilie.

Verteilungsfunktion Die Verteilungsfunktion gibt die kumulierte Wahrscheinlichkeit von $-\infty$ bis zu einem Wert y an. Bei stetigen Zufallsvariablen wird die Verteilungsfunktion als Integral über die Wahrscheinlichkeitsdichte berechnet, bei diskreten Zufallsvariablen als Summe über die Wahrscheinlichkeitsfunktion.

Verzerrter Schätzer Ein Schätzer heißt *verzerrt* (biased), wenn er nicht erwartungstreu ist.

Wahrscheinlichkeit Eine *Wahrscheinlichkeit* $P(A)$ beschreibt den Grad der Ungewissheit hinsichtlich des Eintretens von Ereignis A.

Wahrscheinlichkeitsdichte Die Wahrscheinlichkeitsdichte, kurz auch Dichte genannt, ist für stetige Zufallsvariablen definiert. Anhand der Fläche unter der Dichtefunktion wird die Wahrscheinlichkeit von Ereignissen bestimmt.

Wahrscheinlichkeitsfunktion Eine Wahrscheinlichkeitsfunktion, die auch diskrete Dichte genannt wird, ist lediglich für diskrete Zufallsvariablen definiert. Die diskrete Dichte ordnet den Elementen des Trägers der Zufallsvariablen die Wahrscheinlichkeiten der entsprechenden Elementarereignisse zu, allen anderen reellen Zahlen einen Wert von 0.

Wahrscheinlichkeitsraum Ein *Wahrscheinlichkeitsraum* (Σ, Ω, P) setzt sich aus der Ergebnismenge Ω, einer zugehörigen Sigma-Algebra und einem Wahrscheinlichkeitsmaß P zusammen.

Wahrscheinlichkeitsverteilung Die Wahrscheinlichkeitsverteilung ordnet den Elementen der Sigma-Algebra der Bildmenge der Zufallsvariablen Wahrscheinlichkeiten zu.

Wilson-Score-Konfidenzintervall Das *Wilson-Score-Konfidenzintervall* ist eine Methode zur Erstellung eines Konfidenzintervalls für Anteilswerte. Es ergibt eine genauere Approximation als die Bestimmung des Konfidenzintervalls auf Basis der geschätzten Varianz der Anteilswerte.

Zentraler Grenzwertsatz Dieser Satz besagt, dass die Verteilung des Mittelwerts von identisch verteilten, unabhängigen Zufallsvariablen gegen eine Normalverteilung konvergiert. Für $n > 30$ ist die Approximation durch die Normalverteilung zumeist hinreichend gut.

Ziehen mit Zurücklegen	Beim *Ziehen mit Zurücklegen* kann ein gezogenes Element auch weitere Male aus der Grundmenge gezogen werden.
Ziehen ohne Zurücklegen	Beim *Ziehen ohne Zurücklegen* kann ein gezogenes Element nicht noch einmal gezogen werden.
Zufallsvariable	Eine Zufallsvariable stellt eine messbare Abbildung eines Wahrscheinlichkeitsraums in einen Messraum. Bei den hier betrachteten reellen Zufallsvariablen besteht der Messraum aus den reellen Zahlen, die zumeist mit der Borelschen Sigma-Algebra verknüpft werden. Durch die Messbarkeit wird das Wahrscheinlichkeitsmaß der Sigma-Algebra der Urbildmenge auf die Sigma-Algebra der Bildmenge „transportiert".
Zufallsvorgang	Ein *Zufallsvorgang* ist ein Vorgang, dessen mögliche Resultate im Voraus festliegen, wobei jedoch ungewiss ist, welches Resultat bei der Durchführung im Einzelnen eintreten wird.
Zweiseitige Konfidenzintervalle	*Zweiseitige Konfidenzintervalle* bestehen aus einer unteren und einer oberen Grenze und werden gekennzeichnet durch: $[\text{untere Grenze}, \text{obere Grenze}]$.

Sachregister

Normalverteilungstabelle

Auf den nächsten beiden Seiten ist eine Tabelle der Standardnormalverteilung abgedruckt. In der Tabelle werden z-Werte dem Integral der Standardnormalverteilung $\Phi(z)$ zugeordnet. Inhaltlich ist das der Prozentsatz der Personen in der Population, die einen z-Wert aufweisen, der kleiner ist als der vorgegebene z-Wert.

Ablesebeispiel: $p(Z < 1.07) = 0.85769$

Negative z-Werte sind wegen der Symmetrie der Normalverteilung nicht dargestellt. Generell gilt wegen der Symmetrie:

$$p(Z < z) = 1 - p(Z < -z)$$

Ablesebeispiel: $p(Z < -1.07) = 1 - 0.85769 = 0.14231$

Die Tabelle kann mit R oder Excel oder auch OpenOffice leicht selbst erstellt werden.

Die R-Funktion ist `pnorm(z)`.

So ergibt z. B. `pnorm(-1.07)` den Wert 0.14231.

Die Funktion für die Berechung des Integrals der Normalverteilung ist in Excel und OpenOffice identisch. Sie lautet

```
=NORMVERT(z-Wert;0;1;1).
```

Der zweite Parameter (0) gibt den Mittelwert der Normalverteilung an. Der dritte Parameter (1) spezifiziert die Standardabweichung. Der vierte Parameter (1) bedeutet, dass von $-\infty$ bis zum z-Wert summiert werden soll. Damit ergibt die Formel

```
=NORMVERT(-1,07;0;1;1)
```

in der Zelle wiederum den Wert 0.14231.

Normalverteilungstabelle

z	0	1	2	3	4	5	6	7	8	9
0.00	0.50000	0.50399	0.50798	0.51197	0.51595	0.51994	0.52392	0.52790	0.53188	0.53586
0.10	0.53983	0.54380	0.54776	0.55172	0.55567	0.55962	0.56356	0.56749	0.57142	0.57535
0.20	0.57926	0.58317	0.58706	0.59095	0.59483	0.59871	0.60257	0.60642	0.61026	0.61409
0.30	0.61791	0.62172	0.62552	0.62930	0.63307	0.63683	0.64058	0.64431	0.64803	0.65173
0.40	0.65542	0.65910	0.66276	0.66640	0.67003	0.67364	0.67724	0.68082	0.68439	0.68793
0.50	0.69146	0.69497	0.69847	0.70194	0.70540	0.70884	0.71226	0.71566	0.71904	0.72240
0.60	0.72575	0.72907	0.73237	0.73565	0.73891	0.74215	0.74537	0.74857	0.75175	0.75490
0.70	0.75804	0.76115	0.76424	0.76730	0.77035	0.77337	0.77637	0.77935	0.78230	0.78524
0.80	0.78814	0.79103	0.79389	0.79673	0.79955	0.80234	0.80511	0.80785	0.81057	0.81327
0.90	0.81594	0.81859	0.82121	0.82381	0.82639	0.82894	0.83147	0.83398	0.83646	0.83891
1.00	0.84134	0.84375	0.84614	0.84849	0.85083	0.85314	0.85543	0.85769	0.85993	0.86214
1.10	0.86433	0.86650	0.86864	0.87076	0.87286	0.87493	0.87698	0.87900	0.88100	0.88298
1.20	0.88493	0.88686	0.88877	0.89065	0.89251	0.89435	0.89617	0.89796	0.89973	0.90147
1.30	0.90320	0.90490	0.90658	0.90824	0.90988	0.91149	0.91309	0.91466	0.91621	0.91774
1.40	0.91924	0.92073	0.92220	0.92364	0.92507	0.92647	0.92785	0.92922	0.93056	0.93189
1.50	0.93319	0.93448	0.93574	0.93699	0.93822	0.93943	0.94062	0.94179	0.94295	0.94408
1.60	0.94520	0.94630	0.94738	0.94845	0.94950	0.95053	0.95154	0.95254	0.95352	0.95449
1.70	0.95543	0.95637	0.95728	0.95818	0.95907	0.95994	0.96080	0.96164	0.96246	0.96327
1.80	0.96407	0.96485	0.96562	0.96638	0.96712	0.96784	0.96856	0.96926	0.96995	0.97062
1.90	0.97128	0.97193	0.97257	0.97320	0.97381	0.97441	0.97500	0.97558	0.97615	0.97670
2.00	0.97725	0.97778	0.97831	0.97882	0.97932	0.97982	0.98030	0.98077	0.98124	0.98169
2.10	0.98214	0.98257	0.98300	0.98341	0.98382	0.98422	0.98461	0.98500	0.98537	0.98574

Normalverteilungstabelle (Fortsetzung)

z	0	1	2	3	4	5	6	7	8	9
2.20	0.98610	0.98645	0.98679	0.98713	0.98745	0.98778	0.98809	0.98840	0.98870	0.98899
2.30	0.98928	0.98956	0.98983	0.99010	0.99036	0.99061	0.99086	0.99111	0.99134	0.99158
2.40	0.99180	0.99202	0.99224	0.99245	0.99266	0.99286	0.99305	0.99324	0.99343	0.99361
2.50	0.99379	0.99396	0.99413	0.99430	0.99446	0.99461	0.99477	0.99492	0.99506	0.99520
2.60	0.99534	0.99547	0.99560	0.99573	0.99585	0.99598	0.99609	0.99621	0.99632	0.99643
2.70	0.99653	0.99664	0.99674	0.99683	0.99693	0.99702	0.99711	0.99720	0.99728	0.99736
2.80	0.99744	0.99752	0.99760	0.99767	0.99774	0.99781	0.99788	0.99795	0.99801	0.99807
2.90	0.99813	0.99819	0.99825	0.99831	0.99836	0.99841	0.99846	0.99851	0.99856	0.99861
3.00	0.99865	0.99869	0.99874	0.99878	0.99882	0.99886	0.99889	0.99893	0.99896	0.99900
3.10	0.99903	0.99906	0.99910	0.99913	0.99916	0.99918	0.99921	0.99924	0.99926	0.99929
3.20	0.99931	0.99934	0.99936	0.99938	0.99940	0.99942	0.99944	0.99946	0.99948	0.99950
3.30	0.99952	0.99953	0.99955	0.99957	0.99958	0.99960	0.99961	0.99962	0.99964	0.99965
3.40	0.99966	0.99968	0.99969	0.99970	0.99971	0.99972	0.99973	0.99974	0.99975	0.99976
3.50	0.99977	0.99978	0.99978	0.99979	0.99980	0.99981	0.99981	0.99982	0.99983	0.99983
3.60	0.99984	0.99985	0.99985	0.99986	0.99986	0.99987	0.99987	0.99988	0.99988	0.99989
3.70	0.99989	0.99990	0.99990	0.99990	0.99991	0.99991	0.99992	0.99992	0.99992	0.99992
3.80	0.99993	0.99993	0.99993	0.99994	0.99994	0.99994	0.99994	0.99995	0.99995	0.99995
3.90	0.99995	0.99995	0.99996	0.99996	0.99996	0.99996	0.99996	0.99996	0.99997	0.99997
4.00	0.99997	0.99997	0.99997	0.99997	0.99997	0.99997	0.99998	0.99998	0.99998	0.99998
4.10	0.99998	0.99998	0.99998	0.99998	0.99998	0.99998	0.99998	0.99998	0.99999	0.99999
4.20	0.99999	0.99999	0.99999	0.99999	0.99999	0.99999	0.99999	0.99999	0.99999	0.99999
4.30	0.99999	0.99999	0.99999	0.99999	0.99999	0.99999	0.99999	0.99999	0.99999	0.99999

Quantile der χ^2-Verteilung

Auf den folgenden Seiten ist eine Tabelle der χ^2-Verteilung dargestellt. In der Tabelle für wichtige Quanteile der Verteilung die zugehörigen χ^2-Werte. Auf diese Weise lassen sich kritische Werte für die üblichen Irrtumswahrscheinlichkeiten leicht ablesen.

Ablesebeispiel: $\chi^2_{.975}(14) = 26.119$

Die Tabelle endet bei 100 Freiheitsgraden. Sollten mehr als 100 Freiheitsgrade vorliegen, kann die Normalverteilungsapproximation mit $\mu = \nu$ und $\sigma^2 = 2\nu$ genutzt werden.

Die Tabelle kann mit R oder Excel oder auch OpenOffice leicht selbst erstellt werden.

Die R-Funktion ist `qchisq(p, Freiheitsgrade)`.

So ergibt z. B. `qchisq(.05, 22)` den Wert 12.338.

Die entsprechende Funktion ist in Excel und OpenOffice identisch. Sie lautet

```
=CHIINV(1-p; df).
```

Der erste Parameter $(1-p)$ gibt den Prozentwert an, der bei vielen χ^2-Tests als Irrtumswahrscheinlichkeit genutzt werden kann. Dies ist anders als in der R-Funktion: Hier wird der gewünschte Wert der kumulierten Verteilung p angegeben, während hier der Wert $1-p$ eingegeben werden muss.

Der zweite Parameter (df) gibt die Freiheitsgrade an.

Die Formel

```
=CHIINV(,95;22)
```

in einer Zelle ergibt deshalb den Wert 12.338.

Quantile der χ^2-Verteilung

	$1-\alpha$								
ν	0.01	0.025	0.05	0.1	0.5	0.9	0.95	0.975	0.99
1	0.0002	0.0010	0.0039	0.0158	0.4549	2.7055	3.8415	5.0239	6.6349
2	0.0201	0.0506	0.1026	0.2107	1.3863	4.6052	5.9915	7.3778	9.2104
3	0.1148	0.2158	0.3518	0.5844	2.3660	6.2514	7.8147	9.3484	11.345
4	0.2971	0.4844	0.7107	1.0636	3.3567	7.7794	9.4877	11.143	13.277
5	0.5543	0.8312	1.1455	1.6103	4.3515	9.2363	11.070	12.832	15.086
6	0.8721	1.2373	1.6354	2.2041	5.3481	10.645	12.592	14.449	16.812
7	1.2390	1.6899	2.1673	2.8331	6.3458	12.017	14.067	16.013	18.475
8	1.6465	2.1797	2.7326	3.4895	7.3441	13.362	15.507	17.535	20.090
9	2.0879	2.7004	3.3251	4.1682	8.3428	14.684	16.919	19.023	21.666
10	2.5582	3.2470	3.9403	4.8652	9.3418	15.987	18.307	20.483	23.209
11	3.0535	3.8157	4.5748	5.5778	10.341	17.275	19.675	21.920	24.725
12	3.5706	4.4038	5.2260	6.3038	11.340	18.549	21.026	23.337	26.217
13	4.1069	5.0087	5.8919	7.0415	12.340	19.812	22.362	24.736	27.688
14	4.6604	5.6287	6.5706	7.7895	13.339	21.064	23.685	26.119	29.141
15	5.2294	6.2621	7.2609	8.5468	14.339	22.307	24.996	27.488	30.578
16	5.8122	6.9077	7.9616	9.3122	15.338	23.542	26.296	28.845	32.000
17	6.4077	7.5642	8.6718	10.085	16.338	24.769	27.587	30.191	33.409
18	7.0149	8.2307	9.3904	10.865	17.338	25.989	28.869	31.526	34.805
19	7.6327	8.9065	10.117	11.651	18.338	27.204	30.144	32.852	36.191
20	8.2604	9.5908	10.851	12.443	19.337	28.412	31.410	34.170	37.566
21	8.8972	10.283	11.591	13.240	20.337	29.615	32.671	35.479	38.932
22	9.5425	10.982	12.338	14.041	21.337	30.813	33.924	36.781	40.289
23	10.196	11.689	13.091	14.848	22.337	32.007	35.172	38.076	41.638
24	10.856	12.401	13.848	15.659	23.337	33.196	36.415	39.364	42.980
25	11.524	13.120	14.611	16.473	24.337	34.382	37.652	40.646	44.314
26	12.198	13.844	15.379	17.292	25.336	35.563	38.885	41.923	45.642
27	12.878	14.573	16.151	18.114	26.336	36.741	40.113	43.195	46.963
28	13.565	15.308	16.928	18.939	27.336	37.916	41.337	44.461	48.278
29	14.256	16.047	17.708	19.768	28.336	39.087	42.557	45.722	49.588
30	14.953	16.791	18.493	20.599	29.336	40.256	43.773	46.979	50.892
31	15.655	17.539	19.281	21.434	30.336	41.422	44.985	48.232	52.191
32	16.362	18.291	20.072	22.271	31.336	42.585	46.194	49.480	53.486
33	17.073	19.047	20.867	23.110	32.336	43.745	47.400	50.725	54.775
34	17.789	19.806	21.664	23.952	33.336	44.903	48.602	51.966	56.061
35	18.509	20.569	22.465	24.797	34.336	46.059	49.802	53.203	57.342
36	19.233	21.336	23.269	25.643	35.336	47.212	50.998	54.437	58.619
37	19.960	22.106	24.075	26.492	36.336	48.363	52.192	55.668	59.893
38	20.691	22.878	24.884	27.343	37.335	49.513	53.384	56.895	61.162
39	21.426	23.654	25.695	28.196	38.335	50.660	54.572	58.120	62.428
40	22.164	24.433	26.509	29.051	39.335	51.805	55.758	59.342	63.691
41	22.906	25.215	27.326	29.907	40.335	52.949	56.942	60.561	64.950
42	23.650	25.999	28.144	30.765	41.335	54.090	58.124	61.777	66.206
43	24.398	26.785	28.965	31.625	42.335	55.230	59.304	62.990	67.459

Quantile der χ^2-Verteilung (Fortsetzung)

	$1-\alpha$								
ν	0.01	0.025	0.05	0.1	0.5	0.9	0.95	0.975	0.99
44	25.148	27.575	29.787	32.487	43.335	56.369	60.481	64.201	68.710
45	25.901	28.366	30.612	33.350	44.335	57.505	61.656	65.410	69.957
46	26.657	29.160	31.439	34.215	45.335	58.641	62.830	66.616	71.201
47	27.416	29.956	32.268	35.081	46.335	59.774	64.001	67.821	72.443
48	28.177	30.754	33.098	35.949	47.335	60.907	65.171	69.023	73.683
49	28.941	31.555	33.930	36.818	48.335	62.038	66.339	70.222	74.919
50	29.707	32.357	34.764	37.689	49.335	63.167	67.505	71.420	76.154
51	30.475	33.162	35.600	38.560	50.335	64.295	68.669	72.616	77.386
52	31.246	33.968	36.437	39.433	51.335	65.422	69.832	73.810	78.616
53	32.019	34.776	37.276	40.308	52.335	66.548	70.993	75.002	79.843
54	32.793	35.586	38.116	41.183	53.335	67.673	72.153	76.192	81.069
55	33.571	36.398	38.958	42.060	54.335	68.796	73.311	77.380	82.292
56	34.350	37.212	39.801	42.937	55.335	69.919	74.468	78.567	83.514
57	35.131	38.027	40.646	43.816	56.335	71.040	75.624	79.752	84.733
58	35.914	38.844	41.492	44.696	57.335	72.160	76.778	80.936	85.950
59	36.698	39.662	42.339	45.577	58.335	73.279	77.930	82.117	87.166
60	37.485	40.482	43.188	46.459	59.335	74.397	79.082	83.298	88.379
61	38.273	41.303	44.038	47.342	60.335	75.514	80.232	84.476	89.591
62	39.063	42.126	44.889	48.226	61.335	76.630	81.381	85.654	90.802
63	39.855	42.950	45.741	49.111	62.335	77.745	82.529	86.830	92.010
64	40.649	43.776	46.595	49.996	63.335	78.860	83.675	88.004	93.217
65	41.444	44.603	47.450	50.883	64.335	79.973	84.821	89.177	94.422
66	42.240	45.431	48.305	51.770	65.335	81.085	85.965	90.349	95.626
67	43.038	46.261	49.162	52.659	66.335	82.197	87.108	91.519	96.828
68	43.838	47.092	50.020	53.548	67.335	83.308	88.250	92.688	98.028
69	44.639	47.924	50.879	54.438	68.334	84.418	89.391	93.856	99.227
70	45.442	48.758	51.739	55.329	69.334	85.527	90.531	95.023	100.43
71	46.246	49.592	52.600	56.221	70.334	86.635	91.670	96.189	101.62
72	47.051	50.428	53.462	57.113	71.334	87.743	92.808	97.353	102.82
73	47.858	51.265	54.325	58.006	72.334	88.850	93.945	98.516	104.01
74	48.666	52.103	55.189	58.900	73.334	89.956	95.081	99.678	105.20
75	49.475	52.942	56.054	59.795	74.334	91.061	96.217	100.84	106.39
76	50.286	53.782	56.920	60.690	75.334	92.166	97.351	102.00	107.58
77	51.097	54.623	57.786	61.586	76.334	93.270	98.484	103.16	108.77
78	51.910	55.466	58.654	62.483	77.334	94.374	99.617	104.32	109.96
79	52.725	56.309	59.522	63.380	78.334	95.476	100.75	105.47	111.14
80	53.540	57.153	60.391	64.278	79.334	96.578	101.88	106.63	112.33
81	54.357	57.998	61.262	65.176	80.334	97.680	103.01	107.78	113.51
82	55.174	58.845	62.132	66.076	81.334	98.780	104.14	108.94	114.69
83	55.993	59.692	63.004	66.976	82.334	99.880	105.27	110.09	115.88
84	56.813	60.540	63.876	67.876	83.334	100.98	106.39	111.24	117.06
85	57.634	61.389	64.749	68.777	84.334	102.08	107.52	112.39	118.24
86	58.456	62.239	65.623	69.679	85.334	103.18	108.65	113.54	119.41

Quantile der χ^2-Verteilung (Fortsetzung)

	$1-\alpha$								
ν	0.01	0.025	0.05	0.1	0.5	0.9	0.95	0.975	0.99
87	59.279	63.089	66.498	70.581	86.334	104.28	109.77	114.69	120.59
88	60.103	63.941	67.373	71.484	87.334	105.37	110.90	115.84	121.77
89	60.928	64.793	68.249	72.387	88.334	106.47	112.02	116.99	122.94
90	61.754	65.647	69.126	73.291	89.334	107.57	113.15	118.14	124.12
91	62.581	66.501	70.003	74.196	90.334	108.66	114.27	119.28	125.29
92	63.409	67.356	70.882	75.100	91.334	109.76	115.39	120.43	126.46
93	64.238	68.211	71.760	76.006	92.334	110.85	116.51	121.57	127.63
94	65.068	69.068	72.640	76.912	93.334	111.94	117.63	122.72	128.80
95	65.898	69.925	73.520	77.818	94.334	113.04	118.75	123.86	129.97
96	66.730	70.783	74.401	78.725	95.334	114.13	119.87	125.00	131.14
97	67.562	71.642	75.282	79.633	96.334	115.22	120.99	126.14	132.31
98	68.396	72.501	76.164	80.541	97.334	116.32	122.11	127.28	133.48
99	69.230	73.361	77.046	81.449	98.334	117.41	123.23	128.42	134.64
100	70.065	74.222	77.929	82.358	99.334	118.50	124.34	129.56	135.81

Quantile der t-Verteilung

Auf der folgenden Seite ist eine Tabelle der t-Verteilung dargestellt. In der Tabelle werden für wichtige Quantile der t-Verteilung die zugehörigen t-Werte ausgegeben.

Wegen der Klappsymmetrie der t-Verteilung $t_{1-\alpha}(df) = -t_{\alpha}(df)$ werden nur Werte für $1-\alpha > 0.5$ dargestellt.

Ablesebeispiel: $t_{0.975}(8) = 2.306$

Die Tabelle endet bei 40 Freiheitsgraden. Sollten mehr als 40 Freiheitsgrade vorliegen, kann die Standardnormverteilungsapproximation für t-Werte genutzt werden.

Die Tabelle kann mit R oder Excel oder auch OpenOffice leicht selbst erstellt werden.

Die R-Funktion ist `qt(p, Freiheitsgrade)`.

So ergibt z. B. `qt(.975, 12)` den Wert 2.1788. Dies ist der kritische Wert für $\alpha = 0.05$ bei einem zweiseitigen t-Test.

Die entsprechende Funktion ist in Excel und OpenOffice identisch. Sie lautet

```
=TINV(alpha; df).
```

Der erste Parameter *(alpha)* gibt die Irrtumswahrscheinlichkeit eines zweiseitigen Tests an. Anders als in der R-Funktion wird also nicht das gewünschte Prozentwert p der t-Verteilung, sondern der Wert $(1-p) \cdot 2$. Der Vorteil ist, dass hier für einen zweiseitigen Test direkt α eingegeben werden kann (und nicht wie in R der Wert $1-\alpha/2$).

Der zweite Parameter (df) gibt die Freiheitsgrade an.

Die Formel

```
=TINV(,05;12)
```

in einer Zelle ergibt deshalb den Wert 2.1788.

Quantile der t-Verteilung

	$1-\alpha$								
ν	0.7	0.8	0.9	0.95	0.975	0.99	0.995	0.999	0.9995
1	0.7265	1.3764	3.0777	6.3137	12.706	31.821	63.656	318.29	636.58
2	0.6172	1.0607	1.8856	2.9200	4.3027	6.9645	9.9250	22.328	31.600
3	0.5844	0.9785	1.6377	2.3534	3.1824	4.5407	5.8408	10.214	12.924
4	0.5686	0.9410	1.5332	2.1318	2.7765	3.7469	4.6041	7.1729	8.6101
5	0.5594	0.9195	1.4759	2.0150	2.5706	3.3649	4.0321	5.8935	6.8685
6	0.5534	0.9057	1.4398	1.9432	2.4469	3.1427	3.7074	5.2075	5.9587
7	0.5491	0.8960	1.4149	1.8946	2.3646	2.9979	3.4995	4.7853	5.4081
8	0.5459	0.8889	1.3968	1.8595	2.3060	2.8965	3.3554	4.5008	5.0414
9	0.5435	0.8834	1.3830	1.8331	2.2622	2.8214	3.2498	4.2969	4.7809
10	0.5415	0.8791	1.3722	1.8125	2.2281	2.7638	3.1693	4.1437	4.5868
11	0.5399	0.8755	1.3634	1.7959	2.2010	2.7181	3.1058	4.0248	4.4369
12	0.5386	0.8726	1.3562	1.7823	2.1788	2.6810	3.0545	3.9296	4.3178
13	0.5375	0.8702	1.3502	1.7709	2.1604	2.6503	3.0123	3.8520	4.2209
14	0.5366	0.8681	1.3450	1.7613	2.1448	2.6245	2.9768	3.7874	4.1403
15	0.5357	0.8662	1.3406	1.7531	2.1315	2.6025	2.9467	3.7329	4.0728
16	0.5350	0.8647	1.3368	1.7459	2.1199	2.5835	2.9208	3.6861	4.0149
17	0.5344	0.8633	1.3334	1.7396	2.1098	2.5669	2.8982	3.6458	3.9651
18	0.5338	0.8620	1.3304	1.7341	2.1009	2.5524	2.8784	3.6105	3.9217
19	0.5333	0.8610	1.3277	1.7291	2.0930	2.5395	2.8609	3.5793	3.8833
20	0.5329	0.8600	1.3253	1.7247	2.0860	2.5280	2.8453	3.5518	3.8496
21	0.5325	0.8591	1.3232	1.7207	2.0796	2.5176	2.8314	3.5271	3.8193
22	0.5321	0.8583	1.3212	1.7171	2.0739	2.5083	2.8188	3.5050	3.7922
23	0.5317	0.8575	1.3195	1.7139	2.0687	2.4999	2.8073	3.4850	3.7676
24	0.5314	0.8569	1.3178	1.7109	2.0639	2.4922	2.7970	3.4668	3.7454
25	0.5312	0.8562	1.3163	1.7081	2.0595	2.4851	2.7874	3.4502	3.7251
26	0.5309	0.8557	1.3150	1.7056	2.0555	2.4786	2.7787	3.4350	3.7067
27	0.5306	0.8551	1.3137	1.7033	2.0518	2.4727	2.7707	3.4210	3.6895
28	0.5304	0.8546	1.3125	1.7011	2.0484	2.4671	2.7633	3.4082	3.6739
29	0.5302	0.8542	1.3114	1.6991	2.0452	2.4620	2.7564	3.3963	3.6595
30	0.5300	0.8538	1.3104	1.6973	2.0423	2.4573	2.7500	3.3852	3.6460
31	0.5298	0.8534	1.3095	1.6955	2.0395	2.4528	2.7440	3.3749	3.6335
32	0.5297	0.8530	1.3086	1.6939	2.0369	2.4487	2.7385	3.3653	3.6218
33	0.5295	0.8526	1.3077	1.6924	2.0345	2.4448	2.7333	3.3563	3.6109
34	0.5294	0.8523	1.3070	1.6909	2.0322	2.4411	2.7284	3.3480	3.6007
35	0.5292	0.8520	1.3062	1.6896	2.0301	2.4377	2.7238	3.3400	3.5911
36	0.5291	0.8517	1.3055	1.6883	2.0281	2.4345	2.7195	3.3326	3.5821
37	0.5289	0.8514	1.3049	1.6871	2.0262	2.4314	2.7154	3.3256	3.5737
38	0.5288	0.8512	1.3042	1.6860	2.0244	2.4286	2.7116	3.3190	3.5657
39	0.5287	0.8509	1.3036	1.6849	2.0227	2.4258	2.7079	3.3127	3.5581
40	0.5286	0.8507	1.3031	1.6839	2.0211	2.4233	2.7045	3.3069	3.5510
∞	0.5244	0.8416	1.2816	1.6449	1.9600	2.3263	2.5758	3.0902	3.2905

Quantile der F-Verteilung

Auf den folgenden Seiten ist eine Tabelle der F-Verteilung dargestellt. In der Tabelle werden für wichtige Quantile der F-Verteilung die zugehörigen F-Werte ausgegeben.

Ablesebeispiel: $f_{0.95}(8,15) = 2.641$

Zur Berechnung der Quantile für „kleine“ Werte von p (.1, .05, .025 oder .01) kann die Formel

$$f_p(\nu_1, \nu_2) = 1/f_{1-p}(\nu_2, \nu_1)$$

verwendet werden.

Ablesebeispiel: $f_{0.05}(8,15) = 1/f_{0.95}(15,8) = 1/3.218 = 0.311$

Die Tabelle kann mit R oder Excel oder auch OpenOffice leicht selbst erstellt werden.

Die R-Funktion ist `qf(p, Zaehlerdf, Nennerdf)`.

So ergibt z. B. `qf(.95, 1, 9)` den Wert 5.1174. Dies ist der kritische Wert für $\alpha = 0.05$ bei einem F-Test.

Die entsprechende Funktion ist in Excel und OpenOffice identisch. Sie lautet

```
=FINV(alpha; df1; df2).
```

Der erste Parameter *(alpha)* gibt die Irrtumswahrscheinlichkeit eines zweiseitigen Tests an. Anders als in der R-Funktion wird also nicht der gewünschte Prozentwert p der F-Verteilung, sondern der Wert $(1-p)$ angegeben. Der Vorteil ist, dass hier für einen F-Test Test direkt α eingegeben werden kann (und nicht wie in R der Wert $1-\alpha$).

Der zweite Parameter (df1) gibt die Zählerfreiheitsgrade an.

Der zweite Parameter (df2) gibt die Nennerfreiheitsgrade an.

Die Formel

```
=FINV(,05;1;9)
```

in einer Zelle ergibt deshalb den Wert 5.1174.

Quantile der F-Verteilung

ν_1	$1-\alpha$	ν_2: 1	2	3	4	5	6	7	8
1	0.9	39.864	8.5263	5.5383	4.5448	4.0604	3.7760	3.5894	3.4579
1	0.95	161.45	18.513	10.128	7.7086	6.6079	5.9874	5.5915	5.3176
1	0.975	647.79	38.506	17.443	12.218	10.007	8.8131	8.0727	7.5709
1	0.99	4052.2	98.502	34.116	21.198	16.258	13.745	12.246	11.259
2	0.9	49.500	9.0000	5.4624	4.3246	3.7797	3.4633	3.2574	3.1131
2	0.95	199.50	19.000	9.5521	6.9443	5.7861	5.1432	4.7374	4.4590
2	0.975	799.48	39.000	16.044	10.649	8.4336	7.2599	6.5415	6.0595
2	0.99	4999.3	99.000	30.816	18.000	13.274	10.925	9.5465	8.6491
3	0.9	53.593	9.1618	5.3908	4.1909	3.6195	3.2888	3.0741	2.9238
3	0.95	215.71	19.164	9.2766	6.5914	5.4094	4.7571	4.3468	4.0662
3	0.975	864.15	39.166	15.439	9.9792	7.7636	6.5988	5.8898	5.4160
3	0.99	5403.5	99.164	29.457	16.694	12.060	9.7796	8.4513	7.5910
4	0.9	55.833	9.2434	5.3427	4.1072	3.5202	3.1808	2.9605	2.8064
4	0.95	224.58	19.247	9.1172	6.3882	5.1922	4.5337	4.1203	3.8379
4	0.975	899.60	39.248	15.101	9.6045	7.3879	6.2271	5.5226	5.0526
4	0.99	5624.3	99.251	28.710	15.977	11.392	9.1484	7.8467	7.0061
5	0.9	57.240	9.2926	5.3091	4.0506	3.4530	3.1075	2.8833	2.7264
5	0.95	230.16	19.296	9.0134	6.2561	5.0503	4.3874	3.9715	3.6875
5	0.975	921.83	39.298	14.885	9.3645	7.1464	5.9875	5.2852	4.8173
5	0.99	5764.0	99.302	28.237	15.522	10.967	8.7459	7.4604	6.6318
6	0.9	58.204	9.3255	5.2847	4.0097	3.4045	3.0546	2.8274	2.6683
6	0.95	233.99	19.329	8.9407	6.1631	4.9503	4.2839	3.8660	3.5806
6	0.975	937.11	39.331	14.735	9.1973	6.9777	5.8197	5.1186	4.6517
6	0.99	5859.0	99.331	27.911	15.207	10.672	8.4660	7.1914	6.3707
7	0.9	58.906	9.3491	5.2662	3.9790	3.3679	3.0145	2.7849	2.6241
7	0.95	236.77	19.353	8.8867	6.0942	4.8759	4.2067	3.7871	3.5005
7	0.975	948.20	39.356	14.624	9.0741	6.8530	5.6955	4.9949	4.5285
7	0.99	5928.3	99.357	27.671	14.976	10.456	8.2600	6.9929	6.1776
8	0.9	59.439	9.3668	5.2517	3.9549	3.3393	2.9830	2.7516	2.5893
8	0.95	238.88	19.371	8.8452	6.0410	4.8183	4.1468	3.7257	3.4381
8	0.975	956.64	39.373	14.540	8.9796	6.7572	5.5996	4.8993	4.4333
8	0.99	5981.0	99.375	27.489	14.799	10.289	8.1017	6.8401	6.0288
9	0.9	59.857	9.3805	5.2400	3.9357	3.3163	2.9577	2.7247	2.5612
9	0.95	240.54	19.385	8.8123	5.9988	4.7725	4.0990	3.6767	3.3881
9	0.975	963.28	39.387	14.473	8.9046	6.6810	5.5234	4.8232	4.3572
9	0.99	6022.4	99.390	27.345	14.659	10.158	7.9760	6.7188	5.9106
10	0.9	60.195	9.3916	5.2304	3.9199	3.2974	2.9369	2.7025	2.5380
10	0.95	241.88	19.396	8.7855	5.9644	4.7351	4.0600	3.6365	3.3472
10	0.975	968.63	39.398	14.419	8.8439	6.6192	5.4613	4.7611	4.2951
10	0.99	6055.9	99.397	27.228	14.546	10.051	7.8742	6.6201	5.8143

Quantile der F-Verteilung (Fortsetzung)

		ν_2							
ν_1	$1-\alpha$	1	2	3	4	5	6	7	8
11	0.9	60.473	9.4006	5.2224	3.9067	3.2816	2.9195	2.6839	2.5186
11	0.95	242.98	19.405	8.7633	5.9358	4.7040	4.0274	3.6030	3.3129
11	0.975	973.03	39.407	14.374	8.7936	6.5678	5.4098	4.7095	4.2434
11	0.99	6083.4	99.408	27.132	14.452	9.9626	7.7896	6.5381	5.7343
12	0.9	60.705	9.4082	5.2156	3.8955	3.2682	2.9047	2.6681	2.5020
12	0.95	243.90	19.412	8.7447	5.9117	4.6777	3.9999	3.5747	3.2839
12	0.975	976.72	39.415	14.337	8.7512	6.5245	5.3662	4.6658	4.1997
12	0.99	6106.7	99.419	27.052	14.374	9.8883	7.7183	6.4691	5.6667
13	0.9	60.902	9.4145	5.2098	3.8859	3.2567	2.8920	2.6545	2.4876
13	0.95	244.69	19.419	8.7286	5.8911	4.6552	3.9764	3.5503	3.2590
13	0.975	979.84	39.421	14.305	8.7150	6.4876	5.3290	4.6285	4.1622
13	0.99	6125.8	99.422	26.983	14.306	9.8248	7.6575	6.4100	5.6089
14	0.9	61.073	9.4200	5.2047	3.8776	3.2468	2.8809	2.6426	2.4752
14	0.95	245.36	19.424	8.7149	5.8733	4.6358	3.9559	3.5292	3.2374
14	0.975	982.55	39.427	14.277	8.6837	6.4556	5.2968	4.5961	4.1297
14	0.99	6143.0	99.426	26.924	14.249	9.7700	7.6050	6.3590	5.5588
15	0.9	61.220	9.4247	5.2003	3.8704	3.2380	2.8712	2.6322	2.4642
15	0.95	245.95	19.429	8.7028	5.8578	4.6188	3.9381	3.5107	3.2184
15	0.975	984.87	39.431	14.253	8.6566	6.4277	5.2686	4.5678	4.1012
15	0.99	6157.0	99.433	26.872	14.198	9.7223	7.5590	6.3144	5.5152
16	0.9	61.350	9.4288	5.1964	3.8639	3.2303	2.8626	2.6230	2.4545
16	0.95	246.47	19.433	8.6923	5.8441	4.6038	3.9223	3.4944	3.2016
16	0.975	986.91	39.436	14.232	8.6326	6.4032	5.2439	4.5428	4.0761
16	0.99	6170.0	99.437	26.826	14.154	9.6802	7.5186	6.2751	5.4765
17	0.9	61.465	9.4325	5.1929	3.8582	3.2234	2.8550	2.6148	2.4458
17	0.95	246.92	19.437	8.6829	5.8320	4.5904	3.9083	3.4799	3.1867
17	0.975	988.72	39.439	14.213	8.6113	6.3814	5.2218	4.5206	4.0538
17	0.99	6181.2	99.441	26.786	14.114	9.6429	7.4826	6.2400	5.4423
18	0.9	61.566	9.4358	5.1898	3.8531	3.2172	2.8481	2.6074	2.4380
18	0.95	247.32	19.440	8.6745	5.8211	4.5785	3.8957	3.4669	3.1733
18	0.975	990.35	39.442	14.196	8.5923	6.3619	5.2021	4.5008	4.0338
18	0.99	6191.4	99.444	26.751	14.079	9.6095	7.4506	6.2089	5.4116
19	0.9	61.658	9.4387	5.1870	3.8485	3.2117	2.8419	2.6008	2.4310
19	0.95	247.69	19.443	8.6670	5.8114	4.5678	3.8844	3.4551	3.1612
19	0.975	991.80	39.446	14.181	8.5753	6.3444	5.1844	4.4829	4.0158
19	0.99	6200.7	99.448	26.719	14.048	9.5797	7.4219	6.1808	5.3841
20	0.9	61.740	9.4413	5.1845	3.8443	3.2067	2.8363	2.5947	2.4246
20	0.95	248.02	19.446	8.6602	5.8025	4.5581	3.8742	3.4445	3.1503
20	0.975	993.08	39.448	14.167	8.5599	6.3285	5.1684	4.4668	3.9994
20	0.99	6208.7	99.448	26.690	14.019	9.5527	7.3958	6.1555	5.3591

Quantile der F-Verteilung (Fortsetzung)

		ν_2							
ν_1	$1-\alpha$	9	10	11	12	13	14	15	16
1	0.9	3.3603	3.2850	3.2252	3.1766	3.1362	3.1022	3.0732	3.0481
1	0.95	5.1174	4.9646	4.8443	4.7472	4.6672	4.6001	4.5431	4.4940
1	0.975	7.2093	6.9367	6.7241	6.5538	6.4143	6.2979	6.1995	6.1151
1	0.99	10.562	10.044	9.646	9.3303	9.0738	8.8617	8.6832	8.5309
2	0.9	3.0064	2.9245	2.8595	2.8068	2.7632	2.7265	2.6952	2.6682
2	0.95	4.2565	4.1028	3.9823	3.8853	3.8056	3.7389	3.6823	3.6337
2	0.975	5.7147	5.4564	5.2559	5.0959	4.9653	4.8567	4.7650	4.6867
2	0.99	8.0215	7.5595	7.2057	6.9266	6.7009	6.5149	6.3588	6.2263
3	0.9	2.8129	2.7277	2.6602	2.6055	2.5603	2.5222	2.4898	2.4618
3	0.95	3.8625	3.7083	3.5874	3.4903	3.4105	3.3439	3.2874	3.2389
3	0.975	5.0781	4.8256	4.6300	4.4742	4.3472	4.2417	4.1528	4.0768
3	0.99	6.9920	6.5523	6.2167	5.9525	5.7394	5.5639	5.4170	5.2922
4	0.9	2.6927	2.6053	2.5362	2.4801	2.4337	2.3947	2.3614	2.3327
4	0.95	3.6331	3.4780	3.3567	3.2592	3.1791	3.1122	3.0556	3.0069
4	0.975	4.7181	4.4683	4.2751	4.1212	3.9959	3.8919	3.8043	3.7294
4	0.99	6.4221	5.9944	5.6683	5.4119	5.2053	5.0354	4.8932	4.7726
5	0.9	2.6106	2.5216	2.4512	2.3940	2.3467	2.3069	2.2730	2.2438
5	0.95	3.4817	3.3258	3.2039	3.1059	3.0254	2.9582	2.9013	2.8524
5	0.975	4.4844	4.2361	4.0440	3.8911	3.7667	3.6634	3.5764	3.5021
5	0.99	6.0569	5.6364	5.3160	5.0644	4.8616	4.6950	4.5556	4.4374
6	0.9	2.5509	2.4606	2.3891	2.3310	2.2830	2.2426	2.2081	2.1783
6	0.95	3.3738	3.2172	3.0946	2.9961	2.9153	2.8477	2.7905	2.7413
6	0.975	4.3197	4.0721	3.8806	3.7283	3.6043	3.5014	3.4147	3.3406
6	0.99	5.8018	5.3858	5.0692	4.8205	4.6203	4.4558	4.3183	4.2016
7	0.9	2.5053	2.4140	2.3416	2.2828	2.2341	2.1931	2.1582	2.1280
7	0.95	3.2927	3.1355	3.0123	2.9134	2.8321	2.7642	2.7066	2.6572
7	0.975	4.1970	3.9498	3.7586	3.6065	3.4827	3.3799	3.2934	3.2194
7	0.99	5.6128	5.2001	4.8860	4.6395	4.4410	4.2779	4.1416	4.0259
8	0.9	2.4694	2.3771	2.3040	2.2446	2.1953	2.1539	2.1185	2.0880
8	0.95	3.2296	3.0717	2.9480	2.8486	2.7669	2.6987	2.6408	2.5911
8	0.975	4.1020	3.8549	3.6638	3.5118	3.3880	3.2853	3.1987	3.1248
8	0.99	5.4671	5.0567	4.7445	4.4994	4.3021	4.1400	4.0044	3.8896
9	0.9	2.4403	2.3473	2.2735	2.2135	2.1638	2.1220	2.0862	2.0553
9	0.95	3.1789	3.0204	2.8962	2.7964	2.7144	2.6458	2.5876	2.5377
9	0.975	4.0260	3.7790	3.5879	3.4358	3.3120	3.2093	3.1227	3.0488
9	0.99	5.3511	4.9424	4.6315	4.3875	4.1911	4.0297	3.8948	3.7804
10	0.9	2.4163	2.3226	2.2482	2.1878	2.1376	2.0954	2.0593	2.0281
10	0.95	3.1373	2.9782	2.8536	2.7534	2.6710	2.6022	2.5437	2.4935
10	0.975	3.9639	3.7168	3.5257	3.3735	3.2497	3.1469	3.0602	2.9862
10	0.99	5.2565	4.8491	4.5393	4.2961	4.1003	3.9394	3.8049	3.6909

Quantile der F-Verteilung (Fortsetzung)

		ν_2							
ν_1	$1-\alpha$	9	10	11	12	13	14	15	16
11	0.9	2.3961	2.3018	2.2269	2.1660	2.1155	2.0730	2.0366	2.0051
11	0.95	3.1025	2.9430	2.8179	2.7173	2.6346	2.5655	2.5068	2.4564
11	0.975	3.9121	3.6649	3.4737	3.3215	3.1975	3.0946	3.0078	2.9337
11	0.99	5.1779	4.7716	4.4624	4.2198	4.0245	3.8640	3.7299	3.6162
12	0.9	2.3789	2.2841	2.2087	2.1474	2.0966	2.0537	2.0171	1.9854
12	0.95	3.0729	2.9130	2.7876	2.6866	2.6037	2.5342	2.4753	2.4247
12	0.975	3.8682	3.6210	3.4296	3.2773	3.1532	3.0502	2.9633	2.8891
12	0.99	5.1115	4.7058	4.3974	4.1553	3.9603	3.8002	3.6662	3.5527
13	0.9	2.3640	2.2687	2.1930	2.1313	2.0802	2.0370	2.0001	1.9682
13	0.95	3.0475	2.8872	2.7614	2.6602	2.5769	2.5073	2.4481	2.3973
13	0.975	3.8306	3.5832	3.3917	3.2393	3.1150	3.0119	2.9249	2.8506
13	0.99	5.0545	4.6496	4.3416	4.0998	3.9052	3.7452	3.6115	3.4981
14	0.9	2.3510	2.2553	2.1792	2.1173	2.0658	2.0224	1.9853	1.9532
14	0.95	3.0255	2.8647	2.7386	2.6371	2.5536	2.4837	2.4244	2.3733
14	0.975	3.7980	3.5504	3.3588	3.2062	3.0819	2.9786	2.8915	2.8170
14	0.99	5.0052	4.6008	4.2933	4.0517	3.8573	3.6976	3.5639	3.4506
15	0.9	2.3396	2.2435	2.1671	2.1049	2.0532	2.0095	1.9722	1.9399
15	0.95	3.0061	2.8450	2.7186	2.6169	2.5331	2.4630	2.4034	2.3522
15	0.975	3.7693	3.5217	3.3299	3.1772	3.0527	2.9493	2.8621	2.7875
15	0.99	4.9621	4.5582	4.2509	4.0096	3.8154	3.6557	3.5222	3.4090
16	0.9	2.3295	2.2330	2.1563	2.0938	2.0419	1.9981	1.9605	1.9281
16	0.95	2.9890	2.8276	2.7009	2.5989	2.5149	2.4446	2.3849	2.3335
16	0.975	3.7441	3.4963	3.3044	3.1515	3.0269	2.9234	2.8360	2.7614
16	0.99	4.9240	4.5204	4.2135	3.9724	3.7783	3.6187	3.4852	3.3721
17	0.9	2.3205	2.2237	2.1467	2.0839	2.0318	1.9878	1.9501	1.9175
17	0.95	2.9737	2.8120	2.6851	2.5828	2.4987	2.4282	2.3683	2.3167
17	0.975	3.7216	3.4736	3.2816	3.1286	3.0039	2.9003	2.8128	2.7380
17	0.99	4.8902	4.4869	4.1802	3.9392	3.7452	3.5857	3.4523	3.3392
18	0.9	2.3123	2.2153	2.1380	2.0750	2.0227	1.9785	1.9407	1.9079
18	0.95	2.9600	2.7980	2.6709	2.5684	2.4841	2.4134	2.3533	2.3016
18	0.975	3.7015	3.4534	3.2612	3.1081	2.9832	2.8795	2.7919	2.7170
18	0.99	4.8599	4.4569	4.1503	3.9095	3.7156	3.5561	3.4228	3.3096
19	0.9	2.3050	2.2077	2.1302	2.0670	2.0145	1.9701	1.9321	1.8992
19	0.95	2.9477	2.7854	2.6581	2.5554	2.4709	2.4000	2.3398	2.2880
19	0.975	3.6833	3.4351	3.2428	3.0896	2.9646	2.8607	2.7730	2.6980
19	0.99	4.8327	4.4299	4.1234	3.8827	3.6889	3.5294	3.3961	3.2829
20	0.9	2.2983	2.2007	2.1230	2.0597	2.0070	1.9625	1.9243	1.8913
20	0.95	2.9365	2.7740	2.6464	2.5436	2.4589	2.3879	2.3275	2.2756
20	0.975	3.6669	3.4185	3.2261	3.0728	2.9477	2.8437	2.7559	2.6808
20	0.99	4.8080	4.4054	4.0990	3.8584	3.6646	3.5052	3.3719	3.2587

Quantile der F-Verteilung (Fortsetzung)

		ν_2							
ν_1	$1-\alpha$	17	18	19	20	21	22	23	24
1	0.9	3.0262	3.0070	2.9899	2.9747	2.9610	2.9486	2.9374	2.9271
1	0.95	4.4513	4.4139	4.3808	4.3513	4.3248	4.3009	4.2793	4.2597
1	0.975	6.0420	5.9781	5.9216	5.8715	5.8266	5.7863	5.7498	5.7166
1	0.99	8.3998	8.2855	8.1850	8.0960	8.0166	7.9453	7.8811	7.8229
2	0.9	2.6446	2.6239	2.6056	2.5893	2.5746	2.5613	2.5493	2.5383
2	0.95	3.5915	3.5546	3.5219	3.4928	3.4668	3.4434	3.4221	3.4028
2	0.975	4.6189	4.5597	4.5075	4.4612	4.4199	4.3828	4.3492	4.3187
2	0.99	6.1121	6.0129	5.9259	5.8490	5.7804	5.7190	5.6637	5.6136
3	0.9	2.4374	2.4160	2.3970	2.3801	2.3649	2.3512	2.3387	2.3274
3	0.95	3.1968	3.1599	3.1274	3.0984	3.0725	3.0491	3.0280	3.0088
3	0.975	4.0112	3.9539	3.9034	3.8587	3.8188	3.7829	3.7505	3.7211
3	0.99	5.1850	5.0919	5.0103	4.9382	4.8740	4.8166	4.7648	4.7181
4	0.9	2.3077	2.2858	2.2663	2.2489	2.2333	2.2193	2.2065	2.1949
4	0.95	2.9647	2.9277	2.8951	2.8661	2.8401	2.8167	2.7955	2.7763
4	0.975	3.6648	3.6083	3.5587	3.5147	3.4754	3.4401	3.4083	3.3794
4	0.99	4.6689	4.5790	4.5002	4.4307	4.3688	4.3134	4.2635	4.2185
5	0.9	2.2183	2.1958	2.1760	2.1582	2.1423	2.1279	2.1149	2.1030
5	0.95	2.8100	2.7729	2.7401	2.7109	2.6848	2.6613	2.6400	2.6207
5	0.975	3.4379	3.3820	3.3327	3.2891	3.2501	3.2151	3.1835	3.1548
5	0.99	4.3360	4.2479	4.1708	4.1027	4.0421	3.9880	3.9392	3.8951
6	0.9	2.1524	2.1296	2.1094	2.0913	2.0751	2.0605	2.0472	2.0351
6	0.95	2.6987	2.6613	2.6283	2.5990	2.5727	2.5491	2.5277	2.5082
6	0.975	3.2767	3.2209	3.1718	3.1283	3.0895	3.0546	3.0232	2.9946
6	0.99	4.1015	4.0146	3.9386	3.8714	3.8117	3.7583	3.7102	3.6667
7	0.9	2.1017	2.0785	2.0580	2.0397	2.0233	2.0084	1.9949	1.9826
7	0.95	2.6143	2.5767	2.5435	2.5140	2.4876	2.4638	2.4422	2.4226
7	0.975	3.1556	3.0999	3.0509	3.0074	2.9686	2.9338	2.9023	2.8738
7	0.99	3.9267	3.8406	3.7653	3.6987	3.6396	3.5866	3.5390	3.4959
8	0.9	2.0613	2.0379	2.0171	1.9985	1.9819	1.9668	1.9531	1.9407
8	0.95	2.5480	2.5102	2.4768	2.4471	2.4205	2.3965	2.3748	2.3551
8	0.975	3.0610	3.0053	2.9563	2.9128	2.8740	2.8392	2.8077	2.7791
8	0.99	3.7909	3.7054	3.6305	3.5644	3.5056	3.4530	3.4057	3.3629
9	0.9	2.0284	2.0047	1.9836	1.9649	1.9480	1.9327	1.9189	1.9063
9	0.95	2.4943	2.4563	2.4227	2.3928	2.3661	2.3419	2.3201	2.3002
9	0.975	2.9849	2.9291	2.8801	2.8365	2.7977	2.7628	2.7313	2.7027
9	0.99	3.6823	3.5971	3.5225	3.4567	3.3982	3.3458	3.2986	3.2560
10	0.9	2.0009	1.9770	1.9557	1.9367	1.9197	1.9043	1.8903	1.8775
10	0.95	2.4499	2.4117	2.3779	2.3479	2.3210	2.2967	2.2747	2.2547
10	0.975	2.9222	2.8664	2.8172	2.7737	2.7348	2.6998	2.6682	2.6396
10	0.99	3.5931	3.5081	3.4338	3.3682	3.3098	3.2576	3.2106	3.1681

Quantile der F-Verteilung (Fortsetzung)

		ν_2							
ν_1	$1-\alpha$	17	18	19	20	21	22	23	24
11	0.9	1.9777	1.9535	1.9321	1.9129	1.8956	1.8801	1.8659	1.8530
11	0.95	2.4126	2.3742	2.3402	2.3100	2.2829	2.2585	2.2364	2.2163
11	0.975	2.8696	2.8137	2.7645	2.7209	2.6819	2.6469	2.6152	2.5865
11	0.99	3.5185	3.4338	3.3596	3.2941	3.2359	3.1837	3.1368	3.0944
12	0.9	1.9577	1.9333	1.9117	1.8924	1.8750	1.8593	1.8450	1.8319
12	0.95	2.3807	2.3421	2.3080	2.2776	2.2504	2.2258	2.2036	2.1834
12	0.975	2.8249	2.7689	2.7196	2.6758	2.6368	2.6017	2.5699	2.5411
12	0.99	3.4552	3.3706	3.2965	3.2311	3.1729	3.1209	3.0740	3.0316
13	0.9	1.9404	1.9158	1.8940	1.8745	1.8570	1.8411	1.8267	1.8136
13	0.95	2.3531	2.3143	2.2800	2.2495	2.2222	2.1975	2.1752	2.1548
13	0.975	2.7863	2.7302	2.6808	2.6369	2.5978	2.5626	2.5308	2.5019
13	0.99	3.4007	3.3162	3.2422	3.1769	3.1187	3.0667	3.0199	2.9775
14	0.9	1.9252	1.9004	1.8785	1.8588	1.8412	1.8252	1.8107	1.7974
14	0.95	2.3290	2.2900	2.2556	2.2250	2.1975	2.1727	2.1502	2.1298
14	0.975	2.7526	2.6964	2.6469	2.6030	2.5638	2.5285	2.4966	2.4677
14	0.99	3.3533	3.2689	3.1949	3.1296	3.0715	3.0195	2.9727	2.9303
15	0.9	1.9117	1.8868	1.8647	1.8449	1.8271	1.8111	1.7964	1.7831
15	0.95	2.3077	2.2686	2.2341	2.2033	2.1757	2.1508	2.1282	2.1077
15	0.975	2.7230	2.6667	2.6171	2.5731	2.5338	2.4984	2.4665	2.4374
15	0.99	3.3117	3.2273	3.1533	3.0880	3.0300	2.9779	2.9311	2.8887
16	0.9	1.8997	1.8747	1.8524	1.8325	1.8146	1.7984	1.7837	1.7703
16	0.95	2.2888	2.2496	2.2149	2.1840	2.1563	2.1313	2.1086	2.0880
16	0.975	2.6968	2.6403	2.5907	2.5465	2.5071	2.4717	2.4396	2.4105
16	0.99	3.2748	3.1905	3.1165	3.0512	2.9931	2.9411	2.8942	2.8519
17	0.9	1.8889	1.8638	1.8414	1.8214	1.8034	1.7871	1.7723	1.7587
17	0.95	2.2719	2.2325	2.1977	2.1667	2.1389	2.1138	2.0910	2.0703
17	0.975	2.6733	2.6168	2.5670	2.5228	2.4833	2.4478	2.4156	2.3865
17	0.99	3.2419	3.1575	3.0836	3.0183	2.9602	2.9082	2.8613	2.8189
18	0.9	1.8792	1.8539	1.8314	1.8113	1.7932	1.7768	1.7619	1.7483
18	0.95	2.2567	2.2172	2.1823	2.1511	2.1232	2.0980	2.0751	2.0543
18	0.975	2.6522	2.5956	2.5457	2.5014	2.4618	2.4262	2.3940	2.3648
18	0.99	3.2124	3.1280	3.0541	2.9887	2.9306	2.8786	2.8317	2.7892
19	0.9	1.8704	1.8450	1.8224	1.8022	1.7840	1.7675	1.7525	1.7388
19	0.95	2.2429	2.2033	2.1682	2.1370	2.1090	2.0837	2.0608	2.0399
19	0.975	2.6331	2.5764	2.5264	2.4821	2.4424	2.4067	2.3745	2.3452
19	0.99	3.1857	3.1013	3.0274	2.9620	2.9038	2.8518	2.8049	2.7624
20	0.9	1.8624	1.8368	1.8142	1.7938	1.7756	1.7590	1.7439	1.7302
20	0.95	2.2304	2.1906	2.1555	2.1242	2.0960	2.0707	2.0476	2.0267
20	0.975	2.6158	2.5590	2.5089	2.4645	2.4247	2.3890	2.3566	2.3273
20	0.99	3.1615	3.0771	3.0031	2.9377	2.8795	2.8274	2.7805	2.7380

Quantile der F-Verteilung (Fortsetzung)

		ν_2							
ν_1	$1-\alpha$	25	26	27	28	29	30	31	32
1	0.9	2.9177	2.9091	2.9012	2.8938	2.8870	2.8807	2.8748	2.8693
1	0.95	4.2417	4.2252	4.2100	4.1960	4.1830	4.1709	4.1596	4.1491
1	0.975	5.6864	5.6586	5.6331	5.6096	5.5878	5.5675	5.5487	5.5311
1	0.99	7.7698	7.7213	7.6767	7.6357	7.5977	7.5624	7.5297	7.4992
2	0.9	2.5283	2.5191	2.5106	2.5028	2.4955	2.4887	2.4824	2.4765
2	0.95	3.3852	3.3690	3.3541	3.3404	3.3277	3.3158	3.3048	3.2945
2	0.975	4.2909	4.2655	4.2421	4.2205	4.2006	4.1821	4.1648	4.1488
2	0.99	5.5680	5.5263	5.4881	5.4529	5.4205	5.3903	5.3624	5.3363
3	0.9	2.3170	2.3075	2.2987	2.2906	2.2831	2.2761	2.2695	2.2635
3	0.95	2.9912	2.9752	2.9603	2.9467	2.9340	2.9223	2.9113	2.9011
3	0.975	3.6943	3.6697	3.6472	3.6264	3.6072	3.5893	3.5728	3.5573
3	0.99	4.6755	4.6365	4.6009	4.5681	4.5378	4.5097	4.4837	4.4594
4	0.9	2.1842	2.1745	2.1655	2.1571	2.1494	2.1422	2.1355	2.1293
4	0.95	2.7587	2.7426	2.7278	2.7141	2.7014	2.6896	2.6787	2.6684
4	0.975	3.3530	3.3289	3.3067	3.2863	3.2674	3.2499	3.2336	3.2185
4	0.99	4.1774	4.1400	4.1056	4.0740	4.0449	4.0179	3.9928	3.9695
5	0.9	2.0922	2.0822	2.0730	2.0645	2.0566	2.0492	2.0424	2.0360
5	0.95	2.6030	2.5868	2.5719	2.5581	2.5454	2.5336	2.5225	2.5123
5	0.975	3.1287	3.1048	3.0828	3.0626	3.0438	3.0265	3.0103	2.9953
5	0.99	3.8550	3.8183	3.7847	3.7539	3.7254	3.6990	3.6745	3.6517
6	0.9	2.0241	2.0139	2.0045	1.9959	1.9878	1.9803	1.9734	1.9668
6	0.95	2.4904	2.4741	2.4591	2.4453	2.4324	2.4205	2.4094	2.3991
6	0.975	2.9685	2.9447	2.9228	2.9027	2.8840	2.8667	2.8506	2.8356
6	0.99	3.6272	3.5911	3.5580	3.5276	3.4995	3.4735	3.4493	3.4269
7	0.9	1.9714	1.9610	1.9515	1.9427	1.9345	1.9269	1.9198	1.9132
7	0.95	2.4047	2.3883	2.3732	2.3593	2.3463	2.3343	2.3232	2.3127
7	0.975	2.8478	2.8240	2.8021	2.7820	2.7633	2.7460	2.7299	2.7150
7	0.99	3.4568	3.4210	3.3882	3.3581	3.3303	3.3045	3.2806	3.2583
8	0.9	1.9292	1.9188	1.9091	1.9001	1.8918	1.8841	1.8769	1.8702
8	0.95	2.3371	2.3205	2.3053	2.2913	2.2782	2.2662	2.2549	2.2444
8	0.975	2.7531	2.7293	2.7074	2.6872	2.6686	2.6513	2.6352	2.6202
8	0.99	3.3239	3.2884	3.2558	3.2259	3.1982	3.1726	3.1489	3.1267
9	0.9	1.8947	1.8841	1.8743	1.8652	1.8568	1.8490	1.8417	1.8348
9	0.95	2.2821	2.2655	2.2501	2.2360	2.2229	2.2107	2.1994	2.1888
9	0.975	2.6766	2.6528	2.6309	2.6106	2.5919	2.5746	2.5585	2.5434
9	0.99	3.2172	3.1818	3.1494	3.1195	3.0920	3.0665	3.0429	3.0208
10	0.9	1.8658	1.8550	1.8451	1.8359	1.8274	1.8195	1.8121	1.8052
10	0.95	2.2365	2.2197	2.2043	2.1900	2.1768	2.1646	2.1532	2.1425
10	0.975	2.6135	2.5896	2.5676	2.5473	2.5286	2.5112	2.4950	2.4799
10	0.99	3.1294	3.0941	3.0618	3.0320	3.0045	2.9791	2.9555	2.9335

Quantile der F-Verteilung (Fortsetzung)

		ν_2							
ν_1	$1-\alpha$	25	26	27	28	29	30	31	32
11	0.9	1.8412	1.8303	1.8203	1.8110	1.8024	1.7944	1.7869	1.7799
11	0.95	2.1979	2.1811	2.1655	2.1512	2.1379	2.1256	2.1141	2.1033
11	0.975	2.5603	2.5363	2.5143	2.4940	2.4752	2.4578	2.4415	2.4264
11	0.99	3.0558	3.0205	2.9882	2.9585	2.9311	2.9057	2.8821	2.8602
12	0.9	1.8200	1.8090	1.7989	1.7895	1.7808	1.7727	1.7651	1.7581
12	0.95	2.1649	2.1479	2.1323	2.1179	2.1045	2.0921	2.0805	2.0697
12	0.975	2.5149	2.4909	2.4688	2.4484	2.4295	2.4120	2.3958	2.3806
12	0.99	2.9931	2.9578	2.9256	2.8959	2.8685	2.8431	2.8195	2.7976
13	0.9	1.8015	1.7904	1.7802	1.7708	1.7620	1.7538	1.7461	1.7390
13	0.95	2.1362	2.1192	2.1034	2.0889	2.0755	2.0630	2.0513	2.0404
13	0.975	2.4756	2.4515	2.4293	2.4089	2.3900	2.3724	2.3561	2.3409
13	0.99	2.9389	2.9038	2.8715	2.8418	2.8144	2.7890	2.7655	2.7435
14	0.9	1.7853	1.7741	1.7638	1.7542	1.7454	1.7371	1.7294	1.7222
14	0.95	2.1111	2.0939	2.0781	2.0635	2.0500	2.0374	2.0257	2.0147
14	0.975	2.4413	2.4171	2.3949	2.3743	2.3554	2.3378	2.3214	2.3061
14	0.99	2.8917	2.8566	2.8243	2.7946	2.7672	2.7418	2.7182	2.6963
15	0.9	1.7708	1.7596	1.7492	1.7395	1.7306	1.7223	1.7145	1.7072
15	0.95	2.0889	2.0716	2.0558	2.0411	2.0275	2.0148	2.0030	1.9920
15	0.975	2.4110	2.3867	2.3644	2.3438	2.3248	2.3072	2.2907	2.2754
15	0.99	2.8502	2.8150	2.7827	2.7530	2.7256	2.7002	2.6766	2.6546
16	0.9	1.7579	1.7466	1.7361	1.7264	1.7174	1.7090	1.7012	1.6938
16	0.95	2.0691	2.0518	2.0358	2.0210	2.0073	1.9946	1.9828	1.9717
16	0.975	2.3840	2.3597	2.3373	2.3167	2.2976	2.2799	2.2634	2.2480
16	0.99	2.8133	2.7781	2.7458	2.7160	2.6886	2.6632	2.6396	2.6176
17	0.9	1.7463	1.7349	1.7243	1.7146	1.7055	1.6970	1.6891	1.6818
17	0.95	2.0513	2.0339	2.0179	2.0030	1.9893	1.9765	1.9646	1.9534
17	0.975	2.3599	2.3355	2.3131	2.2924	2.2732	2.2554	2.2389	2.2235
17	0.99	2.7803	2.7451	2.7127	2.6830	2.6555	2.6301	2.6064	2.5844
18	0.9	1.7358	1.7243	1.7137	1.7039	1.6947	1.6862	1.6783	1.6708
18	0.95	2.0353	2.0178	2.0017	1.9868	1.9730	1.9601	1.9481	1.9369
18	0.975	2.3381	2.3137	2.2912	2.2704	2.2512	2.2334	2.2168	2.2013
18	0.99	2.7506	2.7154	2.6830	2.6532	2.6257	2.6002	2.5766	2.5546
19	0.9	1.7263	1.7147	1.7040	1.6941	1.6849	1.6763	1.6683	1.6608
19	0.95	2.0207	2.0032	1.9870	1.9720	1.9581	1.9452	1.9332	1.9219
19	0.975	2.3184	2.2939	2.2713	2.2505	2.2313	2.2134	2.1967	2.1812
19	0.99	2.7238	2.6885	2.6561	2.6263	2.5987	2.5732	2.5496	2.5275
20	0.9	1.7175	1.7059	1.6951	1.6852	1.6759	1.6673	1.6593	1.6517
20	0.95	2.0075	1.9898	1.9736	1.9586	1.9446	1.9317	1.9196	1.9083
20	0.975	2.3005	2.2759	2.2533	2.2324	2.2131	2.1952	2.1785	2.1629
20	0.99	2.6993	2.6640	2.6316	2.6018	2.5742	2.5487	2.5249	2.5028

Quantile der F-Verteilung (Fortsetzung)

		ν_2							
ν_1	$1-\alpha$	33	34	35	36	37	38	39	40
1	0.9	2.8641	2.8592	2.8547	2.8503	2.8463	2.8424	2.8388	2.8353
1	0.95	4.1393	4.1300	4.1213	4.1132	4.1055	4.0982	4.0913	4.0847
1	0.975	5.5147	5.4993	5.4848	5.4712	5.4584	5.4463	5.4348	5.4239
1	0.99	7.4708	7.4441	7.4191	7.3956	7.3735	7.3526	7.3328	7.3142
2	0.9	2.4710	2.4658	2.4609	2.4563	2.4520	2.4479	2.4440	2.4404
2	0.95	3.2849	3.2759	3.2674	3.2594	3.2519	3.2448	3.2381	3.2317
2	0.975	4.1338	4.1197	4.1065	4.0941	4.0824	4.0713	4.0609	4.0510
2	0.99	5.3120	5.2893	5.2679	5.2479	5.2290	5.2112	5.1944	5.1785
3	0.9	2.2577	2.2524	2.2474	2.2426	2.2381	2.2339	2.2299	2.2261
3	0.95	2.8916	2.8826	2.8742	2.8663	2.8588	2.8517	2.8451	2.8387
3	0.975	3.5429	3.5293	3.5166	3.5047	3.4934	3.4828	3.4728	3.4633
3	0.99	4.4368	4.4156	4.3958	4.3771	4.3595	4.3430	4.3274	4.3126
4	0.9	2.1234	2.1179	2.1128	2.1079	2.1033	2.0990	2.0948	2.0909
4	0.95	2.6589	2.6499	2.6415	2.6335	2.6261	2.6190	2.6123	2.6060
4	0.975	3.2043	3.1910	3.1785	3.1668	3.1557	3.1453	3.1354	3.1261
4	0.99	3.9477	3.9273	3.9082	3.8903	3.8734	3.8575	3.8425	3.8283
5	0.9	2.0300	2.0244	2.0191	2.0141	2.0095	2.0050	2.0008	1.9968
5	0.95	2.5026	2.4936	2.4851	2.4772	2.4696	2.4625	2.4558	2.4495
5	0.975	2.9812	2.9680	2.9557	2.9440	2.9331	2.9227	2.9130	2.9037
5	0.99	3.6305	3.6106	3.5919	3.5744	3.5579	3.5424	3.5277	3.5138
6	0.9	1.9607	1.9550	1.9496	1.9445	1.9398	1.9352	1.9309	1.9269
6	0.95	2.3894	2.3803	2.3718	2.3637	2.3562	2.3490	2.3423	2.3359
6	0.975	2.8216	2.8085	2.7961	2.7845	2.7736	2.7633	2.7536	2.7444
6	0.99	3.4059	3.3863	3.3679	3.3507	3.3344	3.3191	3.3047	3.2910
7	0.9	1.9070	1.9012	1.8957	1.8905	1.8856	1.8810	1.8767	1.8725
7	0.95	2.3030	2.2938	2.2852	2.2771	2.2695	2.2623	2.2555	2.2490
7	0.975	2.7009	2.6878	2.6755	2.6639	2.6530	2.6427	2.6330	2.6238
7	0.99	3.2376	3.2182	3.1999	3.1829	3.1668	3.1516	3.1373	3.1238
8	0.9	1.8639	1.8580	1.8524	1.8471	1.8422	1.8375	1.8331	1.8289
8	0.95	2.2346	2.2253	2.2167	2.2085	2.2008	2.1936	2.1867	2.1802
8	0.975	2.6061	2.5930	2.5807	2.5691	2.5581	2.5478	2.5381	2.5289
8	0.99	3.1061	3.0868	3.0687	3.0517	3.0357	3.0207	3.0064	2.9930
9	0.9	1.8284	1.8224	1.8168	1.8115	1.8064	1.8017	1.7972	1.7929
9	0.95	2.1789	2.1696	2.1608	2.1526	2.1449	2.1375	2.1306	2.1240
9	0.975	2.5294	2.5162	2.5039	2.4922	2.4813	2.4710	2.4612	2.4519
9	0.99	3.0003	2.9810	2.9630	2.9461	2.9302	2.9152	2.9010	2.8876
10	0.9	1.7987	1.7926	1.7869	1.7815	1.7764	1.7716	1.7670	1.7627
10	0.95	2.1325	2.1231	2.1143	2.1061	2.0982	2.0909	2.0839	2.0773
10	0.975	2.4659	2.4526	2.4402	2.4286	2.4176	2.4072	2.3974	2.3882
10	0.99	2.9130	2.8938	2.8758	2.8589	2.8431	2.8281	2.8139	2.8005

Quantile der F-Verteilung (Fortsetzung)

		ν_2							
ν_1	$1-\alpha$	33	34	35	36	37	38	39	40
11	0.9	1.7733	1.7672	1.7614	1.7559	1.7508	1.7459	1.7413	1.7369
11	0.95	2.0933	2.0838	2.0750	2.0666	2.0587	2.0513	2.0443	2.0376
11	0.975	2.4123	2.3990	2.3866	2.3749	2.3639	2.3535	2.3436	2.3343
11	0.99	2.8397	2.8205	2.8026	2.7857	2.7698	2.7549	2.7407	2.7273
12	0.9	1.7514	1.7452	1.7394	1.7338	1.7286	1.7237	1.7190	1.7146
12	0.95	2.0595	2.0500	2.0411	2.0327	2.0248	2.0173	2.0102	2.0035
12	0.975	2.3664	2.3531	2.3406	2.3289	2.3178	2.3074	2.2975	2.2882
12	0.99	2.7771	2.7580	2.7400	2.7232	2.7073	2.6923	2.6782	2.6648
13	0.9	1.7323	1.7260	1.7201	1.7145	1.7092	1.7042	1.6995	1.6950
13	0.95	2.0302	2.0207	2.0117	2.0032	1.9952	1.9877	1.9805	1.9738
13	0.975	2.3266	2.3133	2.3008	2.2890	2.2779	2.2674	2.2575	2.2481
13	0.99	2.7231	2.7039	2.6859	2.6691	2.6532	2.6382	2.6241	2.6107
14	0.9	1.7154	1.7091	1.7031	1.6974	1.6921	1.6871	1.6823	1.6778
14	0.95	2.0045	1.9949	1.9858	1.9773	1.9692	1.9616	1.9545	1.9476
14	0.975	2.2918	2.2784	2.2659	2.2540	2.2429	2.2324	2.2224	2.2130
14	0.99	2.6758	2.6566	2.6387	2.6218	2.6059	2.5909	2.5768	2.5634
15	0.9	1.7004	1.6940	1.6880	1.6823	1.6769	1.6718	1.6670	1.6624
15	0.95	1.9817	1.9720	1.9629	1.9543	1.9462	1.9386	1.9313	1.9245
15	0.975	2.2610	2.2476	2.2350	2.2231	2.2119	2.2014	2.1914	2.1819
15	0.99	2.6341	2.6150	2.5970	2.5801	2.5642	2.5492	2.5350	2.5216
16	0.9	1.6869	1.6805	1.6744	1.6687	1.6632	1.6581	1.6532	1.6486
16	0.95	1.9613	1.9516	1.9424	1.9338	1.9256	1.9179	1.9107	1.9038
16	0.975	2.2336	2.2201	2.2075	2.1956	2.1843	2.1737	2.1637	2.1542
16	0.99	2.5971	2.5779	2.5599	2.5430	2.5270	2.5120	2.4978	2.4844
17	0.9	1.6748	1.6683	1.6622	1.6564	1.6509	1.6457	1.6408	1.6362
17	0.95	1.9430	1.9332	1.9240	1.9153	1.9071	1.8994	1.8921	1.8851
17	0.975	2.2090	2.1955	2.1828	2.1708	2.1595	2.1489	2.1388	2.1293
17	0.99	2.5639	2.5447	2.5266	2.5097	2.4938	2.4787	2.4645	2.4511
18	0.9	1.6638	1.6573	1.6511	1.6453	1.6397	1.6345	1.6296	1.6249
18	0.95	1.9264	1.9166	1.9073	1.8986	1.8904	1.8826	1.8752	1.8682
18	0.975	2.1868	2.1732	2.1605	2.1485	2.1372	2.1265	2.1164	2.1068
18	0.99	2.5340	2.5148	2.4967	2.4797	2.4638	2.4487	2.4345	2.4210
19	0.9	1.6538	1.6472	1.6410	1.6351	1.6296	1.6243	1.6193	1.6146
19	0.95	1.9114	1.9015	1.8922	1.8834	1.8752	1.8673	1.8599	1.8529
19	0.975	2.1667	2.1531	2.1403	2.1282	2.1168	2.1061	2.0960	2.0864
19	0.99	2.5069	2.4876	2.4695	2.4526	2.4366	2.4215	2.4072	2.3937
20	0.9	1.6446	1.6380	1.6317	1.6258	1.6202	1.6149	1.6099	1.6052
20	0.95	1.8977	1.8877	1.8784	1.8696	1.8612	1.8534	1.8459	1.8389
20	0.975	2.1483	2.1346	2.1218	2.1097	2.0983	2.0875	2.0774	2.0677
20	0.99	2.4822	2.4629	2.4448	2.4278	2.4118	2.3967	2.3824	2.3689